经济数学

（1）

主　编　闫杰生　孙志洁
副主编　陈元安　陈　飞
　　　　万冬梅　胡雪松
参　编　李　辉　韩艳娜
　　　　高新慧　刘建明

河南大学出版社
·郑州·

图书在版编目(CIP)数据

经济数学.1/闫杰生,孙志洁主编. —郑州:河南大学出版社,2019.12
ISBN 978-7-5649-4062-1

Ⅰ.①经…　Ⅱ.①闫…　②孙…　Ⅲ.①经济数学－高等学校－教材　Ⅳ.①F224.0

中国版本图书馆 CIP 数据核字(2019)第 267841 号

责任编辑　阮林要　李亚涛
责任校对　付会娟
封面设计　陈盛杰

出版发行	河南大学出版社
	地址:郑州市郑东新区商务外环中华大厦 2401 号　邮编:450046
	电话:0371-86059712(高等教育与职业教育出版分社)
	0371-86059701(营销部)　　网址:hupress.henu.edu.cn
排　版	郑州市今日文教印制有限公司
印　刷	广东虎彩云印刷有限公司
版　次	2020 年 11 月第 1 版　　印　次　2020 年 11 月第 1 次印刷
开　本	787mm×1092mm　1/16　　印　张　14
字　数	306 千字　　定　价　37.00 元

(本书如有印装质量问题,请与河南大学出版社营销部联系调换)

前　言

自经济学作为一门学科出现,数学就在研究和说明经济思想中扮演着重要的角色.

数学具有精确严密的特点,并能清晰地解决复杂的问题,这使得数学方法在分析经济问题时具有很高的价值.不仅许多经济学概念可以用数学去度量(如价格、商品数量以及货币等),而且数学还可以帮助我们研究这些数量之间的关系.经济模型把数学和经济学有机地结合在了一起.

本书是为适应高职高专数学教学发展,按"教、学、用"一体化的思路,征求经济学各专业教师的意见,经过深入调研,为高职高专经济和管理类专业学生编写而成的.在编写过程中,努力做到知识体系完整、框架结构合理、内容编选丰富、教与学相结合、学与用相呼应,并努力实现理论扎实严谨、行文深入浅出、用例通俗实用,以此来满足高职高专学生学习的需求.

该书全面系统地介绍了相关的数学基础,并且在不失数学本身的严密性和精确性的前提下,打破了经济学和数学分别教学的常规,将经济学与数学有机结合在一起,不但清晰地表达了相关的数学主题,而且比较完美地将这些主题与经济问题相结合.教会学生利用数学知识解决相关的经济问题是本书的主题之一.

本书具有以下突出特点:

(1)经济知识与数学内容衔接合理,且相互融合,体现了数学教学的适用性;数学语言与经济语言简练适度,概念清晰,方法简明;重视经济应用,其他应用相对淡化.

(2)内容内涵丰富,体现以数学思想为核心;以经济应用为主线,体现数学教学的应用性;知识案例一体化,"教、学、用"合而为一,体现工学结合思想;适度安排数学实验教学,体现了数学教学的工具性.

(3)重视基本计算,难题计算相对淡化;例题习题难易程度层次分明,便于学生学习和教师讲授;各章有小结、知识脉络、常见题型,自成体系,便于梳理和掌握;每章后配有复习题,在书末附有答案,便于学生进行巩固练习.

本书共两册,第1册的主要内容包括函数与极限、导数与微分、微分中值定理与导数应用、动态经济学与积分学、定积分及其应用、多元函数微分学基础等,共六章.

本书由闫杰生、孙志洁统筹策划实施,具体分工如下:陈元安第一章,闫杰生、孙志洁第二章,陈飞第三章,万冬梅、高新慧第四章,胡雪松、李辉第五章,韩艳娜、刘建明第六章、附录。在编写的过程中,得到商丘职业技术学院领导、经贸系经济学专业教师和河南大学出版社的支持与帮助,并提出许多宝贵意见,同时我们参阅了同行许多新的科研成果,在此一并表示感谢。

疏漏与不足之处,望不吝赐教。

编　者
2019 年 9 月

目 录

前言 ……………………………………………………………………………… （1）
第一章　函数、极限与连续 ……………………………………………………… （1）
　1.1　函　数 ……………………………………………………………………… （1）
　1.2　极限的概念 ………………………………………………………………… （13）
　1.3　无穷小量与无穷大量 ……………………………………………………… （18）
　1.4　极限的性质与运算法则 …………………………………………………… （21）
　1.5　两个重要极限 ……………………………………………………………… （24）
　1.6　函数的连续性 ……………………………………………………………… （28）
　1.7　经济学常用函数 …………………………………………………………… （34）
第二章　导数与微分 ……………………………………………………………… （45）
　2.1　导数的概念 ………………………………………………………………… （46）
　2.2　函数的求导法则 …………………………………………………………… （53）
　2.3　高阶导数 …………………………………………………………………… （60）
　2.4　函数的微分 ………………………………………………………………… （63）
第三章　微分中值定理与导数应用 ……………………………………………… （76）
　3.1　微分中值定理 ……………………………………………………………… （76）
　3.2　洛必达法则 ………………………………………………………………… （81）
　3.3　函数的单调性与极值 ……………………………………………………… （86）
　3.4　曲线的凹凸性与拐点 ……………………………………………………… （95）
　3.5　函数图形的描绘 …………………………………………………………… （98）
　3.6　导数在经济学中的应用 …………………………………………………… （102）
第四章　动态经济学与积分学 …………………………………………………… （117）
　4.1　动态学与不定积分 ………………………………………………………… （118）
　4.2　换元积分法 ………………………………………………………………… （123）
　4.3　分部积分法 ………………………………………………………………… （132）
　4.4　不定积分在经济上应用 …………………………………………………… （135）
第五章　定积分及其应用 ………………………………………………………… （144）

 5.1 定积分的概念与性质 ……………………………………………… (144)
 5.2 微积分基本公式 …………………………………………………… (151)
 5.3 定积分的换元积分法与分部积分法 ……………………………… (155)
 5.4 广义积分 …………………………………………………………… (160)
 5.5 定积分的应用 ……………………………………………………… (163)
第六章 多元函数微分学基础 ……………………………………………… (178)
 6.1 空间解析几何简介 ………………………………………………… (178)
 6.2 多元函数的概念 …………………………………………………… (182)
 6.3 偏导数与全微分 …………………………………………………… (186)
 6.4 复合函数与隐函数微分法 ………………………………………… (191)
 6.5 多元函数的极值 …………………………………………………… (195)
附 录 ……………………………………………………………………… (205)
参考书目 ……………………………………………………………………… (216)

第一章 函数、极限与连续

学习目标

1. 了解函数的概念,函数的单调性、奇偶性、周期性的概念,反函数的概念,左、右极限的概念,无穷小、无穷大的概念,闭区间上连续函数的性质.

2. 理解基本初等函数、复合函数、初等函数、分段函数的概念,需求函数与供给函数的概念,函数极限的定义,无穷小的性质,函数在一点连续的概念,初等函数的连续性.

3. 掌握复合函数的复合过程,极限四则运算法则.

4. 会用函数关系描述经济问题,会求数列和函数的极限,对无穷小进行比较,用两个重要极限求极限,判断间断点的类型.

微积分是数学的重要分支,是高等数学的核心,而函数和极限分别是微积分的研究对象和工具.本章将在复习和加深理解有关知识的基础上,着重讨论函数的极限和函数的连续性问题.

1.1 函　　数

函数是微积分学研究的对象.在中学里我们已经学习过函数的概念,在这里不是进行简单的重复,而是从全新的视角来对它进行描述并重新分类.

1.1.1 函数的概念

1. 常量与变量

在日常生活和经济活动中,我们经常会遇到各种不同的量,如身高、气温、产量、收入、成本等.这些量可以分为两类.一类量在考察的过程中不发生变化,只取一个固定的值,我们把它称作**常量**.例如,圆周率 π 是个永远不变的量,某种商品的价格、某个班的学生人数,在一段时间内保持不变,这些量都是常量.另一种量在所考察的过程中是变化的,可以取不同数值,我们把它称作**变量**.例如,一天中的气温、生产过程中的产量都是在不断变化的,它们都是变量.

在理解常量与变量时,应注意下面几点:

(1) 常量和变量依赖于所研究的过程.同一个量,在某一过程中可以被认为是常量,而在另一过程中则可能是变量,反过来也是同样的.例如,某种商品的价格在一段时间内是常量,但在较长的时间内则是变量.这说明常量和变量具有相对性.

(2) 从几何意义上讲,常量对应着数轴上的定点,变量则对应着数轴上的动点.

(3) 一个变量所能取的数值的集合叫做这个变量的**变动区域**.

有一类变量,如时间可以取介于两个实数之间的任意实数值,叫做**连续变量**.连续变量的变动区域常用区间表示.

常量习惯用字母 a,b,c,d 等表示,变量习惯用字母 x,y,z,u,v,w 等表示.

2. 函数的概念及表示法

在某个变化过程中,往往会出现多个变量,这些变量不是彼此孤立的,而是相互影响和相互制约的,一个量或一些量的变化会引起另一个量的变化.如果这些影响是确定的,是依照某一规则的,那么我们说这些变量之间存在着函数关系.

例如,生产某种产品的固定成本为 6800 元,每生产一件产品,成本增加 70 元,那么该种产品的总成本 y 与产量 x 的关系可用下面的式子给出:

$$y = 70x + 6800.$$

当产量 x 取任何一个合理的值时,成本 y 有确定的值和它对应,我们说成本 y 是产量 x 的函数.

定义 1.1 设 x 和 y 是两个变量,若当变量 x 在非空数集 D 内任取一数值时,变量 y 依照某一规则 f 总有一个确定的数值与之对应,则称变量 y 为变量 x 的**函数**,记作 $y=f(x)$. 这里,x 称为**自变量**,y 称为**因变量**或**函数**,f 是函数符号,它表示 y 与 x 的对应规则.有时函数符号也可以用其他字母来表示,如 $y=g(x)$ 或 $y=\varphi(x)$ 等.集合 D 称为函数的**定义域**,相应的 y 值的集合则称为函数的**值域**.

当自变量 x 在其定义域内取定某个确定值 x_0 时,因变量 y 按照所给函数关系 $y=f(x)$ 求出的对应值 y_0 叫做当 $x=x_0$ 时的**函数值**,记作 $y|_{x=x_0}$ 或 $f(x_0)$.

常用的函数表示法有**解析法**(又称公式法)、**表格法**和**图形法**.现举例说明如下:

(1) $y = \sqrt{3-x^2}$.

这是一个用解析式表示的函数. 当 x 在 $-\sqrt{3}$ 到 $\sqrt{3}$ 之间取任意值时, 由公式可以确定唯一的 y 值.

(2) 某商店一年中各月份毛线的销售量(单位:100kg)的关系如下表所示.

月份 x	1	2	3	4	5	6	7	8	9	10	11	12
销售量 y	81	84	45	45	9	5	6	15	94	161	144	123

这是用表格表示的函数, 当自变量 x 取 1 到 12 之间任意一个整数时, 从表格中可以查到 y 的一个对应值. 例如 x 取 10, 从表中可以看到它对应的 y 值是 161, 即 10 月份毛线销售量为 16100kg.

(3) 图1-1 是气象站用自动温度记录仪记录下来的某地一昼夜气温变化曲线.

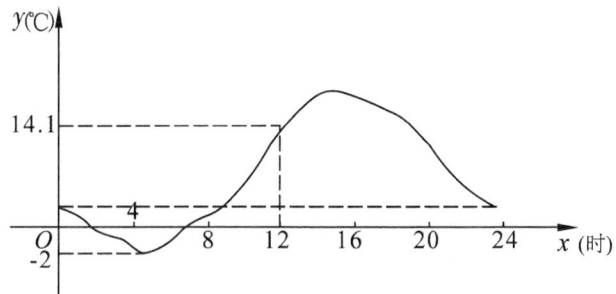

图1-1

这是用图形表示的函数. 气温 y 与时间 x 的函数关系是由曲线给出的. 当 x 取 0 到 24 中任意一个数时, 在曲线上都能找到确定的 y 值与它对应. 例如 $x=12$ 时, $y=14.1℃$.

例1 已知 $f(x) = \dfrac{1-x}{1+x}$, 求: $f(0), f(-x), f\left(\dfrac{1}{x}\right), f(x+1)$.

解 $f(0) = \left(\dfrac{1-0}{1+0}\right) = 1$,

$f(-x) = \dfrac{1-(-x)}{1+(-x)} = \dfrac{1+x}{1-x}$,

$f\left(\dfrac{1}{x}\right) = \dfrac{1-\dfrac{1}{x}}{1+\dfrac{1}{x}} = \dfrac{x-1}{x+1}$,

$f(x+1) = \dfrac{1-(x+1)}{1+(x+1)} = \dfrac{-x}{2+x}$.

例2 求下列函数的定义域:

(1) $f(x) = \dfrac{3}{5x^2+2x}$; (2) $f(x) = \sqrt{9-x^2}$;

(3) $f(x) = \lg(4x-3)$; (4) $f(x) = \arcsin(2x-1)$;

(5) $f(x) = \lg(4x-3) - \arcsin(2x-1)$.

解 (1)在分式 $\dfrac{3}{5x^2+2x}$ 中,分母不能为零,所以 $5x^2+2x\neq 0$,解得 $x\neq -\dfrac{2}{5}$,且 $x\neq 0$,即定义域为 $\left(-\infty,-\dfrac{2}{5}\right)\cup\left(-\dfrac{2}{5},0\right)\cup(0,+\infty)$.

(2)在偶次根式中,被开方式必须大于等于零,所以有 $9-x^2\geqslant 0$,解得 $-3\leqslant x\leqslant 3$,即定义域为 $[-3,3]$.

(3)在对数式中,真数必须大于零,所以有 $4x-3>0$,解得 $x>\dfrac{3}{4}$,即定义域为 $\left(\dfrac{3}{4},+\infty\right)$.

(4)反正弦或反余弦中的式子的绝对值必须小于等于1,所以有 $-1\leqslant 2x-1\leqslant 1$,解得 $0\leqslant x\leqslant 1$,即定义域为 $[0,1]$.

(5)该函数为(3),(4)两例中函数的代数和,此时函数的定义域应为(3),(4)两例中定义域的交集,即 $\left(\dfrac{3}{4},+\infty\right)\cap[0,1]=\left(\dfrac{3}{4},1\right]$.

应当指出,在实际应用问题中,除了要根据解析式本身来确定自变量的取值范围以外,还要考虑到变量的实际意义,一般来说,经济变量往往取正值,即变量都是大于零的.

3. 分段函数

某市电话局规定市话收费标准为:当月所打电话次数不超过 30 次时,只收月租费 25 元;超过 30 次的,每次加收 0.23 元.电话费 y 和用户当月所打电话次数 x 的关系可用下面的形式给出:

$$y=\begin{cases}25, & x\leqslant 30;\\ 25+0.23(x-30), & x>30.\end{cases}$$

像这样把定义域分成若干部分,函数关系由不同的式子分段表达的函数称为**分段函数**.分段函数是微积分中常见的一种函数.例如,在中学数学课出现过的绝对值函数可以表示成分段函数

$$y=|x|=\begin{cases}x, & x\geqslant 0;\\ -x, & x<0.\end{cases}$$

例 3 设函数

$$y=f(x)=\begin{cases}x^2+1, & x>0;\\ 2, & x=0;\\ 3x, & x<0.\end{cases}$$

求 $f(-5),f(0),f(3)$ 及函数的定义域.

解 $f(-5)=3\times(-5)=-15$,
$f(0)=2$,
$f(3)=3^2+1=10$.

函数的定义域为全体实数.它的图像如图 1-2 所示.

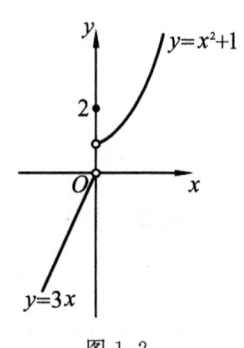

图 1-2

注 分段函数是由几个关系式合起来表示一个函数,而不是几个函数.对于自变量 x 在定义域内的某个值,分段函数 y 只能确定唯一的值.分段函数的定义域是各段自变量取值集合的并.

例 4 用分段函数表示函数 $y=3-|2-x|$,并画出图形.

解 根据绝对值定义可知,当 $x \leqslant 2$ 时,$|2-x|=2-x$;当 $x>2$ 时,$|2-x|=x-2$.于是有

$$y=\begin{cases}3-(2-x), & x\leqslant 2;\\ 3-(x-2), & x>2.\end{cases}$$

即

$$y=\begin{cases}1+x, & x\leqslant 2;\\ 5-x, & x>2.\end{cases}$$

其图像如图 1-3 所示.

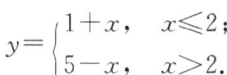

图 1-3

1.1.2 函数的几种特性

1. 函数的有界性

定义 1.2 设函数 $y=f(x)$ 在集合 D 上有定义.如果存在一个正数 M,对于所有的 $x\in D$,恒有 $|f(x)|\leqslant M$,则称函数 $f(x)$ 在 D 上是**有界**的.如果不存在这样的正数 M,则称 $f(x)$ 在 D 上是**无界**的.

函数 $y=f(x)$ 在区间 (a,b) 内有界的几何意义是:曲线 $y=f(x)$ 在区间 (a,b) 内被限制在 $y=-M$ 和 $y=M$ 两条直线之间(如图 1-4).

对于函数的有界性,要注意以下两点:

(1)当一个函数 $y=f(x)$ 在区间 (a,b) 内有界时,正数 M 的取法不是唯一的.例如,$y=\sin x$ 在 $(-\infty,+\infty)$ 内是有界的,有 $|\sin x|\leqslant 1$,但我们也可以取 $M=2$,即 $|\sin x|<2$ 总是成立的,实际上 M 可以取任何大于 1 的数.

(2)有界性是依赖于区间的.例如 $y=\dfrac{1}{x}$ 在区间 $(1,2)$ 内是有界的,但在区间 $(0,1)$ 内则无界.

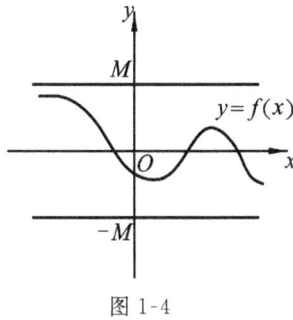

图 1-4

2. 函数的奇偶性

定义 1.3 设函数 $y=f(x)$ 在集合 D 上有定义.如果对任意的 $x\in D$,恒有 $f(-x)=f(x)$,则称 $f(x)$ 为**偶函数**;如果对任意的 $x\in D$,恒有 $f(-x)=-f(x)$,则称 $f(x)$ 为**奇函数**.

由定义可知,对任意的 $x\in D$,必有 $-x\in D$,否则,$f(-x)$ 没有意义,因此函数具有奇偶性时,其定义域必定是关于原点对称的.

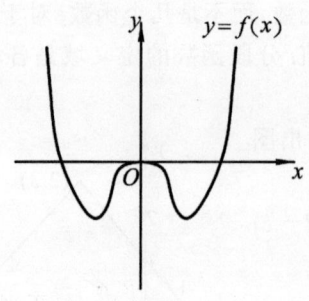

图 1-5   图 1-6

偶函数的图像是对称于 y 轴的(如图 1-5). 因为 $f(-x)=f(x)$, 所以如果点 $P(x,f(x))$ 是曲线上的一个点,则它关于 y 轴的对称点 $Q(-x,f(x))$ 也是曲线上的点.

奇函数的图像是对称于原点的(如图 1-6). 因为 $f(-x)=-f(x)$, 所以如果点 $P(x,f(x))$ 是曲线上的一个点,则它关于原点的对称点 $Q(-x,-f(x))$ 也是曲线上的点.

例 5 判断下列函数的奇偶性：

(1) $f(x)=3x^4-5x^2+7$；

(2) $f(x)=2x^2+\sin x$；

(3) $f(x)=\dfrac{1}{2}(a^{-x}-a^x),(a>0,a\neq 1)$.

解 由定义判断.

(1)因为
$$f(-x)=3(-x)^4-5(-x)^2+7=3x^4-5x^2+7=f(x),$$
所以 $f(x)=3x^4-5x^2+7$ 是偶函数.

(2)因为
$$f(-x)=2(-x)^2+\sin(-x)=2x^2-\sin x\neq f(x),$$
同样可以得到 $f(-x)\neq -f(x)$,所以 $f(x)=2x^2+\sin x$ 既非奇函数,也非偶函数.

(3)因为
$$f(-x)=\dfrac{1}{2}(a^{-(-x)}-a^{-x})=\dfrac{1}{2}(a^x-a^{-x})=\dfrac{1}{2}(a^{-x}-a^x)=-f(x),$$

所以 $f(x)=\dfrac{1}{2}(a^{-x}-a^x)$ 是奇函数.

3. 函数的单调性

定义 1.4 设函数 $y=f(x)$ 在区间 (a,b) 内有定义. 如果对于 (a,b) 内的任意两点 x_1 和 x_2,当 $x_1<x_2$ 时,有 $f(x_1)<f(x_2)$,则称函数 $f(x)$ 在 (a,b) 内是**单调递增**的；如果对于 (a,b) 内的任意两点 x_1 和 x_2,当 $x_1<x_2$ 时,有 $f(x_1)>f(x_2)$,则称函数 $y=f(x)$ 在 (a,b) 内是**单调递减**的. 单调递增函数与单调递减函数统称为**单调函数**.

单调递增函数的图像是沿 x 轴正向逐渐上升的(如图 1-7),单调递减函数的图像是

沿 x 轴正向逐渐下降的(如图 1-8).

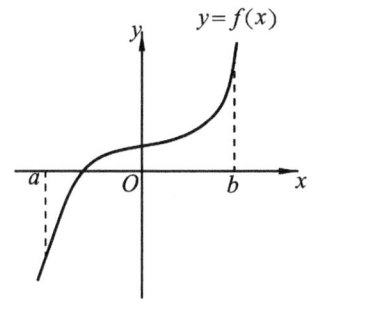

图 1-7　　　　　　　　　　图 1-8

例 6　验证函数 $y=3x-2$ 在区间 $(-\infty,+\infty)$ 内是单调递增的.

证　在区间 $(-\infty,+\infty)$ 内任取两点 $x_1<x_2$,于是
$$f(x_1)-f(x_2)=(3x_1-2)-(3x_2-2)=3(x_1-x_2)<0,$$
即
$$f(x_1)<f(x_2),$$
所以 $f(x)=3x-2$ 在区间 $(-\infty,+\infty)$ 内是单调递增的.

4. 函数的周期性

定义 1.5　对于函数 $y=f(x)$,如果存在正数 a,使 $f(x)=f(x+a)$ 恒成立,则称此函数为**周期函数**.满足这个等式的最小正数 a 称为**函数的周期**.经常用 T 表示.

例如,$y=\sin x$ 是周期函数,周期为 $T=2\pi$.

1.1.3　反函数

设某种商品的单价为 p,销售量为 x,则收入 y 是 x 的函数:
$$y=px,$$
这时 x 是自变量,y 是 x 的函数.若已知收入 y,反过来求销售量 x,则有
$$x=\frac{y}{p},$$
这时 y 是自变量,x 变成 y 的函数了.

上面的两个式子是同一个关系的两种写法,但从函数的角度来看,由于对应法则不同,它们是两个不同的函数,我们称它们互为反函数.

定义 1.6　设 $y=f(x)$ 是 x 的函数,其值域为 D.如果对于 D 中的每一个 y 值,都有一个确定的且满足 $y=f(x)$ 的 x 值与之对应,则得到一个定义在 D 上的以 y 为自变量,x 为因变量的新函数,我们称它为 $y=f(x)$ 的**反函数**,记作 $x=f^{-1}(y)$,并称 $y=f(x)$ 为**直接函数**.

当然我们也可以说 $y=f(x)$ 是 $x=f^{-1}(y)$ 的反函数,就是说,它们互为反函数.显然,

由定义可知,单调函数一定有反函数.习惯上,我们总是用 x 表示自变量,用 y 表示因量,所以通常把 $x=f^{-1}(y)$ 改写为 $y=f^{-1}(x)$.

从上面的定义容易得出,求反函数的过程可以分为两步:第一步,从 $y=f(x)$ 解出 $x=f^{-1}(y)$;第二步,交换字母 x 和 y.

例 7 求 $y=4x-1$ 的反函数.

解 由 $y=4x-1$ 得到 $x=\dfrac{y+1}{4}$,然后交换 x 和 y,得 $y=\dfrac{x+1}{4}$,即 $y=\dfrac{x+1}{4}$ 是 $y=4x-1$ 的反函数.

可以证明,函数 $y=f(x)$ 与其反函数 $y=f^{-1}(x)$ 的图像关于直线 $y=x$ 对称.例 7 中一对反函数的图像如图 1-9 所示.

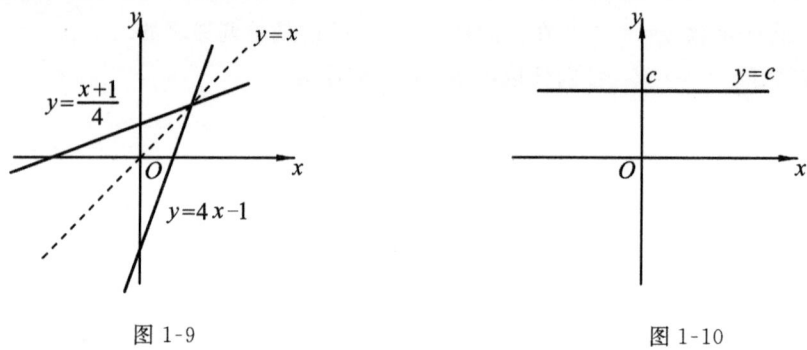

图 1-9 　　　　　　　　　　　图 1-10

1.1.4 基本初等函数

基本初等函数包括常数函数、幂函数、指数函数、对数函数、三角函数、反三角函数六大类,它们是微积分所研究对象的基础.虽然大部分基本初等函数在中学已经学过,但我们在这里将系统地讨论基本初等函数的定义域、值域、图像和性质,读者应该很好地掌握这些内容.

1. 常数函数 $y=c$

常数函数的定义域是 $(-\infty,+\infty)$.由于无论 x 取何值,都有 $y=c$,所以,它的图像是过点 $(0,c)$ 且平行于 x 轴的一条直线(如图 1-10).它是偶函数.

2. 幂函数 $y=x^{\alpha}$(α 为实数)

幂函数的情况比较复杂,我们分 $\alpha>0$ 和 $\alpha<0$ 来讨论.当 α 取不同值时,幂函数的定义域不同,为了便于比较,我们只讨论 $x\geqslant 0$ 的情形,而 $x<0$ 时的图像可根据函数的奇偶性确定.

当 $\alpha>0$ 时,如图 1-11 所示,函数的图像通过原点 $(0,0)$ 和点 $(1,1)$,在 $(0,+\infty)$ 内单调递增且无界.

当 $\alpha<0$ 时,如图 1-12 所示,图像不过原点,但仍通过点 $(1,1)$,在 $(0,+\infty)$ 内单调递减且无界,曲线以 x 轴和 y 轴为渐近线.

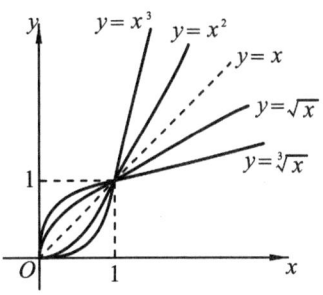
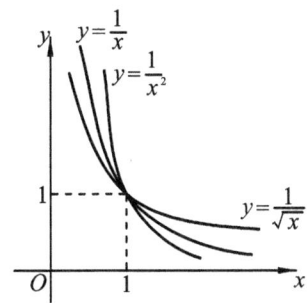

图 1-11   图 1-12

3. 指数函数 $y=a^x(a>0,a\neq 1)$

指数函数的定义域是 $(-\infty,+\infty)$. 由于无论 x 取何值,总有 $a^x>0$,且 $a^0=1$,所以它的图像全部在 x 轴上方,且通过点 $(0,1)$. 也就是说,它的值域是 $(0,+\infty)$.

当 $a>1$ 时,函数单调递增且无界,曲线以 x 轴负半轴为渐近线;

当 $0<a<1$ 时,函数单调递减且无界,曲线以 x 轴正半轴为渐近线(如图 1-13).

应特别注意指数函数与幂函数的区别:在幂函数 $y=x^a$ 中,自变量 x 在底的位置,指数 a 是常数;而在指数函数 $y=a^x$ 中,自变量 x 在指数位置,底的位置是常数 a.

4. 对数函数 $y=\log_a x(a>0,a\neq 1)$

对数函数的定义域是 $(0,+\infty)$,图像全部在 y 轴右方,值域是 $(-\infty,+\infty)$. 无论 a 取何值,曲线都通过点 $(1,0)$.

当 $a>1$ 时,函数单调递增且无界,曲线以 y 轴负半轴为渐近线;

当 $0<a<1$ 时,函数单调递减且无界,曲线以 y 轴正半轴为渐近线(如图 1-14).

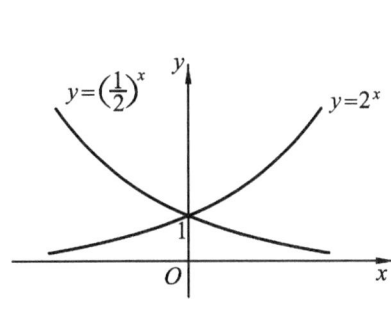
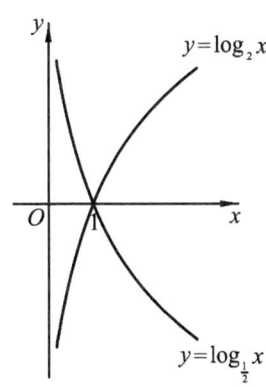

图 1-13   图 1-14

对数函数 $y=\log_a x$ 和指数函数 $y=a^x$ 互为反函数,如图 1-15 所示,它们的图像关于 $y=x$ 对称.其中 $a>1$.

以无理数 e＝2.7182818⋯为底的对数函数 $y=\log_e x$ 叫做**自然对数函数**，简记作 $y=\ln x$，它是微积分中常用的函数.

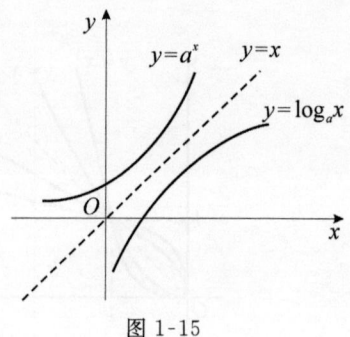

图 1-15

5. 三角函数

三角函数包括下面六个函数：

(1) 正弦函数 $y=\sin x$；

(2) 余弦函数 $y=\cos x$；

(3) 正切函数 $y=\tan x$；

(4) 余切函数 $y=\cot x$；

(5) 正割函数 $y=\sec x$；

(6) 余割函数 $y=\csc x$.

在微积分中，三角函数的自变量 x 采用弧度制，而不用角度制. 例如，我们用 $\sin\dfrac{\pi}{6}$ 而不用 $\sin 30°$，用 $\cos\dfrac{\pi}{2}$ 而不用 $\cos 90°$，$\sin 1$ 则表示 1 弧度角的正弦值. 角度与弧度之间可利用公式 π 弧度＝180° 来换算.

函数 $y=\sin x$ 的定义域为 $(-\infty,+\infty)$，值域为 $[-1,1]$，奇函数，以 2π 为周期，有界（图 1-16 为一个周期内的图像）.

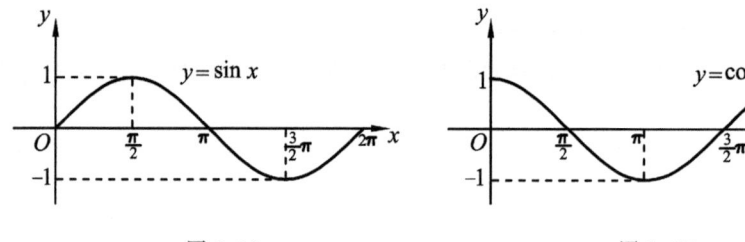

图 1-16　　　　　　　　图 1-17

函数 $y=\cos x$ 的定义域为 $(-\infty,+\infty)$，值域为 $[-1,1]$，偶函数，以 2π 为周期，有界（图 1-17 为一个周期内的图像）.

函数 $y=\tan x$ 的定义域为 $\{x\mid x\neq k\pi+\dfrac{\pi}{2},k=0,\pm 1,\pm 2,\cdots\}$，值域为 $(-\infty,+\infty)$，奇函数，以 π 为周期，在每一个连续区间内单调递增，以直线 $x=k\pi+\dfrac{\pi}{2}(k=0,\pm 1,\pm 2,\cdots)$ 为渐近线（如图 1-18）.

函数 $y=\cot x$ 的定义域为 $\{x\mid x\neq k\pi,k=0,\pm 1,\pm 2,\cdots\}$，值域为 $(-\infty,+\infty)$，奇函数，以 π 为周期，在每一个连续区间内单调递减，以直线 $x=k\pi(k=0,\pm 1,\pm 2,\cdots)$ 为渐近线（如图 1-19）.

关于函数 $y=\sec x$ 和 $y=\csc x$ 我们不作详细讨论，只需知道它们分别满足关系式 $\sec x=\dfrac{1}{\cos x}$ 和 $\csc x=\dfrac{1}{\sin x}$.

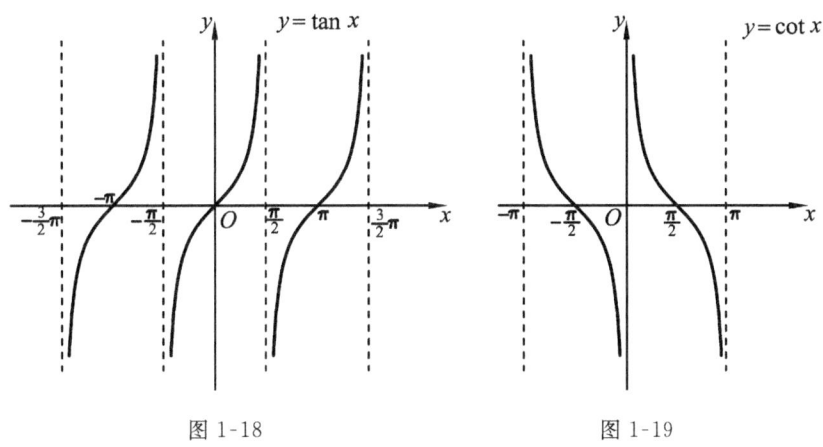

图 1-18　　　　　　　　　图 1-19

6. 反三角函数

常用的反三角函数有四个：

(1) 反正弦函数 $y=\arcsin x$；

(2) 反余弦函数 $y=\arccos x$；

(3) 反正切函数 $y=\arctan x$；

(4) 反余切函数 $y=\operatorname{arccot} x$；

它们是作为相应三角函数的反函数定义出来的.

$y=\arctan x$ 的含义是正弦值等于 x 的角. 与三角函数相反，这里自变量 x 表示正弦值，而 y 则表示角，准确地说，是角的弧度数. 例如 $y=\arcsin\dfrac{1}{2}$ 表示正弦值为 $\dfrac{1}{2}$ 的角，我们知道 $\dfrac{\pi}{6}$ 的正弦值是 $\dfrac{1}{2}$，所以有 $y=\dfrac{\pi}{6}$. 但实际上，$y=2k\pi+\dfrac{\pi}{6}$，$y=2k\pi+\dfrac{5\pi}{6}(k=0,\pm 1,\pm 2,\cdots)$ 的正弦值都等于 $\dfrac{1}{2}$. 为了避免 $y=\arcsin x$ 的多值性，我们限定了一个区间 $\left[-\dfrac{\pi}{2},\dfrac{\pi}{2}\right]$，叫做反正弦函数的**主值区间**. 在这个区间内，正弦取某个值的角就被唯一确定. 例如在主值区间内，正弦值为 $\dfrac{1}{2}$ 的角只能是 $\dfrac{\pi}{6}$. $\arcsin x$ 则表示主值区间内的反正弦.

类似地，对其他几种反三角函数都规定了相应的主值区间，保证了它们的单值性. 当然由于函数的性质不同，它们的主值区间就不同.

$y=\arcsin x$，定义域是 $[-1,1]$，值域是 $\left[-\dfrac{\pi}{2},\dfrac{\pi}{2}\right]$，是单调递增的奇函数，有界（如图 1-20）；

$y=\arccos x$，定义域是 $[-1,1]$，值域是 $[0,\pi]$，是单调递减函数，有界（如图 1-21）；

$y=\arctan x$，定义域是 $(-\infty,+\infty)$，值域是 $\left[-\dfrac{\pi}{2},\dfrac{\pi}{2}\right]$，是单调递增的奇函数，有界（如图 1-22）；

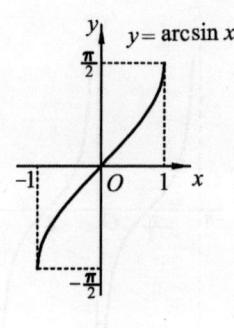
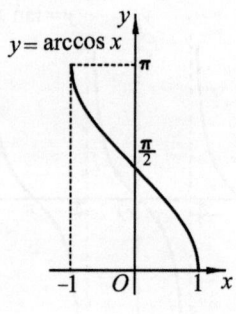

图 1-20　　　　　　　　　　　图 1-21

$y = \mathrm{arccot}\, x$，定义域是 $(-\infty, +\infty)$，值域是 $[0, \pi]$，是单调递减函数，有界(如图 1-23).

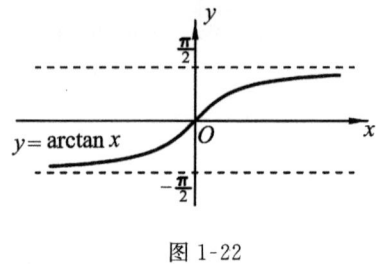
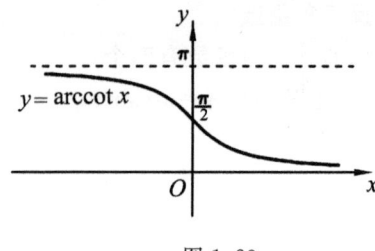

图 1-22　　　　　　　　　　　图 1-23

1.1.5　复合函数与初等函数

1. 复合函数

在现实经济活动中，我们会遇到这样的问题：一般来说成本 C 可以看做是产量 q 的函数，而产量 q 又是时间 t 的函数，时间 t 通过产量 q 间接影响成本 C，那么成本 C 仍然可以看做时间 t 的函数，C 与 t 的这种函数就为一种复合的函数关系.

定义 1.7　设 y 是 u 的函数：$y = f(u)$；u 是 x 的函数：$u = \varphi(x)$. 如果 $u = \varphi(x)$ 的值域或其部分包含在 $y = f(u)$ 的定义域中，那么通过中间变量 u 构成 x 的函数，称为 x 的**复合函数**，记作 $y = f[\varphi(x)]$，其中，x 是**自变量**，u 称作**中间变量**.

对于复合函数，我们做下面的说明：

(1) 不是任何两个函数都可以构成一个复合函数. 例如 $y = \lg u$ 和 $u = x - \sqrt{x^2 + 1}$ 就不能构成复合函数，因为 $u = x - \sqrt{x^2 + 1}$ 的值域是 $u < 0$，而 $y = \lg u$ 的定义域是 $u > 0$，前者函数的值域完全没有被包含在后者函数的定义域中.

(2) 复合函数不仅可以有一个中间变量，还可以有多个中间变量，这些中间变量是经过多次复合产生的.

(3) 复合函数通常不一定是由纯粹的基本初等函数复合而成，而更多地是由基本初等函数经过四则运算形成的简单函数构成的，这样，复合函数的合成和分解往往是对简单函数来说的.

例8 已知 $y=\sqrt{u}, u=2x^3+5$,将 y 表示成 x 的函数.

解 将 $u=2x^3+5$ 代入 $y=\sqrt{u}$,可得 $y=\sqrt{2x^3+5}$.

例9 已知 $y=\lg u, u=4-v^2, v=\cos x$,将 y 表示成 x 的函数.

解 $y=\lg(4-v^2)=\lg(4-\cos^2 x)$.

例10 指出下列复合函数是由哪些简单函数复合而成的：

(1) $y=\sin(x^3+4)$；　　　　　　(2) $y=\arcsin(\lg x)$.

解 (1) 设 $u=x^3+4$,则 $y=\sin(x^3+4)$ 可以看成由 $y=\sin u, u=x^3+4$ 复合而成.

(2) 设 $u=\lg x$,则 $y=\arcsin(\lg x)$ 可以看成是由 $y=\arcsin u, u=\lg x$ 复合而成的.

2. 初等函数

由基本初等函数经过有限次四则运算及有限次复合而成的函数叫做**初等函数**. 一般来说,初等函数都可以用一个解析式子表示. $y=\arctan\sqrt{\dfrac{1+\sin x}{1-\sin x}}, y=\sqrt[5]{\lg(\cos^3 x)}$, $y=e^{\operatorname{arccot}\frac{x}{3}}, y=\dfrac{3^x+\sqrt[3]{x^2+5}}{\log_2(3x-1)-x\sec x}$ 都是初等函数. 而 $y=1+x+x^2+x^3+\cdots$ 不满足有限次运算, $y=\begin{cases}1, & x>0;\\ 0, & x=0;\\ -1, & x<0\end{cases}$ 不是一个解析式子表达的,因此都不是初等函数.

1.2　极限的概念

在高等数学中,极限是一个重要的概念,它是**微积分**最基本的概念之一. 学习微积分学,首要的一步就是要理解到"极限"引入的必要性. 因为,代数是人们已经熟悉的概念,但是,代数无法处理"无限"的概念. 所以为了要利用代数处理代表无限的量,于是精心构造了"极限"的概念. 它的实用性证明,这样的概念是成功的. 在数学上,极限有两大类:一类是数列极限,另一类是函数的极限,我们将分别讨论.

极限主要是描述函数的**自变量**接近某一个值的时候,相对应的函数值变化的趋势. 如**连续**和**导数**的概念都是通过极限来定义的.

1.2.1　数列的极限

1. 数列

按一定规则排列的无穷多个数 $x_1, x_2, \cdots, x_n, \cdots$ 称作**数列**,简记作 $\{x_n\}$. 其中, x_1 叫做数列的第 1 项, x_2 叫做数列的第 2 项, $\cdots\cdots$, x_n 叫做数列的第 n 项,又称**一般项**. 例如：

(1) $1, \frac{1}{2}, \frac{1}{3}, \frac{1}{4}, \cdots, \frac{1}{n}, \cdots$;

(2) $\frac{1}{2}, \frac{2}{3}, \frac{3}{4}, \cdots, \frac{n}{n+1}, \cdots$;

(3) $\frac{1}{2}, -\frac{1}{2^2}, \frac{1}{2^3}, -\frac{1}{2^4}, \cdots, \frac{(-1)^{n+1}}{2^n}, \cdots$;

(4) $1, -1, 1, -1, \cdots, (-1)^{n+1}, \cdots$;

(5) $-1, 2, -3, 4, \cdots, (-1)^n n, \cdots$;

(6) $0, 1, 0, \frac{1}{2}, 0, \frac{1}{3}, 0, \frac{1}{4}, \cdots, \frac{(-1)^n+1}{n}, \cdots$;

(7) $3, 3\frac{1}{2}, 3\frac{2}{3}, 3\frac{3}{4}, \cdots, 4-\frac{1}{n}, \cdots$

都是数列.

数列可以看做是定义域为全体正整数的函数.

2. 数列的极限

观察上面的几个数列可以发现,当 n 趋于无穷大时,它们的变化趋势是不相同的. 在数列(1)中,x_n 随着 n 的增大而减小,当 n 无限增大时,x_n 无限接近于 0. 数列(2)和数列(7)中,x_n 随着 n 的增大而增大,当 n 无限增大时,数列(2)无限接近于 1,而数列(7)无限接近于 4. 数列(3)到数列(6)都是随着 n 的增大来回摆动的数列,但情况有所不同. 数列(3)中,当 n 无限增大时,与常数 0 无限接近. 数列(4)的取值在 -1 和 1 之间跳动,没有固定的变化趋势. 数列(5)的项随着 n 的增大绝对值无限变大. 数列(6)比较特殊,它的奇数项和偶数项的变化方式不一样,但它们都是在趋于同一个数 0,它也是有固定变化趋势的.

总的来看,除了数列(4)和数列(5)以外,其他 5 个数列当 n 无限变大时,都会趋于某一个常数. 这样的数列,我们称它是有极限的.

定义 1.8 对于数列 $\{x_n\}$,如果当 n 无限变大时,x_n 趋于一个常数 A,则称**当 n 趋于无穷大时,数列 $\{x_n\}$ 以 A 为极限**,记作

$$\lim_{n\to\infty} x_n = A, \text{或} \ n\to\infty, x_n \to A,$$

亦称数列 $\{x_n\}$ **收敛**于 A;如果数列 $\{x_n\}$ 没有极限,就称 $\{x_n\}$ 是**发散**的.

就像函数一样,数列也分为有界和无界. 例如,$x_n = 2n, n=1,2,3,\cdots$ 是无界的,因为它无上界. $x_n = -n^2, n=1,2,3,\cdots$ 不能是无界的,因为它无下界. 有的数列可能是既无上界的,也无下界. 如 $x_n = (-2)^n, n=1,2,3,\cdots$.

如果 $x_1 < x_2 < x_3 \cdots$,则说数列是单调递增的. 如果 $x_1 > x_2 > x_3 \cdots$,则说数列是单调递减的. 这两种情况统称数列是单调的.

由数列的定义我们可以得出结论:**单调有界的数列必有极限**.

例 1 计算由抛物线 $y = x^2$,直线 $x = 1$ 及 x 轴所围成的曲边三角形的面积(如图 1-24).

我们用分点 $x_0=0, x_1=\dfrac{1}{n}, x_2=\dfrac{2}{n}, \cdots,$ $x_n=1$ 把区间 $[0,1]$ 分成 n 个相等的区间 $[x_{i-1}, x_i](i=1,2,\cdots,n)$，过每个分点 x_i 做 y 轴的平行线，把这个曲边三角形分成 n 个小的曲边梯形，并用 ΔS_i 表示第 i 个小曲边梯形的面积. 对于每个小曲边梯形的面积，我们用相应的小矩形的面积来近似代替. 为了方便，取每个小区间 $[x_{i-1}, x_i]$ 的左端点的函数值 $x_{i-1}^2=\left(\dfrac{i-1}{n}\right)^2$ 作为小矩形的高. 因此，n 个小矩形的高分别为 $0, \left(\dfrac{1}{n}\right)^2, \left(\dfrac{2}{n}\right)^2,$ $\cdots, \left(\dfrac{n-1}{n}\right)^2$，每个小矩形的底边都是 $\Delta x_i = x_i - x_{i-1} = \dfrac{1}{n}$，所以

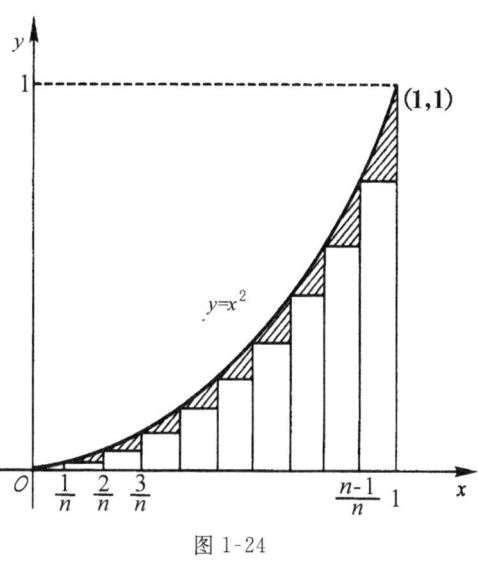

图 1-24

$$\Delta S_i \approx x_{i-1}^2 \Delta x_i = \left(\dfrac{i-1}{n}\right)^2 \cdot \dfrac{1}{n} (i=1,2,\cdots,n).$$

把这 n 个小矩形面积加起来，就得到曲边三角形面积 S 的一个近似值 S_n：

$$S_n = \sum_{i=1}^{n} \left(\dfrac{i-1}{n}\right)^2 \cdot \dfrac{1}{n} = \dfrac{1}{n^3} \sum_{i=1}^{n} (i-1)^2$$
$$= \dfrac{1}{n^3} \cdot \dfrac{(n-1)n(2n-1)}{6} = \dfrac{1}{3} - \left(\dfrac{1}{2n} - \dfrac{1}{6n^2}\right).$$

在图 1-24 中，近似值 S_n 与 S 的差就是那些阴影部分的面积之和. 容易看出，当 n 增大时，这些面积之和会变小.

从 S_n 的表达式也可以看出，因为 $\dfrac{1}{2n} - \dfrac{1}{6n^2} < \dfrac{1}{n}$，而当 $n \to \infty$ 时，$\dfrac{1}{n} \to 0$，则当 $n \to \infty$ 时，有 $S_n \to \dfrac{1}{3}$. 这个 $\dfrac{1}{3}$ 就是近似值 S_n 当 $n \to \infty$ 时的极限，也就是曲边三角形的面积.

1.2.2 函数的极限

1. $x \to \infty$ 时函数的极限

自变量 $x \to \infty$ 是指 x 的绝对值无限增大，它包含以下两种情况：x 取正值且 x 无限增大，记作 $x \to +\infty$；x 取负值且 x 的绝对值无限增大，记作 $x \to -\infty$. 有如下定义.

定义 1.9 如果当 x 的绝对值无限增大时，函数 $f(x)$ 趋于一个常数 A，则称当 $x \to \infty$ 时函数 $f(x)$ 以 A 为极限，记作

$$\lim_{x\to\infty}f(x)=A \text{ 或 } f(x)\to A(x\to\infty).$$

如果从某一时刻起,x 只能取正值或取负值趋于无穷,则有下面的定义.

定义 1.9′ 如果当 $x>0$ 且无限增大时,函数 $f(x)$ 趋于一个常数 A,则称当 $x\to+\infty$ 时函数 $f(x)$ 以 A 为极限,记作

$$\lim_{x\to+\infty}f(x)=A \text{ 或 } f(x)\to A(x\to+\infty).$$

定义 1.9″ 如果当 $x<0$ 且 x 的绝对值无限增大时,函数 $f(x)$ 趋于一个常数 A,则称函数 $f(x)$ 当 $x\to-\infty$ 时以 A 为极限,记作

$$\lim_{x\to-\infty}f(x)=A \text{ 或 } f(x)\to A(x\to-\infty).$$

根据上面的定义我们得出,当 $x\to\infty$ 时,$f(x)$ 以 A 为极限的充分必要条件是

$$\lim_{x\to\infty}f(x)=A \Leftrightarrow \lim_{x\to+\infty}f(x)=\lim_{x\to-\infty}f(x)=A.$$

例 2 求 $\lim\limits_{x\to\infty}\left(1+\dfrac{1}{x^2}\right)$.

解 函数的图像如图 1-25 所示.当 $x\to+\infty$ 时,$\dfrac{1}{x^2}$ 无限变小,函数值趋于 1;$x\to-\infty$ 时,函数值同样趋于 1,所以有 $\lim\limits_{x\to\infty}\left(1+\dfrac{1}{x^2}\right)=1$.

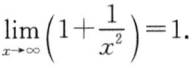

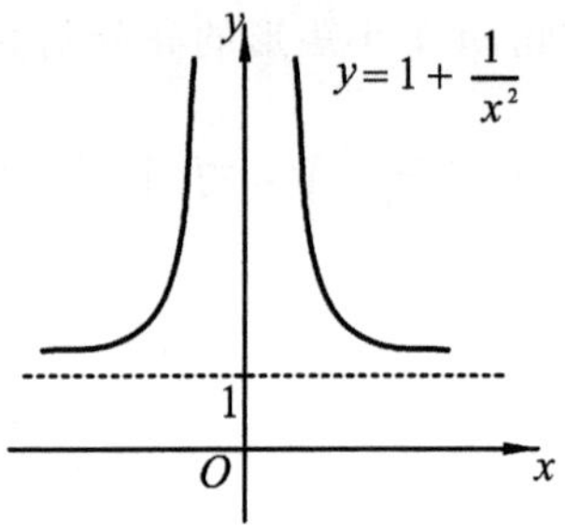

图 1-25

例 3 求 $\lim\limits_{x\to-\infty}3^x$.

解 当 $x\to-\infty$ 时,$3^x\to 0$,即 $\lim\limits_{x\to-\infty}3^x=0$.

例 4 求 $\lim\limits_{x\to\infty}\arctan x$.

解 由反正切三角函数图像(图 1.22)可知,

$$\lim_{x\to+\infty}\arctan x=\frac{\pi}{2},\quad \lim_{x\to-\infty}\arctan x=-\frac{\pi}{2}.$$

所以当 $x\to\infty$ 时,函数 $y=\arctan x$ 的极限不存在.

2. $x\to x_0$ 时函数的极限

考察函数 $f(x)=\dfrac{2(x^2-4)}{x-2}$,当 x 分别从左边和右边趋于 2 时的变化情况,参看下表:

x	1.5	1.8	1.9	1.95	1.99	1.999	⋯	2.001	2.01	2.05	2.1	2.2	2.5
y	7	7.6	7.8	7.9	7.98	7.998	⋯	8.002	8.02	8.1	8.2	8.4	9

不难看出,$f(x)$ 无限地趋于常数 8.我们称当 $x\to 2$ 时,$f(x)$ 的极限是 8.

定义 1.10 设函数 $y=f(x)$ 在点 x_0 的某个邻域(点 x_0 本身可以除外)内有定义.如果当 x 趋于 x_0(但 $x\neq x_0$)时,函数 $f(x)$ 趋于一个常数 A,则称当 x 趋于 x_0 时 $f(x)$ 以 A 为极限,记作

$$\lim_{x\to x_0}f(x)=A \text{ 或 } f(x)\to A(x\to x_0),$$

亦称当 $x\to x_0$ 时 $f(x)$ 的极限存在.否则称当 $x\to x_0$ 时 $f(x)$ 的极限不存在.

注 开区间$(a-\delta, a+\delta)$称为以a为中心,以δ为半径的**邻域**. 简称为点a的**邻域**,记为$U(a,\delta)$. 若邻域中不包括a点,则称为点a的空心邻域,又叫去心邻域. 其中,$[a, a+\delta)$称为点a的**右邻域**,$(a-\delta, a]$称为点a的**左邻域**.

例 5 根据极限定义说明:

(1) $\lim\limits_{x \to x_0} x = x_0$;

(2) $\lim\limits_{x \to x_0} c = c$.

解 (1) 当自变量x趋于x_0时,作为函数的x也趋于x_0,于是依照定义有$\lim\limits_{x \to x_0} x = x_0$.

(2) 无论自变量取任何值,函数都取相同的值c,那么它当然趋于常数c,所以$\lim\limits_{x \to x_0} c = c$.

这两个结论以后可以直接使用.

3. 左极限与右极限

定义 1.11 设函数$y = f(x)$在点x_0右邻域(点x_0本身可以除外)内有定义. 如果当$x > x_0$趋于x_0时,函数$f(x)$趋于一个常数A,则称当x趋于x_0时,$f(x)$的**右极限**是A,记作

$$\lim_{x \to x_0^+} f(x) = A \text{ 或 } f(x) \to A \, (x \to x_0^+).$$

设函数$y = f(x)$在点x_0左邻域(点x_0本身可以除外)内有定义. 如果当$x < x_0$趋于x_0时,函数趋于一个常数A,则称当x趋于x_0时,$f(x)$的**左极限**是A,记作

$$\lim_{x \to x_0^-} f(x) = A \text{ 或 } f(x) \to A \, (x \to x_0^-).$$

根据上面的定义,我们可以得出极限存在的充分必要条件.

定理 1.1 当$x \to x_0$时,$f(x)$以A为极限的充分必要条件是$f(x)$在点x_0处左、右极限存在且都等于A,即

$$\lim_{x \to x_0} f(x) = A \Leftrightarrow \lim_{x \to x_0^-} f(x) = \lim_{x \to x_0^+} f(x) = A.$$

例 6 设$f(x) = \begin{cases} x+2, & x \geq 1 \\ 3x, & x < 1 \end{cases}$,试判断$\lim\limits_{x \to 1} f(x)$是否存在.

解 先分别求当$x \to 1$时函数的左、右极限:

$$\lim_{x \to 1^-} f(x) = \lim_{x \to 1^-} 3x = 3,$$

$$\lim_{x \to 1^+} f(x) = \lim_{x \to 1^+} (x+2) = 3,$$

左右极限都存在且相等,所以$\lim\limits_{x \to 1} f(x)$存在,且$\lim\limits_{x \to 1} f(x) = 3$.

例 7 判断$\lim\limits_{x \to 0} e^{\frac{1}{x}}$是否存在.

解 当$x > 0$趋近于0时,$\dfrac{1}{x}$趋于$+\infty$,故$e^{\frac{1}{x}} \to \infty$,即$\lim\limits_{x \to 0^+} e^{\frac{1}{x}} = \infty$;

当$x < 0$趋近于0时,$\dfrac{1}{x}$趋于$-\infty$,故$e^{\frac{1}{x}} \to 0$,即$\lim\limits_{x \to 0^-} e^{\frac{1}{x}} = 0$.

左极限存在,而右极限不存在,由充分必要条件可知$\lim\limits_{x\to 0}e^{\frac{1}{x}}$不存在.

注 当 $x\to x_0$ 时,若有 $f(x)\to\infty$,虽然极限不存在,为表示方便,我们仍记为
$$\lim_{x\to x_0}f(x)=\infty.$$

1.3 无穷小量与无穷大量

1.3.1 无穷小量

有一类函数在某个变化过程中,其绝对值可以无限变小,也就是说,它的极限为零.这样的函数在微积分中很重要,我们称它为无穷小量.

定义 1.12 若函数 $y=f(x)$ 在自变量 x 的某个变化过程中以零为极限,则称在该变化过程中,$f(x)$ 为**无穷小量**,简称**无穷小**.

例如,当 $x\to 0$ 时,$\sin x, \sqrt[3]{x}, x^3$ 是无穷小量;当 $x\to 1$ 时,$(x-1)^2$ 是无穷小量;当 $x\to\infty$ 时,$\dfrac{1}{x+2}, \dfrac{1}{x^2}$ 是无穷小量.

我们经常用希腊字母 α, β, γ 等来表示无穷小量.

在理解无穷小概念时,应注意下面几点:

(1) 定义中所说的变化过程,包括 1.2 节所定义的函数极限的几种形式.

(2) 无穷小的定义对数列也适用. 例如,数列 $\left\{\dfrac{1}{n}\right\}$ 当 $n\to\infty$ 时就是无穷小量.

(3) 无穷小量是以零为极限的变量,不要把一个很小的数误认为是无穷小量. 例如,10^{-32} 这个数虽然非常小,但它不以 0 为极限,所以不是无穷小量. 只有数 0 是唯一可以作为无穷小量的常数.

(4) 不能笼统地说某个函数是无穷小量,必须指出它的极限过程. 因为无穷小量是与极限过程相联系的. 在某个变化过程中的无穷小量,在其他过程中则不一定是无穷小量. 例如,当 $x\to\infty$ 时,$\dfrac{1}{x}$ 是无穷小量;而当 $x\to 1$ 时,$\dfrac{1}{x}$ 就不是无穷小量.

建立了无穷小的概念之后,我们可以找到有极限函数和无穷小量的一个关系,有下面的定理.

定理 1.2 函数 $f(x)$ 以 A 为极限的充分必要条件是:$f(x)$ 可以表示为 A 与一个无穷小量 α 之和,即
$$\lim f(x)=A \Leftrightarrow f(x)=A+\alpha\ (\text{其中}\ \lim\alpha=0).$$

1.3.2 无穷大量

与无穷小量相反,有一类函数在变化过程中绝对值可以无限增大,我们称它为无穷大量.

定义 1.13 若在自变量 x 的某个变化过程中,函数 $y = \dfrac{1}{f(x)}$ 是无穷小量,即 $\lim \dfrac{1}{f(x)} = 0$,则称在该变化过程中,$f(x)$ 为**无穷大量**,简称**无穷大**,记作 $\lim f(x) = \infty$.

需要说明的是,这里我们虽然使用了极限符号,但并不意味着 $f(x)$ 有极限.因为根据极限定义,极限值必须是常数,而 ∞ 不是数,它只表示一种状态,即 $f(x)$ 绝对值无限变大的那样一种状态.例如,当 $x \to 0$ 时,$\dfrac{1}{x^3}$ 是无穷大量;当 $x \to 0^+$ 时,$\cot x$,$\dfrac{1}{\sqrt{x}}$ 是无穷大量;当 $x \to \infty$ 时,$x+2$,x^2 是无穷大量.

和无穷小类似,在理解无穷大的概念时,同样应注意:

(1)关于无穷大量的定义,对数列也适用.

(2)无穷大量是一个变化的量,一个不论多么大的数,都不能作为无穷大量.

(3)函数在变化过程中绝对值越来越大且可以无限增大时,才能称无穷大量.例如,当 $x \to +\infty$ 时,$f(x) = x\sin x$ 的值可以无限增大但不是越来越大,所以不是无穷大量.

(4)当我们说某个函数是无穷大量时,必须同时指出它的极限过程.

从前面的例子可以看到,当 $x \to 0$ 时,x^3 是无穷小量,而 $\dfrac{1}{x^3}$ 是无穷大量;当 $x \to \infty$ 时,$x+2$ 是无穷大量,而 $\dfrac{1}{x+2}$ 是无穷小量.这说明无穷小量和无穷大量存在倒数关系.

1.3.3 无穷小量的性质

下面,我们不加证明地介绍无穷小量的四个性质.

性质 1.1 有限个无穷小量的代数和仍是无穷小量.

性质 1.2 有界变量乘无穷小量仍是无穷小量.

性质 1.3 常数乘无穷小量仍是无穷小量.

性质 1.4 无穷小量乘无穷小量仍是无穷小量.

例 1 求 $\lim\limits_{x \to 0} \sin \dfrac{1}{x}$.

解 因为 $\left| \sin \dfrac{1}{x} \right| \leqslant 1$,所以 $\sin \dfrac{1}{x}$ 是有界变量;当 $x \to 0$ 时,x 是无穷小量,根据性质 1.2,乘积 $x \sin \dfrac{1}{x}$ 是无穷小量,即

$$\lim_{x\to 0} x\sin\frac{1}{x} = 0.$$

从以上的性质中容易知道,无穷小量与有界函数、常数、无穷小量的乘积仍然是无穷小量,但不能认为无穷小量与任何量的乘积都是无穷小量.事实上,无穷小量与无穷大量的乘积就不一定是无穷小量.因此,在遇到乘积中有无穷小量时,应特别注意条件.

1.3.4 无穷小量的阶

两个无穷小量的和、差、积仍是无穷小量,但它们的商情况却不同.例如,我们记 $\alpha=\frac{1}{x}, \beta=\frac{2}{x}, \gamma=\frac{1}{x^2}$,它们都是 $x\to\infty$ 时的无穷小量,但

$$\lim_{x\to\infty}\frac{\gamma}{\alpha}=\lim_{x\to\infty}\frac{1/x^2}{1/x}=\lim_{x\to\infty}\frac{1}{x}=0,$$

$$\lim_{x\to\infty}\frac{\alpha}{\beta}=\lim_{x\to\infty}\frac{1/x}{2/x}=\frac{1}{2},$$

$$\lim_{x\to\infty}\frac{\beta}{\gamma}=\lim_{x\to\infty}\frac{2/x}{1/x^2}=\lim_{x\to\infty}2x=\infty.$$

可见两个无穷小量的商,可以是无穷小量,可以是常数,也可以是无穷大量.这是因为上述无穷小量在 $x\to\infty$ 时趋于零的快慢程度不同(见下表).

$\frac{1}{x},\frac{2}{x},\frac{1}{x^2}$ 趋于零的情况

x	1	10	100	1000	10000	…	$\to+\infty$
$\frac{1}{x}$	1	0.1	0.01	0.001	0.0001	…	$\to 0$
$\frac{2}{x}$	2	0.2	0.02	0.002	0.0002	…	$\to 0$
$\frac{1}{x^2}$	1	0.01	0.0001	0.000001	0.00000001	…	$\to 0$

从上表中看到,当 $x\to\infty$ 时 $\frac{1}{x},\frac{2}{x},\frac{1}{x^2}$ 趋于零的速度明显不同,$\frac{1}{x^2}$ 比 $\frac{1}{x},\frac{2}{x}$ 要快得多.为了比较无穷小量,我们引入阶的概念.

定义 1.14 设 α,β 是同一变化过程中的两个无穷小量.

(1) 若 $\lim\frac{\alpha}{\beta}=0$,则称 α 是比 β **高阶的无穷小量**,也称 β 是比 α **低阶的无穷小量**,记作 $\alpha=o(\beta)$.

(2) 若 $\lim\frac{\alpha}{\beta}=c$($c$ 是不等于零的常数),则称 α 与 β 是**同阶无穷小量**.若 $c=1$,则称 α 与 β 是**等价无穷小量**,记作 $\alpha\sim\beta$.

由定义知,$\frac{1}{x^2}$ 是比 $\frac{1}{x},\frac{2}{x}$ 高阶的无穷小量,而 $\frac{1}{x}$ 与 $\frac{2}{x}$ 是同阶无穷小量.

当 $x\to 0$ 时,$\sin x \sim x$,$\tan x \sim x$,$\arcsin x \sim x$,$\arctan x \sim x$,$\ln(1+x)\sim x$.在计算过程中,利用这些等价无穷小量可以简化运算.

1.4 极限的性质与运算法则

1.4.1 极限的性质

性质 1.5(唯一性) 若极限 $\lim f(x)$ 存在,则极限值唯一.

以下性质只对 $x\to x_0$ 的情形加以叙述,其他形式的极限也有类似的结果.

性质 1.6(有界性) 若极限 $\lim\limits_{x\to x_0} f(x)$ 存在,则函数 $f(x)$ 在 x_0 的某个空心邻域内有界.

性质 1.7(保号性) 若 $\lim\limits_{x\to x_0} f(x)=A$ 且 $A>0$(或 $A<0$),则在 x_0 的某空心邻域内恒有 $f(x)>0$(或 $f(x)<0$).若 $\lim\limits_{x\to x_0} f(x)=A$ 且在 x_0 的某空心邻域内恒有 $f(x)\geqslant 0$(或 $f(x)\leqslant 0$),则 $A\geqslant 0$(或 $A\leqslant 0$).

1.4.2 极限的四则运算法则

利用极限的定义只能计算一些很简单的函数的极限,而实际问题中的函数却要复杂得多.本节将介绍极限的四则运算法则,并运用这些法则去求一些较复杂函数的极限问题.

定理 1.3 若 $\lim u(x)=A$,$\lim v(x)=B$,则

(1) $\lim[u(x)\pm v(x)]=\lim u(x)\pm \lim v(x)=A\pm B$;

(2) $\lim[u(x)\cdot v(x)]=\lim u(x)\cdot \lim v(x)=A\cdot B$;

(3) $\lim v(x)=B\neq 0$ 时,$\lim\dfrac{u(x)}{v(x)}=\dfrac{\lim u(x)}{\lim v(x)}=\dfrac{A}{B}$.

上述运算法则,不难推广到有限多个函数的代数和及乘法的情况.此外还有以下推论.

推论 设 $\lim u(x)$ 存在,c 为常数,n 为正整数,则有

(1) $\lim[c\cdot u(x)]=c\cdot \lim u(x)$;

(2) $\lim[u(x)]^n=[\lim u(x)]^n$.

在使用这些法则时,必须注意两点:

(1)法则要求每个参与运算的函数的极限都存在.

(2)商的极限的运算法则有个重要前提,即分母的极限不能为零.
当上面两个条件不具备时,不能使用极限的四则运算法则.

例 1 求 $\lim\limits_{x \to -1}(x^2-2x+5)$.

解 $\lim\limits_{x \to -1}(x^2-2x+5) = \lim\limits_{x \to -1}x^2 - \lim\limits_{x \to -1}(2x) + \lim\limits_{x \to -1}5$
$= (\lim\limits_{x \to -1}x)^2 - 2\lim\limits_{x \to -1}x + 5$
$= (-1)^2 - 2 \times (-1) + 5$
$= 8.$

例 2 求 $\lim\limits_{x \to x_0}(a_0 x^n + a_1 x^{n-1} + \cdots + a_{n-1}x + a_n)$.

解 $\lim\limits_{x \to x_0}(a_0 x^n + a_1 x^{n-1} + \cdots + a_{n-1}x + a_n)$
$= \lim\limits_{x \to x_0}a_0 x^n + \lim\limits_{x \to x_0}a_1 x^{n-1} + \cdots + \lim\limits_{x \to x_0}a_{n-1}x + \lim\limits_{x \to x_0}a_n$
$= a_0 x_0^n + a_1 x_0^{n-1} + \cdots + a_{n-1}x_0 + a_n.$

可见多项式 $p(x)$ 当 $x \to x_0$ 时的极限值就是多项式 $p(x)$ 在 x_0 处的函数值,即

$$\lim\limits_{x \to x_0}p(x) = p(x_0). \tag{1.4.1}$$

例 3 求 $\lim\limits_{x \to 0}\dfrac{2x^2-3x+1}{x+2}$.

解 先求分母极限. 因为 $\lim\limits_{x \to 0}(x+2) = 0+2 \neq 0$,所以可以使用商的极限的运算法则,有

$$\lim\limits_{x \to 0}\dfrac{2x^2-3x+1}{x+2} = \dfrac{\lim\limits_{x \to 0}(2x^2-3x+1)}{\lim\limits_{x \to 0}(x+2)}$$
$$= \dfrac{2 \times 0^2 - 3 \times 0 + 1}{0+2} = \dfrac{1}{2}.$$

一般地,有理分式(分子、分母都是多项式的分式)当分母极限不为零时,则有 $x \to x_0$ 时的极限等于分子、分母在 x_0 处的函数值的商,即

$$\lim\limits_{x \to x_0}\dfrac{p(x)}{q(x)} = \dfrac{p(x_0)}{q(x_0)} \quad (\lim\limits_{x \to x_0}q(x) \neq 0). \tag{1.4.2}$$

例 4 求 $\lim\limits_{x \to 1}\dfrac{4x-3}{x^2-3x+2}$.

解 先求分母的极限:
$$\lim\limits_{x \to 1}(x^2-3x+2) = 1^2 - 3 \times 1 + 2 = 0,$$

此时分母极限为零,不能直接使用运算法则. 在分母为零的情况下,求极限的方法取决于分子极限的状况. 本题中容易求得分子极限不等于零. 这时我们先来考虑原来函数倒数的极限.

$$\lim\limits_{x \to 1}\dfrac{x^2-3x+2}{4x-3} = \dfrac{\lim\limits_{x \to 1}(x^2-3x+2)}{\lim\limits_{x \to 1}(4x-3)} = \dfrac{0}{4-3} = 0,$$

即 $\dfrac{x^2-3x+2}{4x-3}$ 是 $x\to 1$ 时的无穷小.由无穷小量与无穷大量的倒数关系,得到

$$\lim_{x\to 1}\dfrac{4x-3}{x^2-3x+2}=\infty.$$

例 5 求 $\lim\limits_{x\to 3}\dfrac{x^2-4x+3}{x^2-9}$.

解 先求分母极限:

$$\lim_{x\to 3}(x^2-9)=3^2-9=0,$$

分母极限为零,由上例知应进一步考察分子极限

$$\lim_{x\to 3}(x^2-4x+3)=3^2-4\times 3+3=0.$$

分子极限也是零.与例 4 不同,不能用上题的方法,这时我们发现分子和分母分解因式后出现公因式 $x-3$,由极限定义知,x 趋于 3 但不等于 3,即 $x-3\neq 0$,故可以消去公因子后再求极限.于是有

$$\lim_{x\to 3}\dfrac{x^2-4x+3}{x^2-9}=\lim_{x\to 3}\dfrac{(x-3)(x-1)}{(x+3)(x-3)}=\lim_{x\to 3}\dfrac{x-1}{x+3}=\dfrac{1}{3}.$$

注 因为 $\lim\limits_{x\to 3}(x^2-9)=0$,所以不能写成

$$\lim_{x\to 3}\dfrac{x^2-4x+3}{x^2-9}=\dfrac{\lim\limits_{x\to 3}(x^2-4x+3)}{\lim\limits_{x\to 3}(x^2-9)}.$$

从例 3 到例 5,都属于 $x\to x_0$ 时有理分式的极限.下面我们介绍 $x\to\infty$ 时有理分式的极限.

例 6 求 $\lim\limits_{x\to\infty}\dfrac{2x^2-x+3}{x^2+2x+2}$.

解 本例中,分子、分母的极限都不存在,所以不能运用极限的运算法则.我们对这个分式作适当变形,分子、分母同除以它们的最高次幂 x^2,然后可用运算法则求极限:

$$\lim_{x\to\infty}\dfrac{2x^2-x+3}{x^2+2x+2}=\lim_{x\to\infty}\dfrac{2-\dfrac{1}{x}+\dfrac{3}{x^2}}{1+\dfrac{2}{x}+\dfrac{2}{x^2}}=\dfrac{\lim\limits_{x\to\infty}\left(2-\dfrac{1}{x}+\dfrac{3}{x^2}\right)}{\lim\limits_{x\to\infty}\left(1+\dfrac{2}{x}+\dfrac{2}{x^2}\right)}=2.$$

例 7 求 $\lim\limits_{x\to\infty}\dfrac{x^3-x+5}{3x^2+2}$.

解 本例如果仿照上例的方法,分子、分母同除以它们的最高次幂 x^3 的话,使得分母的极限为零,仍不能用运算法则求极限.实际上,只能用以下方法来求.

因为

$$\lim_{x\to\infty}\dfrac{3x^2+2}{x^3-x+5}=\lim_{x\to\infty}\dfrac{\dfrac{3}{x}+\dfrac{2}{x^3}}{1-\dfrac{1}{x^2}+\dfrac{5}{x^3}}=0,$$

所以

$$\lim_{x\to\infty}\frac{x^3-x+5}{3x^2+2}=\infty.$$

一般地,当 $x\to\infty$ 时,有理分式($a_0\neq 0, b_0\neq 0$)的极限有以下结果:

$$\lim_{x\to\infty}\frac{a_0 x^n+a_1 x^{n-1}+\cdots+a_n}{b_0 x^m+b_1 x^{m-1}+\cdots+b_n}=\begin{cases} 0, & n<m; \\ \dfrac{a_0}{b_0}, & n=m; \\ \infty, & n>m. \end{cases} \qquad (1.4.3)$$

利用这个结果求有理分式当 $x\to\infty$ 时的极限非常方便.

例 8 求下列极限.

(1) $\lim\limits_{x\to\infty}\dfrac{4x^2+5x-3}{2x^3+8}$;

(2) $\lim\limits_{x\to\infty}\dfrac{3x^4-2x^2-7}{5x^2+3}$;

(3) $\lim\limits_{x\to\infty}\dfrac{(x-3)(2x^2+1)}{2-7x^3}$.

解 (1) 因为分母的最高次幂大于分子的最高次幂,即 $m>n$,所以

$$\lim_{x\to\infty}\frac{4x^2+5x-3}{2x^3+8}=0.$$

(2) 因为分子的最高次幂大于分母的最高次幂,即 $n>m$,所以

$$\lim_{x\to\infty}\frac{3x^4-2x^2-7}{5x^2+3}=\infty.$$

(3) 本例的形式与 (1.4.3) 式中有些不同,分子不是一个多项式,而是两个多项式的乘积. 一般地说,不用把乘积计算出来,只需要观察出分子、分母结果的最高幂次和最高次项的系数即可. 容易看出,分子乘积的结果应为三次多项式,与分母的最高次幂相同,即 $n=m$,所以极限值应为分子、分母最高次项系数之比,即

$$\lim_{x\to\infty}\frac{(x-3)(2x^2+1)}{2-7x^3}=-\frac{2}{7}.$$

1.5 两个重要极限

1.5.1 极限存在的准则

为了得出两个重要极限公式,我们先给出两个判定极限存在的准则.

准则 I 如果函数 $f(x), g(x), h(x)$ 在同一变化过程中满足 $g(x)\leqslant f(x)\leqslant h(x)$,且 $\lim g(x)=\lim h(x)=A$,那么 $\lim f(x)$ 存在且等于 A.

准则Ⅱ 如果数列$\{x_n\}$单调有界,则$\lim\limits_{n\to\infty}x_n$一定存在.

1.5.2 两个重要极限

1. $\lim\limits_{x\to 0}\dfrac{\sin x}{x}=1$.

证 因为$\dfrac{\sin(-x)}{-x}=\dfrac{-\sin x}{-x}=\dfrac{\sin x}{x}$,即$x$改变符号时,$\dfrac{\sin x}{x}$的值不变,所以只讨论$x$由正值趋于零的情形就可以了.

作单位圆(如图1-26).设圆心角$\angle AOB=x$,延长OB交过A点的切线于D,则$\triangle AOB$的面积<扇形AOB的面积<$\triangle AOD$的面积,即

$$\dfrac{1}{2}\sin x<\dfrac{1}{2}x<\dfrac{1}{2}\tan x. \tag{1.5.1}$$

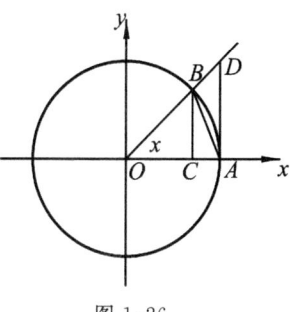

图 1-26

这里,显然有

$$\sin x<x \quad \left(\text{当}\ 0<x<\dfrac{\pi}{2}\text{时}\right). \tag{1.5.2}$$

在(1.5.1)式中都除以$\dfrac{1}{2}\sin x$,得

$$1<\dfrac{x}{\sin x}<\dfrac{1}{\cos x}.$$

三项都为正数,取它们的倒数,有

$$1>\dfrac{\sin x}{x}>\cos x,$$

即

$$\cos x<\dfrac{\sin x}{x}<1.$$

另一方面,由(1.5.2)式可得

$$\cos x=1-2\sin^2\dfrac{x}{2}>1-\dfrac{1}{2}x^2,$$

于是有

$$1-\dfrac{1}{2}x^2<\cos x<\dfrac{\sin x}{x}<1.$$

因为$\lim\limits_{x\to 0}\left(1-\dfrac{1}{2}x^2\right)=1$,由准则Ⅰ可得

$$\lim\limits_{x\to 0}\dfrac{\sin x}{x}=1.$$

例1 求$\lim\limits_{x\to 0}\dfrac{\tan x}{x}$.

解 $\lim\limits_{x\to 0}\dfrac{\tan x}{x}=\lim\limits_{x\to 0}\dfrac{\sin x}{x}\cdot\dfrac{1}{\cos x}=\lim\limits_{x\to 0}\dfrac{\sin x}{x}\cdot\lim\limits_{x\to 0}\dfrac{1}{\cos x}=1.$

例 2 求 $\lim\limits_{x\to 0}\dfrac{\sin kx}{x}(k\neq 0).$

解 将 kx 看做一个新变量 t，即令 $t=kx$. 则当 $x\to 0$ 时，$t\to 0$. 于是

$$\lim_{x\to 0}\frac{\sin kx}{x}=\lim_{x\to 0}\frac{\sin kx}{kx}\cdot k=k\cdot\lim_{t\to 0}\frac{\sin t}{t}=k\cdot 1=k.$$

例 3 求 $\lim\limits_{x\to 0}\dfrac{\sin ax}{\sin bx}(a\neq 0,b\neq 0).$

解 分式的分子、分母同除以 x，然后再利用例 2 的结果.

$$\lim_{x\to 0}\frac{\sin ax}{\sin bx}=\lim_{x\to 0}\frac{a\cdot\dfrac{\sin ax}{ax}}{b\cdot\dfrac{\sin bx}{bx}}=\frac{a\lim\limits_{x\to 0}\dfrac{\sin ax}{ax}}{b\lim\limits_{x\to 0}\dfrac{\sin bx}{bx}}=\frac{a}{b}. \tag{1.5.3}$$

以上三个例题的结果在以后的求极限过程中都可以直接使用. 特别在例 3 中，可以用正切函数任意替换正弦函数，等式仍然成立.

例 4 求 $\lim\limits_{x\to 0}\left(\dfrac{\tan 3x-\sin 7x}{\tan 2x}\right).$

解 $\lim\limits_{x\to 0}\left(\dfrac{\tan 3x-\sin 7x}{\tan 2x}\right)=\lim\limits_{x\to 0}\left(\dfrac{\tan 3x}{\tan 2x}-\dfrac{\sin 7x}{\tan 2x}\right)$

$$=\lim_{x\to 0}\frac{\tan 3x}{\tan 2x}-\lim_{x\to 0}\frac{\sin 7x}{\tan 2x}$$

$$=\frac{3}{2}-\frac{7}{2}=-2.$$

例 5 求 $\lim\limits_{x\to 0}\dfrac{1-\cos x}{x^2}.$

解 将 $1-\cos x$ 变形为 $2\sin^2\dfrac{x}{2}$，再利用运算法则计算：

$$\lim_{x\to 0}\frac{1-\cos x}{x^2}=\lim_{x\to 0}\frac{2\sin^2\dfrac{x}{2}}{x^2}=\frac{1}{2}\lim_{x\to 0}\left(\frac{\sin\dfrac{x}{2}}{\dfrac{x}{2}}\right)^2$$

$$=\frac{1}{2}\left(\lim_{x\to 0}\frac{\sin\dfrac{x}{2}}{\dfrac{x}{2}}\right)^2=\frac{1}{2}\cdot 1^2=\frac{1}{2}.$$

2. $\lim\limits_{x\to\infty}\left(1+\dfrac{1}{x}\right)^x=\mathrm{e}$

等式右端的字母 e 就是在第一节里介绍过的自然对数的底. 这个等式的正确性可以利用准则 II 来证明. 为了帮助大家理解，下面给出一个直观说明.

当 $x\to\infty$ 时，函数 $f(x)=\left(1+\dfrac{1}{x}\right)^x$ 之值的变化情况列表如下：

$x \to \infty$ 时 $\left(1+\dfrac{1}{x}\right)^x$ 之值的变化情况

x	1	2	3	4	5	6	10	100	1000	10000	...
$\left(1+\dfrac{1}{x}\right)^x$	2	2.25	2.37	2.441	2.488	2.522	2.594	2.705	2.717	2.718	...

从上表中不难看出,当 $x \to \infty$ 时,函数 $f(x)=\left(1+\dfrac{1}{x}\right)^x$ 的值是无限接近于 e 的.

如果令 $\dfrac{1}{x}=\alpha$,当 $x \to \infty$ 时,$\alpha \to 0$,公式还可以写成

$$\lim_{\alpha \to \infty}(1+\alpha)^{\frac{1}{\alpha}}=e.$$

例 6 求 $\lim\limits_{x \to \infty}\left(1+\dfrac{3}{x}\right)^x$.

解 为了利用第二个重要极限的公式,我们需要作变量代换.令 $\dfrac{3}{x}=\alpha$,当 $x \to \infty$ 时,$\alpha \to 0$,于是

$$\lim_{x \to \infty}\left(1+\frac{3}{x}\right)^x = \lim_{\alpha \to 0}(1+\alpha)^{\frac{3}{\alpha}} = \lim_{\alpha \to 0}[(1+\alpha)^{\frac{1}{\alpha}}]^3$$
$$=[\lim_{\alpha \to 0}(1+\alpha)^{\frac{1}{\alpha}}]^3 = e^3.$$

例 7 求 $\lim\limits_{x \to \infty}\left(1-\dfrac{1}{x}\right)^{2x+5}$.

解 令 $-\dfrac{1}{x}=\alpha$,则 $x=-\dfrac{1}{\alpha}$,当 $x \to \infty$ 时,$\alpha \to 0$,于是

$$\lim_{x \to \infty}\left(1-\frac{1}{x}\right)^{2x+5} = \lim_{\alpha \to 0}(1+\alpha)^{-\frac{2}{\alpha}+5}$$
$$= \lim_{\alpha \to 0}(1+\alpha)^{-\frac{2}{\alpha}} \cdot \lim_{\alpha \to 0}(1+\alpha)^5$$
$$= \frac{1}{\lim_{\alpha \to 0}[(1+\alpha)^{\frac{1}{\alpha}}]^2} \cdot [\lim_{\alpha \to 0}(1+\alpha)]^5$$
$$= \frac{1}{\lim_{\alpha \to 0}[(1+\alpha)^{\frac{1}{\alpha}}]^2} \cdot 1^5$$
$$= e^{-2}.$$

一般地,可以有下面的结论:

$$\lim_{x \to \infty}\left(1+\frac{a}{x}\right)^{bx+c} = e^{ab}. \tag{1.5.4}$$

利用这个结论容易求得有关函数的极限.请看下面的例子.

例 8 求 $\lim\limits_{x \to \infty}\left(1+\dfrac{1}{2x}\right)^{4x-3}$.

解 因为 $a=\dfrac{1}{2}, b=4$,所以

$$\lim_{x \to \infty} \left(1 + \frac{1}{2x}\right)^{4x-3} = e^{\frac{1}{2} \times 4} = e^2.$$

例 9 求 $\lim\limits_{x \to \infty} \left(\dfrac{2x+3}{2x+1}\right)^{x+1}$.

解 因为 $\dfrac{2x+3}{2x+1} = 1 + \dfrac{2}{2x+1}$,令 $u=2x+1$,则 $x=\dfrac{u-1}{2}$,当 $x \to \infty$ 时 $u \to \infty$,于是有

$$\lim_{x \to \infty} \left(\frac{2x+3}{2x+1}\right)^{x+1} = \lim_{x \to \infty} \left(1 + \frac{2}{2x+1}\right)^{x+1}$$

$$= \lim_{u \to \infty} \left(1 + \frac{2}{u}\right)^{\frac{u-1}{2}+1}$$

$$= \lim_{u \to \infty} \left(1 + \frac{2}{u}\right)^{\frac{u}{2}+\frac{1}{2}},$$

利用(1.5.4),因为 $a=2, b=\dfrac{1}{2}$,所以

$$\lim_{x \to \infty} \left(\frac{2x+3}{2x+1}\right)^{x+1} = e^{2 \times \frac{1}{2}} = e.$$

作为第二个重要极限的应用,我们介绍复利公式.所谓**复利计息**,就是将第一期的利息与本金之和作为第二期的本金,然后反复计息.

设本金为 p,年利率为 r,一年后的本利和为 s_1,则

$$s_1 = p + pr = p(1+r).$$

把 s_1 作为本金存入,第二年末的本利和为

$$s_2 = s_1 + s_1 r = s_1(1+r) = p(1+r)^2.$$

再把 s_2 存入,如此反复,第 n 年末的本利和为

$$s_n = p(1+r)^n.$$

这就是以年为期的复利公式.

若把一年均分为 t 期计息,这时每期利率可以认为是 $\dfrac{r}{t}$,于是推得 n 年的本利和

$$s_n = p\left(1 + \frac{r}{t}\right)^m, m = nt.$$

假设计息期无限缩短,则期数 $t \to \infty$,于是得到连续复利的计算公式为

$$s_n = \lim_{t \to \infty} p\left(1 + \frac{r}{t}\right)^{nt} = p \lim_{t \to \infty} \left(1 + \frac{r}{t}\right)^{nt} = p e^{rn}. \tag{1.5.5}$$

1.6 函数的连续性

在对经济问题建模的过程中,我们经常假设可以用连续函数来表示各种经济概念.实

际上,当采用不连续函数表示经济变量之间的关系时,现实世界就会繁琐不堪.

1.6.1 连续函数的概念

在现实生活中有许多量都是连续变化的,如气温的变化、植物的生长、物体运动走过的路程等.这些现象反映在数学上就是函数的连续性.它是与函数极限密切相关的另一个基本概念.

首先引入增量的定义.

定义 1.15 设变量 u 从它的初值 u_0 变到终值 u_1,则终值与初值之差 u_1-u_0 就叫做变量 u 的**增量**,又叫做 u 的**改变量**,记作 Δu,即 $\Delta u = u_1 - u_0$.

增量可以是正的,可以是负的,也可以是零. 当 $u_1 > u_0$ 时,Δu 是正的;而当 $u_1 < u_0$ 时,Δu 是负的.

注 Δu 是一个完整的记号,不能看做是符号 Δ 与变量 u 的乘积. 这里变量 u 可以是自变量 x,也可以是函数 y. 如果是 x,则称 $\Delta x = x_1 - x_0$ 为自变量的改变量;如果是 y,则称 $\Delta y = y_1 - y_0$ 为函数的改变量. 有时为了方便,自变量 x 与函数 y 的终值不写成 x_1 和 y_1,而直接写作 $x_0 + \Delta x$ 和 $y_0 + \Delta y$. 如果函数 $y = f(x)$ 在 x_0 的某个邻域内有定义,当自变量 x 在点 x_0 处有一改变量 Δx 时,函数 y 的相应改变量则为

$$\Delta y = f(x_0 + \Delta x) - f(x_0).$$

其几何意义如图 1-27 所示.

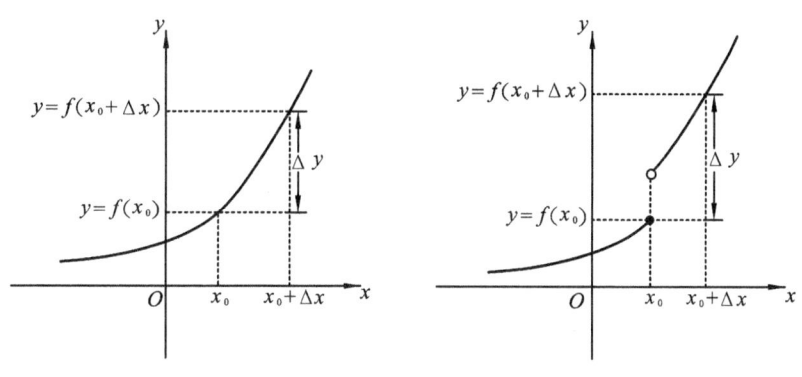

图 1-27 图 1-28

函数 $f(x)$ 在 x_0 点连续,表现在图形上是曲线 $y = f(x)$ 在 $x = x_0$ 邻近是不间断的(如图 1-27).而图 1-28 所示的曲线则明显不同,容易看到,曲线在 x_0 点是断开的. 那么,如何用数学语言来描述这种差异呢? 对比两个图形,我们发现:在图 1-27 所示的图形中,当自变量 x 的改变量 $\Delta x \to 0$ 时,函数的相应改变量 Δy 的绝对值可以无限变小;在图 1-28 中,我们观察到,当 $\Delta x > 0$(即 x 在点 x_0 右侧)时,函数值有一个突然的改变,显然当 $\Delta x \to 0$ 时,Δy 的绝对值不能够无限变小. 于是我们可以用增量来定义函数的连续性.

定义 1.16 设函数 $y = f(x)$ 在点 x_0 的某个邻域内有定义. 如果当自变量的改变量

Δx 趋于零时,相应函数的改变量 Δy 也趋于零,即 $\lim\limits_{\Delta x \to 0}\Delta y = 0$,则称函数 $y=f(x)$ **在点** x_0 **连续**.

例1 用定义证明 $y=5x^2-3$ 在给定点 x_0 处连续.

解
$$\Delta y = f(x_0+\Delta x)-f(x_0)$$
$$=5(x_0+\Delta x)^2-5x_0^2$$
$$=10x_0\Delta x+5(\Delta x)^2,$$

所以
$$\lim_{\Delta x \to 0}\Delta y = \lim_{\Delta x \to 0}[10x_0\Delta x+5(\Delta x)^2]=0.$$

所以 $y=5x^2-3$ 在给定点 x_0 处连续.

例2 用定义证明 $y=\sin x$ 在 x_0 处连续.

证
$$\Delta y = \sin(x_0+\Delta x)-\sin x_0 = 2\sin\frac{\Delta x}{2}\cos\frac{2x_0+\Delta x}{2}.$$

因为
$$\left|\cos\frac{2x_0+\Delta x}{2}\right| \leqslant 1,$$

所以
$$|\Delta y| \leqslant 2\left|\sin\frac{\Delta x}{2}\right| \leqslant 2\left|\frac{\Delta x}{2}\right|,$$

于是当 $\Delta x \to 0$ 时,$\Delta y \to 0$. 由 x_0 的任意性可知,$y=\sin x$ 在 $(-\infty,+\infty)$ 上连续. 类似地,可以证明 $y=\cos x$ 在 $(-\infty,+\infty)$ 上连续.

在定义 1.16 中,如果令 $x=x_0+\Delta x$,则当 $\Delta x \to 0$ 时,$x \to x_0$,于是 $\lim\limits_{\Delta x \to 0}\Delta y=0$ 可以改写为 $\lim\limits_{x \to x_0}[f(x)-f(x_0)]=0$,即 $\lim\limits_{x \to x_0}f(x)=f(x_0)$. 因此,函数在点 x_0 处连续也可定义如下.

定义 1.17 设函数 $y=f(x)$ 在点 x_0 的某个邻域内有定义. 如果当 $x \to x_0$ 时,函数 $f(x)$ 的极限存在,且等于 $f(x)$ 在点 x_0 处的函数值 $f(x_0)$,即 $\lim\limits_{x \to x_0}f(x)=f(x_0)$,则称**函数** $f(x)$ **在点** x_0 **处连续**.

定义 1.16 与定义 1.17 可以互相推出,因此它们是等价的. 也就是说,在使用时,可以根据情况任选其一.

由定义 1.17 可以得出下面的结论:

(1) 若函数 $f(x)$ 在点 x_0 处连续,则 $f(x)$ 在点 x_0 处的极限一定存在;反之,若 $f(x)$ 在点 x_0 处的极限存在,则函数 $f(x)$ 在点 x_0 处不一定连续.

(2) 若函数 $f(x)$ 在点 x_0 处连续,要求 $x \to x_0$ 时 $f(x)$ 的极限,只需求出 $f(x)$ 在点 x_0 处的函数值 $f(x_0)$ 即可.

(3) 当函数 $f(x)$ 在点 x_0 处连续时,有
$$\lim_{x \to x_0}f(x)=f(x_0)=f(\lim_{x \to x_0}x).$$

这个等式的成立意味着在函数连续的前提下,极限符号与函数符号可以互相交换. 这一结论给我们求极限带来很大方便.

例 3 求 $\lim\limits_{x\to 0}\cos x$.

解 $\lim\limits_{x\to 0}\cos x = \cos(\lim\limits_{x\to 0} x) = \cos 0 = 1$.

可以证明,若函数 $u=\varphi(x)$ 当 $x\to x_0$ 时极限存在且等于 u_0,即 $\lim\limits_{x\to x_0}\varphi(x)=u_0$,而函数 $y=f(u)$ 在点 u_0 连续,则复合函数 $y=f[\varphi(x)]$ 当 $x\to x_0$ 时的极限也存在,且

$$\lim\limits_{x\to x_0} f[\varphi(x)] = f[\lim\limits_{x\to x_0}\varphi(x)] = f(u_0).$$

例 4 求 $\lim\limits_{x\to 0}\dfrac{\ln(1+x)}{x}$.

解 因为 $\lim\limits_{x\to 0}(1+x)^{\frac{1}{x}}=e$,且 $y=\ln u$ 在点 $u=e$ 连续,则

$$\lim\limits_{x\to 0}\dfrac{\ln(1+x)}{x} = \lim\limits_{x\to 0}\ln(1+x)^{\frac{1}{x}} = \ln[\lim\limits_{x\to 0}(1+x)^{\frac{1}{x}}] = \ln e = 1.$$

下面给出函数在区间上连续的定义.

定义 1.18 若函数 $y=f(x)$ 在区间 (a,b) 内任何一点都连续,则称 $f(x)$ **在区间** (a,b) **内连续**. 若函数 $y=f(x)$ 在区间 (a,b) 内连续,且 $\lim\limits_{x\to a^+}f(x)=f(a)$, $\lim\limits_{x\to b^-}f(x)=f(b)$,则称 $f(x)$ **在闭区间** $[a,b]$ **上连续**.

1.6.2 初等函数的连续性

定理 1.4 若函数 $f(x)$ 与 $g(x)$ 在点 x_0 处连续,则这两个函数的和 $f(x)+g(x)$、差 $f(x)-g(x)$、积 $f(x)\cdot g(x)$、商 $\dfrac{f(x)}{g(x)}$(当 $g(x_0)\neq 0$ 时)在点 x_0 处连续.

定理 1.5 设函数 $u=\varphi(x)$ 在点 x_0 处连续,$y=f(u)$ 在点 u_0 处连续,且 $u_0=\varphi(x_0)$,则复合函数 $y=f[\varphi(x)]$ 在点 x_0 处连续.

可以证明:**基本初等函数在其定义域内都是连续函数**. 再根据定理 1.4 及定理 1.5 容易得到:由基本初等函数经过有限次四则运算以及复合步骤所构成的初等函数在其定义**区间内都是连续的**. 这样我们求初等函数在其定义区间内某点的极限,只需求初等函数在该点的函数值即可.

例 5 求下列极限:

(1) $\lim\limits_{x\to 0}\sqrt{5-x^2}$;

(2) $\lim\limits_{x\to 4}\dfrac{e^x+\cos(4-x)}{\sqrt{x}-3}$.

解 (1) 因为 $\sqrt{5-x^2}$ 是初等函数,其定义域为 $[-\sqrt{5},\sqrt{5}]$,而 $2\in[-\sqrt{5},\sqrt{5}]$,所以

$$\lim\limits_{x\to 2}\sqrt{5-x^2}=\sqrt{5-2^2}=1.$$

(2) 因为 $\lim\limits_{x\to 4}\dfrac{e^x+\cos(4-x)}{\sqrt{x}-3}$ 是初等函数,定义域为 $[0,9)\cup(9,+\infty)$,而 $4\in[0,9)$,所以

$$\lim_{x\to 4}\frac{e^x+\cos(4-x)}{\sqrt{x}-3}=\frac{e^4+\cos 0}{2-3}=-(e^4+1).$$

1.6.3 函数的间断点

定义 1.19 如果函数 $y=f(x)$ 在点 x_0 不连续,则称 x_0 为 $f(x)$ 的一个**间断点**.

由函数在某点连续的定义可知,如果 $f(x)$ 在点 x_0 处有下列三种情况之一,则点 x_0 是 $f(x)$ 的一个间断点.

(1) 在点 x_0 处 $f(x)$ 没有定义;

(2) $\lim\limits_{x\to x_0}f(x)$ 不存在;

(3) 虽然 $\lim\limits_{x\to x_0}f(x)$ 存在,但 $\lim\limits_{x\to x_0}f(x)\neq f(x_0)$.

以下举例说明函数间断点的几种类型.

例 6 考察函数 $y=f(x)=\dfrac{1}{x+1}$ 在点 $x=-1$ 处的连续性.

解 因为 $y=f(x)=\dfrac{1}{x+1}$ 在 $x=-1$ 处没有定义,所以 $x=-1$ 是 $y=f(x)=\dfrac{1}{x+1}$ 的一个间断点,其图像如图 1-29 所示. 又因为 $\lim\limits_{x\to -1}\dfrac{1}{x+1}=\infty$,所以点 $x=-1$ 称为 $f(x)$ 的**无穷间断点**.

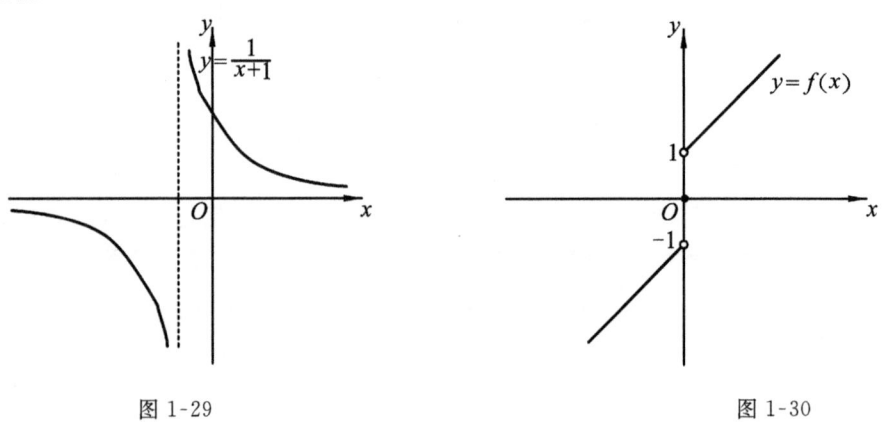

图 1-29　　　　　　　　　　　图 1-30

一般来说,不连续的点常产生于同一函数在数轴不同部分被不同的方程定义,且在方程发生变化的地方两个方程的值不同. 如下例.

例 7 考察函数 $y=f(x)=\begin{cases}x-1, & x<0;\\ 0, & x=0;\\ x+1, & x>0\end{cases}$ 在点 $x=0$ 处的连续性.

解 虽然在点 $x=0$ 处 $f(x)$ 有定义,且 $f(0)=0$,但是在 $x=0$ 处,有

$$\lim_{x \to 0^-} f(x) = \lim_{x \to 0^-} (x-1) = -1,$$
$$\lim_{x \to 0^+} f(x) = \lim_{x \to 0^+} (x+1) = 1.$$

即 $f(x)$ 在 $x=0$ 处左、右极限不相等,由定理 1.1 可知,$f(x)$ 在 $x=0$ 处极限不存在,所以 $x=0$ 是 $f(x)$ 的间断点.所以点 $x=0$ 称为 $f(x)$ 的一个**跳跃间断点**(如图 1-30).

从图上可以看出,虽然函数图像上的点在原点两侧的 x 轴上的值互相之间可以任意接近,但这些点在曲线上的值却不是任意接近的,即 x 的微小变化并没有导致 $f(x)$ 发生相应的微小变化.如果在间断点 x_0 处的左右极限 $\lim_{x \to x_0^+} f(x), \lim_{x \to x_0^-} f(x)$ 都存在且相等,则称 x_0 为**可去间断点**.

例 8 考察函数
$$y = f(x) = \begin{cases} \dfrac{x^2-4}{x+2}, & x \neq -2; \\ 4, & x = -2 \end{cases}$$
在点 $x=-2$ 处的连续性.

解 虽然在点 $x=-2$ 处 $f(x)$ 有定义,$f(-2)=4$,且在 $x=-2$ 处函数的极限存在,即
$$\lim_{x \to -2} f(x) = \lim_{x \to -2} \frac{x^2-4}{x+2} = \lim_{x \to -2} (x-2) = -4,$$
但是
$$\lim_{x \to -2} f(x) \neq f(-2),$$

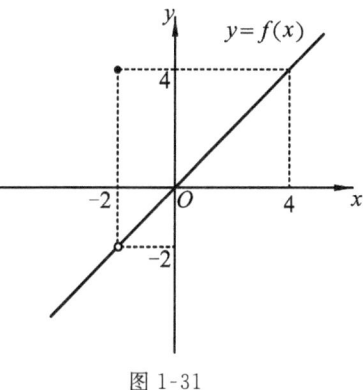

图 1-31

所以 $x=-2$ 是 $f(x)$ 的一个间断点,如图 1-31 所示.

从图中不难看出,只要在 x_0 点改变定义或补充定义,就可以使 $f(x)$ 在该点连续.因此称 $x \to x_0$ 时极限存在的间断点为**可去间断点**.跳跃间断点和可去间断点统称为**第一类间断点**.

如果 $\lim_{x \to x_0^+} f(x), \lim_{x \to x_0^-} f(x)$ 至少有一个不存在,那么这一类间断点称为**第二类间断点**.

例 9 已知函数 $f(x) = \begin{cases} x^2+1, & x<0; \\ 2x+b, & x \geq 0 \end{cases}$ 在点 $x=0$ 处连续,求 b 的值.

解 $\lim_{x \to 0^-} f(x) = \lim_{x \to 0^-} (x^2+1) = 1, \lim_{x \to 0^+} f(x) = \lim_{x \to 0^+} (2x+b) = b,$
因为 $f(x)$ 在 $x=0$ 处连续,则 $\lim_{x \to 0} f(x)$ 存在等价于 $\lim_{x \to 0^-} f(x) = \lim_{x \to 0^+} f(x)$,即 $b=1$.

1.6.4 闭区间上连续函数的性质

下面介绍闭区间上连续函数的两个重要性质.

定理 1.6 若函数 $f(x)$ 在闭区间 $[a,b]$ 上连续,则它在这个区间上一定有最大值和最小值.

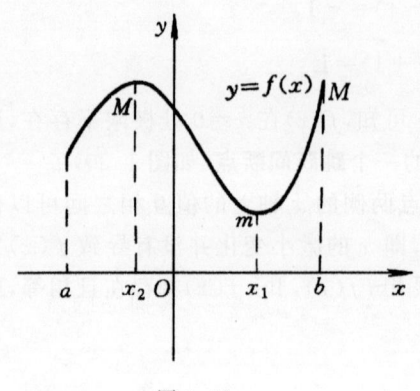
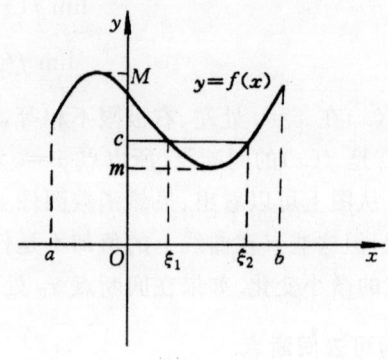

图 1-32   图 1-33

例如,在图 1-32 中,$f(x)$ 在 $[a,b]$ 上连续,在点 x_1 处取得最小值 m,在点 x_2 与点 b 处取得最大值 M.

定理 1.7 若函数 $f(x)$ 在闭区间 $[a,b]$ 上连续,m 和 M 分别为 $f(x)$ 在 $[a,b]$ 上的最小值与最大值,则对于介于 m 和 M 之间的任一实数 c,至少存在一点 $\xi \in (a,b)$,使得 $f(\xi)=c$.

定理 1.7 一般称为介值定理,它还有下面的推论.

推论 若函数 $f(x)$ 在 $[a,b]$ 上连续,且 $f(a)$ 与 $f(b)$ 异号,则至少存在一点 $\xi \in (a,b)$,使得 $f(\xi)=0$.

在图 1-33 中,连续曲线 $y=f(x)$ 与直线 $y=c$ 相交于两点,其横坐标分别是 $\xi_1, \xi_2, f(\xi_1)=f(\xi_2)=c$.

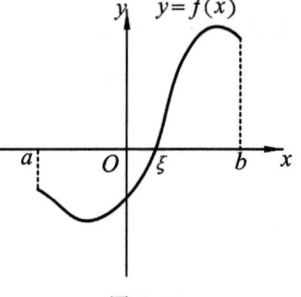

图 1-34

在图 1-34 中,连续曲线 $y=f(x)$($f(a)<0, f(b)>0$)与 x 轴相交于点 ξ 处,$f(\xi)=0$.

1.7 经济学常用函数

在用数学方法解决经济问题时,往往需要找出经济变量之间的函数关系,建立数学模型.

下面介绍几种常用的经济函数.

1.7.1 需求函数与供给函数

1. 需求函数

需求是指在一定价格条件下,消费者愿意购买且有支付能力的商品量.一种商品的市场需求量 q 与该商品的价格 p 密切关系.通常,降低商品价格会使需求量增加,而提高商品价格会使需求量减少.如果不考虑其他因素的影响,需求量 q 可以看成是价格 p 的一元

函数,称为**需求函数**,记作
$$q = q(p).$$

一般来说,需求函数为价格 p 的单调递减函数.

根据市场统计资料,常见的需求函数有以下几种类型:

(1) 线性需求函数 $q = a - bp$ $(a > 0, b > 0)$;

(2) 二次需求函数 $q = a - bp - cp^2$ $(a > 0, b > 0, c > 0)$;

(3) 指数需求函数 $q = ae^{-bp}$ $(a > 0, b > 0)$.

需求函数 $q = q(p)$ 的反函数,就是价格函数,记作 $p = p(q)$,也反映商品的需求与价格的关系.

2. 供给函数

供给是指在一定价格条件下,生产者愿意出售且可供出售的商品量.某种商品的市场供给量 S 也受商品价格 p 的制约,价格上涨将刺激生产者向市场提供更多的商品,使供给量增加;反之,价格下跌将使供给量减少.供给量 S 也可看成价格 p 的一元函数,称为**供给函数**,记为
$$S = S(p).$$

供给函数为价格 p 的单调递增函数.

常见的供给函数有线性函数、二次函数、指数函数等.常表示为

(1) $S = -c + dp$ $(c > 0, d > 0)$;

(2) $S = a + bp + cp^2$ $(a > 0, b > 0, c > 0)$;

(3) $S = ae^{bp}$ $(a > 0, b > 0)$.

使某种商品的市场需求量与供给量相等的价格 p_0,称为**均衡价格**.当市场价格 p 高于均衡价格 p_0 时,供给量将增加,需求量相应地减少,这时产生"供大于求"的现象,必然使价格 p 下降;当市场价格 p 低于均衡价格 p_0 时,供给量将减少,而需求量增加,这里会产生"供不应求"现象,从而又使得价格 p 上升.市场价格的调节就是这样来实现的.

例1 当鸡蛋收购价为 4.5 元/千克时,某收购站每月能收购 5000 千克.若收购价提高 0.1 元/千克,则收购量可增加 400 千克,求鸡蛋的线性供给函数.

解 设鸡蛋的线性供给函数为
$$S = -c + dp,$$
由题意有
$$\begin{cases} 5000 = -c + 4.5d, \\ 5400 = -c + 4.6d, \end{cases}$$
解得 $d = 4000, c = 13000$,所求供给函数为
$$S = -13000 + 4000p.$$

例2 已知某商品的需求函数和供给函数分别为
$$q = 14.5 - 1.5p, \quad S = -7.5 + 4p,$$
求该商品的均衡价格 p_0.

解 由供需均衡为 $q=S$,可得
$$14.5-1.5p_0=-7.5+4p_0,$$
因此,均衡价格为 $p_0=4$.

3. 总成本函数、收入函数和利润函数

总成本是指生产特定产量的产品所需的成本总额,通常用 C 表示,显然与产量有关. 收入主要是指企业在产品售出后应受到的销售收入,通常用 R 表示,显然与销售量或产量有关. 利润等于收入与总成本的差,通常用 L 表示. 在生产和产品的经营活动中,人们总希望尽可能降低成本,提高收入和利润. 而成本、收入和利润这些经济变量都与产品的产量或销售量 q 密切相关,它们都可以看做 q 的函数,分别称为:**总成本函数**,记为 $C(q)$;**收入函数**,记为 $R(q)$;**利润函数**,记为 $L(q)$.

总成本由固定成本 C_1 和可变成本 $C_2(q)$ 两部分组成. 固定成本与产量 q 无关,如设备维修费、企业管理费等;可变成本随产量 q 的增加而增加,如原材料费、动力费. 即
$$C(q)=C_1+C_2(q).$$
总成本函数 $C(q)$ 是 q 的单调递增函数.

最常见的成本函数是二次函数
$$C(q)=a_0+a_1q+a_2q^2\,(a_i>0,i=0,1,2).$$

但有时为了使问题简化,也常常采用线性成本函数 $C=a+bq\,(a>0,b>0)$.

只给出了总成本不能说明企业生产的好坏,为了评价企业的生产状况,需要计算产品的平均成本,即生产 q 件产品时,单位产品成本平均值,记作 AC,则
$$AC=\frac{C(q)}{q}=\frac{C_1}{q}+\frac{C_2(q)}{q},$$
其中 $\frac{C_2(q)}{q}$ 称为**平均可变成本**.

如果产品的单位售价为 p,销售量为 q,则收入函数为
$$R(q)=qp.$$

利润等于收入与总成本的差,于是利润函数为
$$L(q)=R(q)-C(q).$$

例3 已知某种产品的总成本函数为
$$C(q)=2000+\frac{q^2}{8}(单位:元),$$
求当生产 200 个单位该产品时的总成本和平均成本.

解 由题意,产量为 200 个时的总成本为
$$C(200)=2000+\frac{200^2}{8}=7000,$$
产量为 200 个时的平均成本为
$$AC(200)=\frac{7000}{200}=35,$$

即产量为 200 个单位时的总成本为 7000 元,平均成本为 35 元.

本章小结

本章主要讲述了函数和极限两个问题.

1. 函数

理解函数概念首先应该明确它是一种确定性关系;其次要能正确确定函数的定义域和判断它的值域,理解函数符号 f 的含义.

在理解函数概念的基础上,还要进一步掌握函数几种特性的表达式和几何意义,反函数的概念,分段函数的概念和求值的方法,六类基本初等函数的性质和图像,复合函数和初等函数的概念.

2. 极限

在了解数列极限的定义、函数极限的定义(六种形式)、极限存在的充分必要条件的基础上,掌握极限的运算法则和下列求极限的方法:

(1)利用函数的连续性求极限

设 $f(x)$ 是初等函数,定义域为 (a,b),若 $x_0 \in (a,b)$,则 $\lim\limits_{x \to x_0} f(x) = f(x_0)$. 我们知道求函数值一般是不需要技巧的,因此这种求极限的方法是非常容易掌握的,它是求极限的首选方法.

(2)当函数 $y = f(x)$ 在点 x_0 处连续时,可以交换函数符号和极限符号,即
$$\lim_{x \to x_0} f(x) = f(\lim_{x \to x_0} x).$$

(3)利用无穷小与有界变量的乘积仍是无穷小求极限.

(4)利用无穷小量与无穷大量的倒数关系求极限.

(5)利用以下两个重要极限及其推论求极限,即
$$\lim_{x \to 0} \frac{\sin x}{x} = 1, \ \lim_{x \to \infty} \left(1 + \frac{1}{x}\right)^x = e \ \text{或} \ \lim_{t \to 0} (1+t)^{\frac{1}{t}} = e,$$

及其推论:
$$\lim_{x \to 0} \frac{\sin kx}{x} = k, \ \lim_{x \to 0} \frac{\tan kx}{x} = k (k \neq 0), \lim_{x \to 0} \frac{\sin ax}{\sin bx} = \frac{a}{b} (a \neq 0, b \neq 0),$$
$$\lim_{x \to \infty} \left(1 + \frac{a}{x}\right)^{bx+c} = e^{ab} (a,b,c \ \text{为常数}).$$

对于有理分式的极限,可以按照下面归纳的方法来求:

(1) $x \to x_0$ 时,当分母极限不为零时,可直接利用函数的连续性求极限. 当分母极限为零时,又分为两种情况:如果分子极限不为零,则由无穷小量与无穷大量的倒数关系可得原式的极限为无穷大;如果分子极限也为零,则分解因式,消去无穷小量因子后再求极限.

(2) $x \to \infty$,有下面的结论 $(a_0 \neq 0, b_0 \neq 0)$:

$$\lim_{x\to\infty}\frac{a_0 x^n + a_1 x^{n-1} + \cdots + a_n}{b_0 x^m + b_1 x^{m-1} + \cdots + b_m} = \begin{cases} 0, & n<m; \\ \dfrac{a_0}{b_0}, & n=m; \\ \infty, & n>m. \end{cases}$$

函数概念和极限概念相结合得出的函数连续性的概念是本章的另一个重要概念. 函数连续性这部分主要应掌握函数在点 x_0 连续的两个等价定义、函数在点 x_0 连续和在该点极限存在的关系、判断间断点的条件和初等函数的连续性.

习 题 1

1. 设 $f(x)=2x^2-3x+7$,求 $f(0), f(4), f\left(-\dfrac{1}{2}\right), f(a), f(x+1)$.

2. 设 $f(x)=\begin{cases} 1+x, & -\infty<x\leqslant 0; \\ 2^x, & 0<x<+\infty. \end{cases}$ 求 $f(-2), f(-1), f(0), f(1), f(2)$.

3. 设 $f(x)=ax+b$. 若 $f(0)=-2, f(3)=5$,求 a 和 b.

4. 求下列函数的定义域:

(1) $y=\dfrac{1}{x^2+5}$;

(2) $y=\dfrac{2}{x}-\sqrt{1-x^2}$;

(3) $y=\log_3\dfrac{1}{1-x}+\sqrt{x+2}$;

(4) $y=\log_3(\log_2 x)$;

(5) $y=\arcsin\dfrac{x-1}{2}$;

(6) $y=\dfrac{\lg(3-x)}{\sqrt{|x|-1}}$.

5. 指出下列函数中哪些是奇函数,哪些是偶函数:

(1) $y=2x^3-7\sin x$;

(2) $y=a^x+a^{-x}\ (a>0)$;

(3) $y=\dfrac{1-x^2}{1+x^2}$;

(4) $y=x(x+1)(x-1)$;

(5) $y=2+5\cos x$;

(6) $y=\lg(x+\sqrt{1+x^2})$;

(7) $y=xe^x$;

(8) $y=\lg\dfrac{1-x}{1+x}$.

6. 设 $f(x)=\dfrac{x}{1-x}$,求 $f[f(x)]$.

7. 下列函数可以看成由哪些简单函数复合而成?

(1) $y=\sqrt{3x-1}$;

(2) $y=(1+\lg x)^5$;

(3) $y=\sqrt{\lg\sqrt{x}}$;

(4) $y=\lg(\arccos x^3)$;

(5) $y=e^{\sqrt{x+1}}$;

(6) $y=\sin^3(2x^2+3)$.

8. 如果 $y=u^2, u=\log_3 x$,将 y 表示成 x 的函数.

9. 如果 $y=\sqrt{u}, u=2+v^2, v=\cos x$,将 y 表示成 x 的函数.

10. 求下列函数的反函数：

(1) $y=\dfrac{x+2}{x-2}$；　　　(2) $y=x^3+2$；　　　(3) $y=1+\lg(2x-3)$.

11. 作出下列函数的图像：

(1) $y=x^{\frac{4}{5}}$；　　　(2) $y=x^{\frac{1}{3}}$；　　　(3) $y=x^{-\frac{1}{4}}$；

(4) $y=x^{-3}$；　　　(5) $y=x^{\frac{3}{2}}$.

12. 求下列极限：

(1) $\lim\limits_{x\to-2}(3x^2-5x+2)$；

(2) $\lim\limits_{x\to\sqrt{3}}\dfrac{x^2-3}{x^4+x^2+1}$；

(3) $\lim\limits_{x\to 0}\left(1-\dfrac{2}{x-3}\right)$；

(4) $\lim\limits_{x\to 2}\dfrac{x^2-3}{x-2}$；

(5) $\lim\limits_{x\to 1}\dfrac{x^2-1}{2x^2-x-1}$；

(6) $\lim\limits_{x\to 0}\dfrac{4x^3-2x^2+x}{3x^2+2x}$；

(7) $\lim\limits_{x\to\infty}\dfrac{2x+3}{6x-1}$；

(8) $\lim\limits_{x\to\infty}\dfrac{1000x}{1+x^3}$；

(9) $\lim\limits_{n\to\infty}\dfrac{(n-1)^2}{n+1}$；

(10) $\lim\limits_{x\to\infty}\dfrac{(2x-1)^{30}(3x+2)^{20}}{(5x+1)^{50}}$；

(11) $\lim\limits_{x\to 3}\dfrac{x^2-5x+6}{x^2-8x+15}$；

(12) $\lim\limits_{x\to\infty}\dfrac{x^4-8x+1}{x^2+5}$；

(13) $\lim\limits_{x\to 3}\dfrac{5x^2-7x-24}{x^2+2}$；

(14) $\lim\limits_{x\to\frac{1}{4}}\dfrac{x^3-2x^2+5x-1}{3x^3-2}$；

(15) $\lim\limits_{x\to\sqrt{2}}\dfrac{3x^3+4x^2-x+1}{5x^2+14}$；

(16) $\lim\limits_{x\to\infty}\dfrac{x^2+1}{x^3+1}(3+\cos x)$.

13. 求下列极限：

(1) $\lim\limits_{x\to 0}\dfrac{\sin 5x}{\sin 3x}$；

(2) $\lim\limits_{x\to 0}\dfrac{\tan 2x-\sin x}{x}$；

(3) $\lim\limits_{x\to 0}\dfrac{\cos x-\cos 3x}{x^2}$；

(4) $\lim\limits_{x\to 0}\dfrac{\tan(2x+x^3)}{\sin(x-x^2)}$；

(5) $\lim\limits_{x\to\infty}x\cdot\sin\dfrac{2}{x}$；

(6) $\lim\limits_{x\to 0}\dfrac{x-\sin x}{x+\sin x}$；

(7) $\lim\limits_{x\to 0}\dfrac{2\arcsin x}{3x}$；

(8) $\lim\limits_{x\to 0}\dfrac{\tan x-\sin x}{\sin^3 x}$.

14. 求下列极限：

(1) $\lim\limits_{x\to\infty}\left(1+\dfrac{4}{x}\right)^{2x}$；

(2) $\lim\limits_{x\to\infty}\left(1-\dfrac{2}{x}\right)^{\frac{x}{2}-1}$；

(3) $\lim\limits_{x\to 0}\left(\dfrac{3-x}{3}\right)^{\frac{2}{x}}$；

(4) $\lim\limits_{x\to\infty}\left(\dfrac{x-1}{x+1}\right)^x$；

(5) $\lim\limits_{x\to 1^+}(1+\ln x)^{\frac{5}{\ln x}}$；

(6) $\lim\limits_{x\to\frac{\pi}{2}}(1+\cos x)^{\sec x}$.

15. 求下列函数的间断点,并说明理由.

(1) $y=\dfrac{1}{(x+3)^2}$;

(2) $y=x\cos\dfrac{1}{x}$;

(3) $y=\dfrac{x^2-1}{x^3-1}$;

(4) $y=(1+x)^{\frac{1}{x}}$;

(5) $y=\dfrac{x^2-1}{x^2-3x+2}$;

(6) $y=\dfrac{x}{\sin x}$.

16. 求下列函数的极限:

(1) $\lim\limits_{x\to 0}\sqrt{1+2x-x^2}$;

(2) $\lim\limits_{x\to 0}\dfrac{\cot(1+x)}{\cos(1+x^2)}$;

(3) $\lim\limits_{x\to 0}\left[\dfrac{\lg(100+x)}{2^x+\tan x}\right]^{\frac{1}{2}}$;

(4) $\lim\limits_{x\to 1}\arctan\sqrt{\dfrac{x^2+1}{x+1}}$;

(5) $\lim\limits_{x\to\frac{\pi}{2}}\dfrac{\cos x-2}{x+\frac{\pi}{2}}$;

(6) $\lim\limits_{x\to\frac{1}{2}}\left[x\cdot\ln\left(1+\dfrac{1}{x}\right)\right]$.

17. 函数 $f(x)=\begin{cases}x^2-1, & 0\leqslant x\leqslant 1;\\ x+1, & x>1\end{cases}$ 在 $x=\dfrac{1}{2}, x=1, x=2$ 处是否连续?作出函数的图像.

18. 求函数 $f(x)=\begin{cases}-x^2, & -\infty<x<-1;\\ 2x+1, & -1\leqslant x\leqslant 1;\\ 4-x, & 1<x<+\infty\end{cases}$ 的连续区间,并作出函数的图像.

19. 设 $f(x)=\begin{cases}\dfrac{2}{x}\sin x, & x<0;\\ k, & x=0;\\ \sin\dfrac{1}{x}+2, & x>0.\end{cases}$ 试确定 k 的值,使 $f(x)$ 在定义域内连续.

20. 下列函数在 $x=0$ 是否连续?为什么?

(1) $f(x)=\begin{cases}1-\cos x, & x<0;\\ x+1, & x\geqslant 0;\end{cases}$

(2) $f(x)=\begin{cases}1+\cos x, & x\leqslant 0;\\ \dfrac{\ln(1+2x)}{x}, & x>0;\end{cases}$

(3) $f(x)=\begin{cases}e^{-\frac{1}{x^2}}, & x\neq 0;\\ 0, & x=0.\end{cases}$

21. 设某商品的销售收入 R 是销售量 q 的二次函数.已知 $q=0,2,4$ 时,相应的 $R=0,6,8$.试确定 R 与 q 的函数关系.

22. 某厂生产产品 1000 吨,定价为 130 元/吨.当售出量不超过 700 吨时,按原定价出售;起过 700 吨的部分按原价的九折出售.试将销售收入表示成销售量的函数.

23. 某手表厂生产一只手表的可变成本为 15 元,每天的固定成本为 2000 元. 如果每只手表的出厂价为 20 元,为了不亏本,该厂每天至少应生产多少只手表?

24. 某种品牌的电视机每台售价为 500 元时,每月可销售 2000 台,每台售价为 450 元时,每月可多销 400 台. 试求该电视机的线性需求函数.

25. 已知需求函数为 $q = \dfrac{100}{3} - \dfrac{2}{3}p$,供给函数 $S = -20 + 10p$,求市场均衡价格 p_0.

26. 某玩具厂每天生产 60 个玩具的成本为 300 元,每天生产 80 个玩具的成本为 340 元,求其线性成本函数,每天的固定成本和生产一个玩具的可变成本各为多少?

疑难解析和典型例题分析

例 1 函数 $g(x)$ 在 x_0 的某一邻域内单调有界,能断定极限 $\lim\limits_{x \to x_0} g(x)$ 存在吗?

解 不能断定.

如函数 $g(x) = \begin{cases} x-2, & x<1; \\ 0, & x=1; \\ x, & x>1 \end{cases}$ 的图像如图 1-35 所示. 容易看出函数 $g(x)$ 在 $x_0=1$ 的邻域 $U(1,1)$ 内单调增加,且 $\forall x \in U(1,1)$,有 $|g(x)| \leqslant 2$,即 $g(x)$ 在 $U(1,1)$ 内是单调有界的. 但 $\lim\limits_{x \to 1^-} g(x) = -1$,$\lim\limits_{x \to 1^+} g(x) = 1$,因此 $\lim\limits_{x \to 1} g(x)$ 不存在,$x=1$ 是 $g(x)$ 的跳跃间断点.

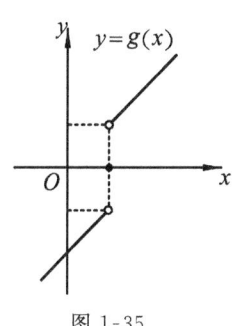

图 1-35

例 2 求下列极限:

(1) $\lim\limits_{x \to \infty} x \sin \dfrac{1}{x}$;

(2) $\lim\limits_{n \to \infty} \left[\dfrac{1}{1 \cdot 2} + \dfrac{1}{2 \cdot 3} + \cdots + \dfrac{1}{n(n+1)} \right]^n$;

(3) $\lim\limits_{x \to 0} \dfrac{\tan x - \sin x}{x^2 \ln(1-x)}$;

(4) $\lim\limits_{x \to 0} \left(\dfrac{1}{x \sin x} - \dfrac{1}{x \tan x} \right)$.

分析 求极限时首先要判定是不是不定式(不定式定义见 3.2 节洛必达法则). 对于不定式,则要通过两个重要极限、等价无穷小代换或其他恒等变形来求.

(1) $\lim\limits_{x \to \infty} x \sin \dfrac{1}{x}$ 是不定式 $0 \cdot \infty$ 型,通常将其化成 $\dfrac{0}{0}$ 型或 $\dfrac{\infty}{\infty}$ 型来做;

(2) 由于底是无穷多项的和,因此要通过"裂项"将底化为有限项的形式,该极限是不定式 1^∞ 型,用第二重要极限求解;

(3) 是 $\dfrac{0}{0}$ 型,由于分子是 $\tan x - \sin x$,不能直接用等价无穷小代换,在此先要把分子化

为积的形式,通过等价无穷小代换等方法求解;

(4)是 $\infty-\infty$ 型,先要将它通分化为 $\dfrac{0}{0}$ 型,用类似于(3)的方法求解.

解 (1) $\lim\limits_{x\to\infty} x\sin\dfrac{1}{x} = \lim\limits_{x\to\infty} \dfrac{\sin\dfrac{1}{x}}{\dfrac{1}{x}} = \lim\limits_{\frac{1}{x}\to 0} \dfrac{\sin\dfrac{1}{x}}{\dfrac{1}{x}} = 1$;

(2) $\lim\limits_{n\to\infty}\left[\dfrac{1}{1\cdot 2}+\dfrac{1}{2\cdot 3}+\cdots+\dfrac{1}{n(n+1)}\right]^n$

$=\lim\limits_{n\to\infty}\left[\left(1-\dfrac{1}{2}\right)+\left(\dfrac{1}{2}-\dfrac{1}{3}\right)+\cdots+\left(\dfrac{1}{n}-\dfrac{1}{n+1}\right)\right]^n$

$=\lim\limits_{n\to\infty}\left(1-\dfrac{1}{n+1}\right)^n = \lim\limits_{n\to\infty}\left(\dfrac{n}{n+1}\right)^n$

$=\lim\limits_{n\to\infty}\dfrac{1}{\left(1+\dfrac{1}{n}\right)^n} = \dfrac{1}{e}$;

(3) $\lim\limits_{x\to 0}\dfrac{\tan x-\sin x}{x^2\ln(1-x)} = \lim\limits_{x\to 0}\dfrac{\tan x(1-\cos x)}{x^2\ln(1-x)}$.

由 $x\to 0$ 时, $\tan x\sim x$, $1-\cos\sim\dfrac{x^2}{2}$, $\ln(1-x)\sim -x$, 故

$$\lim\limits_{x\to 0}\dfrac{\tan x-\sin x}{x^2\ln(1-x)} = \lim\limits_{x\to 0}\dfrac{x\cdot\dfrac{x^2}{2}}{x^2(-x)} = -\dfrac{1}{2};$$

(4) $\lim\limits_{x\to 0}\left(\dfrac{1}{x\sin x}-\dfrac{1}{x\tan x}\right) = \lim\limits_{x\to 0}\dfrac{1-\cos x}{x\sin x} = \lim\limits_{x\to 0}\dfrac{\dfrac{x^2}{2}}{x\cdot x} = \dfrac{1}{2}$.

例 3 求 $\lim\limits_{x\to 1}\dfrac{\sqrt{x}-1}{\sqrt[3]{x}-1}$.

分析 这是 $\dfrac{0}{0}$ 型的不定式,以下用分子、分母有理化约去零因式以及变量代换方法使其有理化来求解.

解法一 $\lim\limits_{x\to 1}\dfrac{\sqrt{x}-1}{\sqrt[3]{x}-1} = \lim\limits_{x\to 1}\dfrac{(x-1)[(\sqrt[3]{x})^2+\sqrt[3]{x}+1]}{(x-1)(\sqrt{x}+1)}$

$=\lim\limits_{x\to 1}\dfrac{(\sqrt[3]{x})^2+\sqrt[3]{x}+1}{\sqrt{x}+1} = \dfrac{3}{2}$.

解法二 令 $\sqrt[6]{x}=t$, 则 $x\to 1$ 时, $t\to 1$.

$$\lim\limits_{x\to 1}\dfrac{\sqrt{x}-1}{\sqrt[3]{x}-1} = \lim\limits_{t\to 1}\dfrac{t^3-1}{t^2-1} = \lim\limits_{t\to 1}\dfrac{t^2+t+1}{t+1} = \dfrac{3}{2}.$$

解法三 令 $x=1+u$, 则 $x\to 1$ 时, $u\to 0$.

$$\lim_{x\to 1}\frac{\sqrt{x}-1}{\sqrt[3]{x}-1}=\lim_{u\to 0}\frac{(1+u)^{\frac{1}{2}}-1}{(1+u)^{\frac{1}{3}}-1}.$$

由于 $u\to 0$ 时,$(1+u)^{\frac{1}{3}}-1\sim\frac{u}{3}$,$(1+u)^{\frac{1}{2}}-1\sim\frac{u}{2}$,故

$$\lim_{x\to 1}\frac{\sqrt{x}-1}{\sqrt[3]{x}-1}=\lim_{u\to 0}\frac{u/2}{u/3}=\frac{2}{3}.$$

例 4 设 $\lim\limits_{x\to\infty}\left(\dfrac{x-1}{x}\right)^{kx}=\mathrm{e}^2$,求 k.

分析 该题是已知极限值,求极限式中的参数 k 的问题.可以把 k 视为已知值,求左端极限式的极限(含有参数 k 的表达式),等于右端,得到关于 k 的方程并确定 k.

解 左端极限式是不定式 1^∞ 型,用第二重要极限求它的值.

$$\lim_{x\to\infty}\left(\frac{x-1}{x}\right)^{kx}=\lim_{x\to\infty}\left(1+\frac{1}{-x}\right)^{(-x)(-k)}=\mathrm{e}^{-k},$$

由题设 $\mathrm{e}^{-k}=\mathrm{e}^2$,得 $k=-2$.

例 5 设 $\lim\limits_{x\to\infty}\left[\dfrac{x^2+1}{x+1}-(ax+b)\right]=1$,求常数 a,b.

分析 本题也是已知极限值求极限式中的参数问题.但这里是 $x\to\infty$ 时,一个假分式函数的极限,其中有两个待定参数.注意到该假分式函数可以化为 x 的一次式与一个真分式的和,而真分式的极限为零,已知整个极限值为 1,由此可知,必有 x 的一次项的系数为零,常数项等于极限值,从而 a,b 可求.

解 $\lim\limits_{x\to\infty}\left[\dfrac{x^2+1}{x+1}-(ax+b)\right]=\lim\limits_{x\to\infty}\left[\dfrac{(x^2-1)+2}{x+1}-(ax+b)\right]$
$=\lim\limits_{x\to\infty}\left[(1-a)x-(1+b)+\dfrac{2}{x+1}\right].$

由于 $\lim\limits_{x\to\infty}\dfrac{2}{x+1}=0$,因此只有 $1-a=0$ 时,以上式子才有极限,从而 $\begin{cases}1-a=0,\\-(1+b)=1.\end{cases}$ 解之得 $\begin{cases}a=1,\\b=-2.\end{cases}$

例 6 设函数 $f(x)=\begin{cases}x^2-2, & x<0;\\ a-1, & x=0;\\ \dfrac{\ln(1+bx)}{x}, & x>0.\end{cases}$

(1) a,b 为何值时,极限 $\lim\limits_{x\to 0}f(x)$ 存在?

(2) a,b 为何值时,函数 $f(x)$ 在 $x=0$ 连续?

分析 该题是左、右分段的函数,讨论在分段点的极限、连续问题;应分别讨论 $x=0$ 处的左、右极限,由极限存在和连续的条件分别求出 a,b.

解 (1) $\lim\limits_{x\to 0^-}f(x)=\lim\limits_{x\to 0^-}(x^2-2)=-2,$

$$\lim_{x\to 0^+} f(x) = \lim_{x\to 0^+} \frac{\ln(1+bx)}{x} = \lim_{x\to 0^+} \frac{bx}{x} = b.$$

当 $b=-2$ (a 任意)时,极限 $\lim\limits_{x\to 0} f(x) = -2$;

(2) 由(1),$b=-2$ 时,$\lim\limits_{x\to 0} f(x) = -2$. 只要再有 $f(0)=-2$,即 $a=-1, b=-2$ 时,有 $\lim\limits_{x\to 0} f(x) = f(0)$,也就是函数 $f(x)$ 在 $x=0$ 处连续.

第二章　导数与微分

学习目标

1. 了解导数、微分的几何意义、在经济学上的意义,函数可导、可微、连续之间的关系,高阶导数的概念.
2. 理解导数和微分的概念.
3. 掌握导数、微分的运算法则,导数的基本公式,复合函数的求导法则.

微分学包括函数的导数和微分以及它们的应用.函数的导数反映了函数相对于自变量的变化快慢程度,而微分则刻画了当自变量有微小变化时,函数大体上变化多少.

在数学理论中,引入导数的目的是以一种简洁的方式表述一个变量(如 x)的变化怎样影响另一个变量(如 y)的变化.实际上,经济中的很多问题恰与这种分析方式有关.例如,我们研究一个厂商的产出怎样影响他的成本,以及一个国家的货币供给是如何影响该国的通货膨胀率的.尽管将 x 和 y 之间的关系记为 $y=f(x)$ 可以准确地表达这种思想,但是如果将 x 的变化记为 Δx,由它引起的 y 的变化记为 Δy,这样会更加简洁.利用 Δy 和 Δx 之间的关系,我们可以研究经济学家所指的在经济学中具有十分重要的地位的边际分析.

2.1 导数的概念

2.1.1 引例

1. 变速直线运动的瞬时速度

以自由落体运动为例. 已知做自由落体运动的物体的位移 s 与其时间 t 的函数关系是 $s=s(t)=\frac{1}{2}gt^2$,求该物体在 $t=t_0$ 时刻的瞬时速度 $v(t_0)$.

(1)(以均匀代替非均匀)首先从物体的平均速度入手.

当物体移动时间 t 从 t_0 变化到 $t_0+\Delta t$,物体的位移为

$$\Delta s = s(t_0+\Delta t)-s(t_0) = \frac{1}{2}g(t_0+\Delta t)^2 - \frac{1}{2}gt_0^2 = gt_0\Delta t + \frac{1}{2}g\Delta t^2.$$

物体在 Δt 这个时间段内的平均速度为

$$\bar{v}_{[t_0,t_0+\Delta t]} = \frac{\Delta s}{\Delta t} = \frac{s(t_0+\Delta t)-s(t_0)}{\Delta t} = gt_0 + \frac{1}{2}g\Delta t.$$

(2)(以极限为手段)然后得到瞬时速度.

当 Δt 愈小,Δt 时间内的平均速度 $\bar{v}$ 的值就愈接近 t_0 时刻的速度.因此,当 $\Delta t \to 0$ 时,$\bar{v}$ 的极限自然定义为物体在 t_0 时刻的瞬时速度,即定义

$$v(t_0) = \lim_{\Delta t \to 0} \bar{v} = \lim_{\Delta t \to 0} \frac{\Delta s}{\Delta t} = \lim_{\Delta t \to 0} \frac{s(t_0+\Delta t)-s(t_0)}{\Delta t} = gt_0.$$

由此可见,物体在 t_0 时刻的瞬时速度是函数的增量 Δs 与自变量增量 Δt 比值当 $\Delta t \to 0$ 的极限.推广到一般,可以归结为一个函数 $y=f(x)$ 的增量 Δy 与自变量的增量 Δx 之比,当 Δx 趋于零时的极限.

2. 产品总成本的变化率

设某产品的总成本 C 是产量 q 的函数,即 $C=f(q)$.当产量由 q_0 变到 $q_0+\Delta q$ 时,总成本相应得改变量为

$$\Delta C = f(q_0+\Delta q) - f(q_0),$$

则产量由 q_0 变到 $q_0+\Delta q$ 时,总成本的平均变化率为

$$\frac{\Delta C}{\Delta q} = \frac{f(q_0+\Delta q)-f(q_0)}{\Delta q}.$$

当 $\Delta q \to 0$ 时,如果极限

$$\lim_{\Delta q \to 0} \frac{\Delta C}{\Delta q} = \lim_{\Delta q \to 0} \frac{f(q_0+\Delta q)-f(q_0)}{\Delta q}$$

存在,则称此极限是产量为 q_0 时的总成本的变化率,又称**边际成本**. 上面两个实际意义不同的例题,从抽象的数学数量关系来看,它们的实质是一样的,都可以归结为一个函数 $y=f(x)$ 的增量 Δy 与自变量的增量 Δx 之比,当 Δx 趋于零时的极限. 这种类型的极限我们称其为导数.

2.1.2 导数的定义

1. 函数 $y=f(x)$ 在一点 x_0 处的导数

定义 2.1 设函数 $y=f(x)$ 在点 x_0 的某个邻域内有定义,当自变量 x 在 x_0 处取得增量 Δx($\Delta x \neq 0$ 且点 $x_0+\Delta x$ 仍在该邻域内)时,相应的函数 y 取得增量

$$\Delta y = f(x_0 + \Delta x) - f(x_0).$$

如果 Δy 与 Δx 之比当 $\Delta x \to 0$ 时的极限存在,则称**函数 $y=f(x)$ 在点 x_0 处可导**,并称这个极限为**函数 $y=f(x)$ 在点 x_0 处的导数**,记为 $f'(x_0)$,即

$$f'(x_0) = \lim_{\Delta x \to 0} \frac{\Delta y}{\Delta x} = \lim_{\Delta x \to 0} \frac{f(x_0+\Delta x) - f(x_0)}{\Delta x}.$$

否则称 $y=f(x)$ 在点 x_0 处的不可导.

$f'(x_0)$ 也可记为 $y'|_{x=x_0}$,$\left.\dfrac{\mathrm{d}y}{\mathrm{d}x}\right|_{x=x_0}$ 或 $\left.\dfrac{\mathrm{d}f(x)}{\mathrm{d}x}\right|_{x=x_0}$.

注 函数增量与自变量增量之比 $\dfrac{\Delta y}{\Delta x}$ 是函数 y 在以 x_0 及 $x_0+\Delta x$ 为端点的区间上的平均变化率,而导数 $f'(x_0)$ 是函数 $y=f(x)$ 在点 x_0 处的变化率,即瞬时变化率.

2. 函数 $y=f(x)$ 的导函数

若函数 $y=f(x)$ 在区间 (a,b) 内任意一点处都可导,则称函数 $y=f(x)$ **在区间 (a,b) 内可导**.

若 $f(x)$ 在区间 (a,b) 可导,则对于区间 (a,b) 内的每一个 x 值,都有一个导数值 $f'(x)$ 与之对应,所以 $f'(x)$ 也是 x 的函数,叫做 $y=f(x)$ 的**导函数**,简称**导数**,记作 $f'(x)$,$\dfrac{\mathrm{d}y}{\mathrm{d}x}$ 或 $\dfrac{\mathrm{d}f(x)}{\mathrm{d}x}$,即

$$f'(x) = \lim_{\Delta x \to 0} \frac{\Delta y}{\Delta x} = \lim_{\Delta x \to 0} \frac{f(x+\Delta x) - f(x)}{\Delta x}.$$

3. 导数与导函数的关系

函数 $y=f(x)$ 在点 x_0 的导数 $f'(x_0)$ 是导函数 $f'(x)$ 在点 $x=x_0$ 处的函数值,即

$$f'(x_0) = f'(x)|_{x=x_0}.$$

4. 导数定义的不同形式

导数的定义 $f'(x_0) = \lim\limits_{\Delta x \to 0} \dfrac{\Delta y}{\Delta x}$ 形式还有以下情况,需要学生灵活运用.

(1) $\lim\limits_{\Delta x \to 0} \dfrac{f(x_0+\Delta x)-f(x_0)}{\Delta x}=f'(x_0)$;

(2) $\lim\limits_{h \to 0} \dfrac{f(x_0+h)-f(x_0)}{h}=f'(x_0)$;

(3) $\lim\limits_{x \to x_0} \dfrac{f(x)-f(x_0)}{x-x_0}=f'(x_0)$;

(4) $\lim\limits_{\Delta x \to 0} \dfrac{f(x_0)-f(x_0-\Delta x)}{\Delta x}=f'(x_0)$;

(5) $\lim\limits_{l \to \infty} l\left[f\left(x_0+\dfrac{1}{l}\right)-f(x_0)\right]=f'(x_0)$.

由定义求导数可分为如下三个步骤：

(1) 求增量　对自变量在 x 处给以增量 Δx，相应求出函数 y 的增量
$$\Delta y=f(x+\Delta x)-f(x);$$

(2) 求比值　$\dfrac{\Delta y}{\Delta x}=\dfrac{f(x+\Delta x)-f(x)}{\Delta x}$;

(3) 取极限　$f'(x)=\lim\limits_{\Delta x \to 0}\dfrac{\Delta y}{\Delta x}=\lim\limits_{\Delta x \to 0}\dfrac{f(x+\Delta x)-f(x)}{\Delta x}$.

5. 利用定义计算导数

例 1　求函数 $f(x)=C$（C 为常数）的导数.

解　$f'(x)=\lim\limits_{h \to 0}\dfrac{f(x+h)-f(x)}{h}=\lim\limits_{h \to 0}\dfrac{C-C}{h}=0$，即
$$(C)'=0.$$

例 2　设函数 $f(x)=\sin x$，求 $(\sin x)'$ 及 $(\sin x)'|_{x=\frac{\pi}{4}}$.

解　因为 $(\sin x)'=\lim\limits_{h \to 0}\dfrac{\sin(x+h)-\sin x}{h}=\lim\limits_{h \to 0}\cos\left(x+\dfrac{h}{2}\right)\cdot\dfrac{\sin\dfrac{h}{2}}{\dfrac{h}{2}}=\cos x$，即
$$(\sin x)'=\cos x,$$

所以
$$(\sin x)'|_{x=\frac{\pi}{4}}=\cos x|_{x=\frac{\pi}{4}}=\dfrac{\sqrt{2}}{2}.$$

例 3　求函数 $y=x^n$（n 为正整数）的导数.

解　$(x^n)'=\lim\limits_{h \to 0}\dfrac{(x+h)^n-x^n}{h}=\lim\limits_{h \to 0}\left[nx^{n-1}+\dfrac{n(n-1)}{2!}x^{n-2}h+\cdots+h^{n-1}\right]$
$=nx^{n-1}$.

即
$$(x^n)'=nx^{n-1}.$$

更一般地，$(x^\mu)'=\mu x^{\mu-1}$　（$\mu \in \mathbf{R}$）.

例如，$(\sqrt{x})'=\dfrac{1}{2}x^{\frac{1}{2}-1}=\dfrac{1}{2\sqrt{x}}$;

$(x^{-1})'=(-1)x^{-1-1}=-\dfrac{1}{x^2}.$

例 4 求函数 $f(x)=a^x(a>0,a\neq 1)$ 的导数.

解 $(a^x)'=\lim\limits_{\Delta x\to 0}\dfrac{a^{x+\Delta x}-a^x}{\Delta x}=a^x\lim\limits_{\Delta x\to 0}\dfrac{a^{\Delta x}-1}{\Delta x}$.

令 $a^{\Delta x}-1=\beta$，则 $\Delta x=\log_a(1+\beta)$，由于 $\Delta x\to 0$ 时 $\beta\to 0$，于是

$$(a^x)'=a^x\lim_{\beta\to 0}\dfrac{\beta}{\log_a(1+\beta)}=a^x\lim_{\beta\to 0}\dfrac{1}{\log_a(1+\beta)^{\frac{1}{\beta}}}=a^x\dfrac{1}{\log_a e}=a^x\ln a,$$

即
$$(a^x)'=a^x\ln a.$$

特别地 $(e^x)'=e^x$.

例 5 求函数 $y=\log_a x(a>0,a\neq 1)$ 的导数.

解 $y'=\lim\limits_{h\to 0}\dfrac{\log_a(x+h)-\log_a x}{h}=\lim\limits_{h\to 0}\dfrac{\log_a\left(1+\dfrac{h}{x}\right)}{\dfrac{h}{x}}\cdot\dfrac{1}{x}$

$$=\dfrac{1}{x}\lim_{h\to 0}\log_a\left(1+\dfrac{h}{x}\right)^{\frac{x}{h}}=\dfrac{1}{x}\log_a e,$$

即
$$(\log_a x)'=\dfrac{1}{x}\log_a e.$$

特别地 $(\ln x)'=\dfrac{1}{x}$.

例 6 讨论函数 $f(x)=|x|$ 在 $x=0$ 处的可导性.

解 因为
$$\dfrac{f(0+h)-f(0)}{h}=\dfrac{|h|}{h},$$
$$\lim_{h\to 0^+}\dfrac{f(0+h)-f(0)}{h}=\lim_{h\to 0^+}\dfrac{h}{h}=1,$$
$$\lim_{h\to 0^-}\dfrac{f(0+h)-f(0)}{h}=\lim_{h\to 0^-}\dfrac{-h}{h}=-1,$$

所以函数 $y=f(x)$ 在 $x=0$ 点不可导.

根据极限存在充要条件，$f(x)$ 在 x_0 点可导，当且仅当 $\lim\limits_{\Delta x\to 0^+}\dfrac{f(x_0+\Delta x)-f(x_0)}{\Delta x}$ 与 $\lim\limits_{\Delta x\to 0^-}\dfrac{f(x_0+\Delta x)-f(x_0)}{\Delta x}$ 同时存在且相等.这两个极限值分别称为 $f(x)$ **在点 x_0 的右导数和左导数**（统称为**单侧导数**），分别记为 $f'_+(x_0),f'_-(x_0)$.

由此我们得出函数 $f(x)$ 在点 x_0 可导的充要条件.

定理 2.1 函数 $f(x)$ 在点 x_0 可导的充要条件为 $f'_+(x_0)=f'_-(x_0)=f'(x_0)$.

在例 6 中，由于 $f'_+(0)\neq f'_-(0)$，所以函数 $y=f(x)$ 在 $x=0$ 点不可导.

2.1.3 函数可导与连续的关系

1. 可导必连续

定理 2.2 如果函数 $y=f(x)$ 在点 x_0 处可导,则函数在点 x_0 处必连续.

证 因为函数 $y=f(x)$ 在点 x_0 可导,则有 $\lim\limits_{\Delta x \to 0} \dfrac{\Delta y}{\Delta x} = f'(x_0)$ 存在,于是

$$\lim_{\Delta x \to 0} \Delta y = \lim_{\Delta x \to 0} \frac{\Delta y}{\Delta x} \Delta x = \lim_{\Delta x \to 0} \frac{\Delta y}{\Delta x} \lim_{\Delta x \to 0} \Delta x = 0,$$

即当 $\Delta x \to 0$ 时,$\Delta y \to 0$. 所以函数 $y=f(x)$ 在点 x_0 连续.

2. 连续未必可导

例如,函数 $y=|x|$ 在点 $x=0$ 处连续(如图 2-1),但由例 6 知,$y=|x|$ 在点 $x=0$ 处不可导.

同样,函数 $y=\sqrt[3]{x}$ 在点 $x=0$ 处连续(如图 2-2),但 $y=\sqrt[3]{x}$ 在点 $x=0$ 处不可导,这是因为 $\lim\limits_{x \to 0} \dfrac{f(x)-f(0)}{x-0} = \lim\limits_{x \to 0} \dfrac{\sqrt[3]{x}-0}{x}$ 极限不存在.

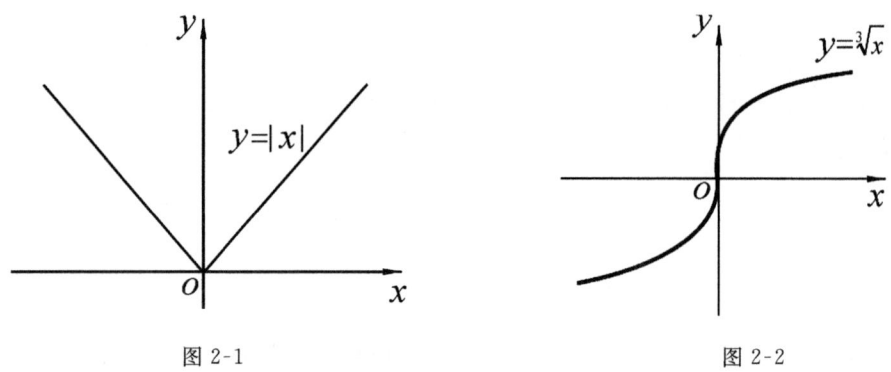

图 2-1　　　　　　　　　　图 2-2

由上面的讨论可知,函数连续是函数可导的必要条件,但不是充分条件,所以如果函数在某点不连续,则函数在该点必不可导.

例 7 讨论函数 $f(x)=\begin{cases} x\sin\dfrac{1}{x}, & x \neq 0; \\ 0, & x=0 \end{cases}$ 在 $x=0$ 处的连续性与可导性.

解 因为 $\sin\dfrac{1}{x}$ 是有界函数,所以 $\lim\limits_{x \to 0} x\sin\dfrac{1}{x} = 0$. 故 $f(0) = \lim\limits_{x \to 0} f(x) = 0$,即 $f(x)$ 在 $x=0$ 处连续. 但在 $x=0$ 处有

$$\frac{\Delta y}{\Delta x} = \frac{(0+\Delta x)\sin\dfrac{1}{0+\Delta x} - 0}{\Delta x} = \sin\frac{1}{\Delta x},$$

当 $\Delta x \to 0$ 时,$\dfrac{\Delta y}{\Delta x}$ 在 -1 和 1 之间振荡,从而极限不存在. 所以 $f(x)$ 在 $x=0$ 处不可导.

例 8 设 $f(x)=\begin{cases}\sin x, & x<0;\\ ax, & x\geq 0.\end{cases}$ 问 a 为何值时 $f'(x)$ 在 $(-\infty,+\infty)$ 存在,并求出 $f'(x)$.

解 显然该函数在 $x=0$ 连续,且
$$f'_{-}(0)=\lim_{x\to 0^{-}}\frac{\sin x-0}{x-0}=1,$$
$$f'_{+}(0)=\lim_{x\to 0^{+}}\frac{ax-0}{x-0}=a.$$
故 $a=1$ 时,$f'(0)=1$,此时 $f'(x)$ 在 $(-\infty,+\infty)$ 都存在,
$$f'(x)=\begin{cases}\cos x, & x<0;\\ 1, & x\geq 0.\end{cases}$$

2.1.4 导数的几何意义

1. 导数的几何意义

设曲线的方程为 $y=f(x)$,$M(x_0,y_0)$ 是曲线上的一点,求曲线在点 M 处的切线方程.

(1)在曲线上另取一点 $M_1(x_0+\Delta x, y_0+\Delta y)$,如图 2-3 所示,联结 M,M_1 两点,得割线 MM_1. 割线 MM_1 的倾角为 φ,其斜率为 $\tan\varphi=\dfrac{\Delta y}{\Delta x}$.

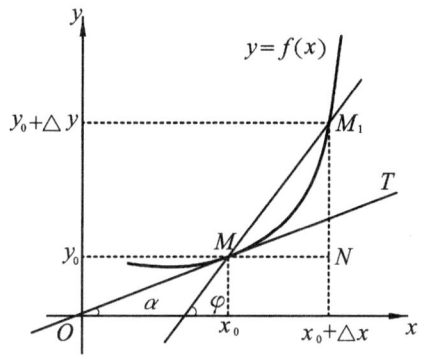

图 2-3

(2)当 $\Delta x\to 0$ 时,点 M_1 沿曲线 $y=f(x)$ 趋向点 M,割线的极限位置 MT 为曲线 $y=f(x)$ 在点 M 处的切线. 此时
$$\lim_{\Delta x\to 0}\frac{\Delta y}{\Delta x}=\lim_{\Delta x\to 0}\tan\varphi=\tan\left(\lim_{\Delta x\to 0}\varphi\right)=\tan\alpha=k,$$
其中 α 是切线 MT 关于 x 轴的倾角. 从而曲线 $y=f(x)$ 在点 M 处的切线斜率为 $k=f'(x_0)$. 由此可知,函数 $y=f(x)$ 在点 x_0 处的导数 $f'(x_0)$ 在几何上表示曲线 $y=f(x)$ 在点 $M(x_0,f(x_0))$ 处的切线的斜率 k,即
$$f'(x_0)=\tan\alpha=k,$$

其中 α 是切线的倾角.

因此,曲线 $y=f(x)$ 在点 $M(x_0,y_0)$ 处的切线方程为
$$y-y_0=f'(x_0)(x-x_0),$$
当 $f'(x_0)\neq 0$ 时,法线方程为
$$y-y_0=-\frac{1}{f'(x_0)}(x-x_0).$$

特别地当 $f'(x_0)=0$ 时,曲线 $y=f(x)$ 在点 (x_0,y_0) 的切线平行于 x 轴;当 $f'(x_0)=\infty$ 时,曲线 $y=f(x)$ 在点 (x_0,y_0) 的切线垂直于 x 轴,此时,切线的倾角为 $\frac{\pi}{2}$.

例 9 求 $y=\frac{1}{x}$ 在点 $\left(\frac{1}{2},2\right)$ 处的切线的斜率,并写出在该点处的切线方程和法线方程.

解 根据导数的几何意义,所求切线的斜率为
$$k_1=y'|_{x=\frac{1}{2}}.$$
由于
$$y'=\left(\frac{1}{x}\right)'=-\frac{1}{x^2},$$
故
$$k_1=-\frac{1}{x^2}\bigg|_{x=\frac{1}{2}}=-4.$$
从而所求切线方程为
$$y-2=-4\left(x-\frac{1}{2}\right),$$
即
$$4x+y-4=0.$$
所求法线的斜率为
$$k_2=-\frac{1}{k_1}=\frac{1}{4},$$
于是所求法线方程为
$$y-2=\frac{1}{4}\left(x-\frac{1}{2}\right),$$
即
$$2x-8y+15=0.$$

2. 函数在某点可导与该点存在切线的关系

(1)可导必有切线.因为函数在某点可导,则在该点切线的斜率存在,自然存在切线.

(2)有切线未必可导.例如,曲线 $y=\sqrt[3]{x}$ 在点 $x=0$ 处有垂直于 x 轴的切线,但它在 $x=0$ 不可导.

2.2 函数的求导法则

2.2.1 函数四则运算的求导法则

定理 2.3 如果函数 $u(x),v(x)$ 在点 x 处可导,则它们的和、差、积、商(分母不为零)在点 x 处也可导,并且

(1) $[u(x)\pm v(x)]'=u'(x)\pm v'(x)$;

(2) $[u(x)\cdot v(x)]'=u'(x)v(x)+u(x)v'(x)$;

(3) $\left[\dfrac{u(x)}{v(x)}\right]'=\dfrac{u'(x)v(x)-u(x)v'(x)}{v^2(x)}(v(x)\neq 0)$.

证 略.

以下三个推论在学习的过程中经常用到:

(1) $[Cf(x)]'=Cf'(x)$;

(2) $\dfrac{1}{v(x)}=-\dfrac{v'(x)}{v^2(x)}$;

(3) $[u(x)v(x)w(x)]'=u'(x)v(x)w(w)+u(x)v'(x)w(x)+u(x)v(x)w'(x)$.

例 1 求 $y=x^4-2x^2+\cos x$ 的导数.

解 $y'=(x^4-2x^2+\cos x)'=(x^4)'+(-2x^2)'+(\cos x)'$
$=4x^3-4x-\sin x.$

例 2 求 $y=\sin 2x\cdot \ln x$ 的导数.

解 因为 $y=2\sin x\cdot\cos x\cdot\ln x$,所以

$$y'=2\cos x\cdot\cos x\cdot\ln x+2\sin x\cdot(-\sin x)\cdot\ln x+2\sin x\cdot\cos x\cdot\dfrac{1}{x}$$

$$=2\cos 2x\ln x+\dfrac{1}{x}\sin 2x.$$

例 3 求 $y=\dfrac{5x^3-2x+7}{\sqrt{x}}$ 的导数.

解 本题看起来可以用商的导数公式计算,但是那样太繁琐,实际上,可以先化简再求导.

化简得 $y=5x^{\frac{5}{2}}-2x^{\frac{1}{2}}+7x^{-\frac{1}{2}}$,

所以 $y'=5\cdot\dfrac{5}{2}\cdot x^{\frac{3}{2}}-2\cdot\dfrac{1}{2}\cdot x^{-\frac{1}{2}}+7\cdot\left(-\dfrac{1}{2}\right)\cdot x^{-\frac{3}{2}}$

$=\dfrac{25}{2}x^{\frac{3}{2}}-x^{-\frac{1}{2}}-\dfrac{7}{2}x^{-\frac{3}{2}}.$

例4 求 $y=\tan x$ 的导数.

解 $y'=(\tan x)'=\left(\dfrac{\sin x}{\cos x}\right)'=\dfrac{(\sin x)'\cos x-\sin x(\cos x)'}{\cos^2 x}$

$=\dfrac{\cos^2 x+\sin^2 x}{\cos^2 x}=\dfrac{1}{\cos^2 x}=\sec^2 x,$

即 $(\tan x)'=\sec^2 x.$

同理可得 $(\cot x)'=-\csc^2 x.$

例5 求 $y=\sec x$ 的导数.

解 $y'=(\sec x)'=\left(\dfrac{1}{\cos x}\right)'=\dfrac{-(\cos x)'}{\cos^2 x}=\dfrac{\sin x}{\cos^2 x}=\sec x\tan x.$

同理可得 $(\csc x)'=-\csc x\cot x.$

2.2.2 复合函数的求导法则

到目前为止,对于像 $\sin(\cos)x,\mathrm{e}^{x^3}$ 这样的函数,我们还不知道,它们是否可导,可导的话导数该如何去求. 这些问题借助于下面的重要定理可以解决,从而使可以求导数的函数的范围得以扩充.

定理 2.4 设 $y=f(\varphi(x))$ 是由 $y=f(u),u=\varphi(x)$ 复合而成. 若 $u=\varphi(x)$ 在 x 处可导,而 $y=f(u)$ 在 u 处可导,则 $y=f(\varphi(x))$ 在 x 处可导,且导数为

$$\dfrac{\mathrm{d}y}{\mathrm{d}x}=f'(u)\varphi'(x) \text{ 或 } \dfrac{\mathrm{d}y}{\mathrm{d}x}=\dfrac{\mathrm{d}y}{\mathrm{d}u}\dfrac{\mathrm{d}u}{\mathrm{d}x}.$$

证 由于 $y=f(u)$ 在 u 处可导,则有 $\lim\limits_{\Delta u\to 0}\dfrac{\Delta y}{\Delta u}=f'(u)$,根据极限与无穷小量的关系,我们有

$$\dfrac{\Delta y}{\Delta u}=f'(u)+\alpha \quad (\text{其中当 } \Delta u\to 0 \text{ 时},\alpha\to 0).$$

上式中,$\Delta u\neq 0$,用 Δu 乘上式两端,得

$$\Delta y=f'(u)\Delta u+\alpha\Delta u, \tag{2.2.1}$$

(2.2.1)式对 $\Delta u=0$ 仍成立.

用 $\Delta x(x\neq 0)$ 除以(2.2.1)式两端有

$$\dfrac{\Delta y}{\Delta x}=f'(u)\dfrac{\Delta u}{\Delta x}+\alpha\dfrac{\Delta u}{\Delta x}.$$

根据函数在某点可导必连续的性质知道,当 $\Delta x\to 0$ 时,$\Delta u\to 0$,从而可知

$$\lim_{\Delta x\to 0}\alpha=\lim_{\Delta u\to 0}\alpha=0.$$

又因 $u=\varphi(x)$ 在点 x 可导,有

$$\lim_{\Delta x\to 0}\dfrac{\Delta u}{\Delta x}=\varphi'(x),$$

所以
$$\frac{dy}{dx} = \lim_{\Delta x \to 0} f'(u)\frac{\Delta u}{\Delta x} + \lim_{\Delta x \to 0} \alpha \frac{\Delta u}{\Delta x} = f'(u)\varphi'(x) = \frac{dy}{du}\frac{du}{dx}.$$

这个法则相当重要,称为复合函数的链式法则. 复合过程可推广到多个情形. 例如,设 $y=f(u), u=\varphi(v), v=\psi(x)$,则复合函数 $y=f\{\varphi[\psi(x)]\}$ 对 x 的导数为

$$\frac{dy}{dx} = f'(u)\varphi'(v)\psi'(x).$$

例 6 求 $y=e^{3x}$ 的导数.

解 因为 $y=e^{3x}$ 由 $y=e^u, u=3x$ 复合而成,所以
$$\frac{dy}{dx} = \frac{dy}{du}\frac{du}{dx} = e^u \cdot 3 = 3e^{3x}.$$

例 7 求函数 $y=\ln(\tan x)$ 的导数.

解 因为 $y=\ln(\tan x)$ 是由 $y=\ln u, u=\tan x$ 复合而成,所以
$$\frac{dy}{dx} = \frac{dy}{du}\frac{du}{dx} = \frac{1}{u}\sec^2 x = 2\csc 2x.$$

例 8 求函数 $y=\sin(\cos x)$ 的导数.

解 因为 $y=\sin(\cos x)$ 是由 $y=\sin u, u=\cos x$ 复合而成,所以
$$\frac{dy}{dx} = \frac{dy}{du}\frac{du}{dx} = \cos u \cdot (-\sin x) = -\cos(\cos x) \cdot \sin x.$$

注 在熟练掌握的基础上,可不必写出复合过程,而直接写出结果.

例 9 求函数 $y=\ln(x+\sqrt{a^2+x^2})$ 的导数.

解 $y' = \dfrac{1}{x+\sqrt{a^2+x^2}}\left(1+\dfrac{x}{\sqrt{a^2+x^2}}\right) = \dfrac{1}{\sqrt{a^2+x^2}}.$

例 10 求 $y=(f(ax+b))^n$ 的导数.

解 $y' = n(f(ax+b))^{n-1} \cdot f'(ax+b) \cdot a.$

例 11 已知 $f(x)=x(x+1)(x+2)\cdots(x+100)$,求 $f'(0)$.

解 因为
$$f'(x) = (x+1)(x+2)\cdots(x+100) + x[(x+1)(x+2)\cdots(x+100)]',$$
所以
$$f'(0) = 100!.$$

2.2.3 反函数的导数

定理 2.5 如果函数 $x=\varphi(y)$ 在某区间 I_y 内单调、可导,且 $\varphi'(y) \neq 0$,那么它的反函数 $y=f(x)$ 在对应区间 I_x 内也单调、可导,且有 $f'(x) = \dfrac{1}{\varphi'(y)}.$

注 上述结论可简单地说成:反函数的导数等于直接函数导数的倒数.

下面利用上述结论来求反三角函数以及对数函数的导数.

例 12 求函数 $y=\log_a x$ 的导数.

解 因为 $x=a^y$ 在 $I_y \in (-\infty,+\infty)$ 内单调、可导,且 $(a^y)'=a^y\ln a \neq 0$,所以在 $I_x \in (0,+\infty)$ 内有

$$(\log_a x)'=\frac{1}{(a^y)'}=\frac{1}{a^y\ln a}=\frac{1}{x\ln a}.$$

特别地 $(\ln x)'=\frac{1}{x}$.

例 13 求函数 $y=\arcsin(2x^3)$ 的导数.

解 $y'=\dfrac{1}{\sqrt{1-(2x^3)^2}}(2x^3)'=\dfrac{6x^2}{\sqrt{1-4x^6}}$.

例 14 求函数 $y=\arctan\dfrac{2}{x}$ 的导数.

解 $y'=\dfrac{1}{1+\left(\dfrac{2}{x}\right)^2}\left(\dfrac{2}{x}\right)'=\dfrac{x^2}{x^2+2}\left(-\dfrac{2}{x^2}\right)=-\dfrac{2}{x^2+2}$.

2.2.4 隐函数的求导法则

设有方程 $F(x,y)=0$,如果在某区间 (a,b) 上存在函数 $y=f(x)$,使得当 $x\in(a,b)$ 时,有 $F(x,f(x))=0$,则称 $F(x,y)=0$ 在 (a,b) 上确定 y 是 x 的隐函数.如以下方程都分别确定了 x 的隐函数 y:

$$x+y-1=0, \quad x^2+y^2=1, \quad x+\sin y-e^{xy}=0.$$

对于隐函数,有些可以从方程中解得 y 关于自变量 x 的明显表达式,成为显化函数 $y=f(x)$.例如 $x+y-1=0$,显化函数为 $y=-x+1$.但是,有很多方程从中解出很难,有些甚至不可能,例如 $x+\sin y-e^{xy}=0$.为此我们有必要讨论隐函数的求导方法.

设由方程 $F(x,y)=0$ 确定 y 为 x 的隐函数 $y=f(x)$,将 $y=f(x)$ 代入方程的恒等式 $F(x,f(x))\equiv 0$.对上式两端关于自变量 x 求导,在此过程中,把 y 看做 x 的函数,利用复合函数求导法则,便可解出 y 对 x 的导数 $\dfrac{\mathrm{d}y}{\mathrm{d}x}$.

下面通过具体例子来说明这种方法.

例 15 求由方程 $xy-e^x+3e^y=0$ 所确定的隐函数 y 的导数 $\dfrac{\mathrm{d}y}{\mathrm{d}x}$,$\dfrac{\mathrm{d}y}{\mathrm{d}x}\Big|_{x=0}$.

解 方程两边对 x 求导:

$$y+x\frac{\mathrm{d}y}{\mathrm{d}x}-e^x+3e^y\frac{\mathrm{d}y}{\mathrm{d}x}=0,$$

解得

$$\frac{\mathrm{d}y}{\mathrm{d}x}=\frac{e^x-y}{x+3e^y},$$

由原方程知 $x=0$ 时,$y=0$,所以

$$\left.\frac{\mathrm{d}y}{\mathrm{d}x}\right|_{x=0} = \left.\frac{\mathrm{e}^x - y}{x + 3\mathrm{e}^y}\right|_{\substack{x=0 \\ y=0}} = \frac{1}{3}.$$

例 16 设曲线方程为 $x^3 + y^3 = 3xy$,求过曲线上点 $\left(\frac{3}{2}, \frac{3}{2}\right)$ 的切线方程.

解 方程两边对 x 求导,得
$$3x^2 + 3y^2 y' = 3y + 3xy',$$
解得
$$y' = \frac{y - x^2}{y^2 - x}.$$

所以过点 $\left(\frac{3}{2}, \frac{3}{2}\right)$ 切线的斜率为
$$\left.y'\right|_{\left(\frac{3}{2}, \frac{3}{2}\right)} = \left.\frac{y - x^2}{y^2 - x}\right|_{\left(\frac{3}{2}, \frac{3}{2}\right)} = -1,$$
从而所求切线方程为
$$y - \frac{3}{2} = -\left(x - \frac{3}{2}\right),$$
即
$$x + y - 3 = 0.$$

2.2.5 取对数求导法

对于有些函数,利用普通方法求导比较复杂,甚至难于进行,例如许多因子相乘和相除的函数及幂指函数(形如 $y = u^v$ 的函数,其中 u, v 都是关于 x 的函数).这时采取取对数求导法使求导过程简单化,即先将函数等式两边取对数,再利用隐函数求导数法计算导数.

例 17 已知 $y = (\tan x)^{\sin x}$,求 y'.

解 这是一个幂指函数,它既不是幂函数也不是指数函数,为此我们在等式两边同时取对数,化为隐函数的形式:
$$\ln y = \sin x \cdot \ln(\tan x).$$
上式两边同时对 x 求导,得
$$\frac{1}{y} \cdot y' = \cos x \cdot \ln(\tan x) + \sin x \frac{1}{\tan x} \sec^2 x,$$
所以
$$y' = (\tan x)^{\sin x} \left[\cos x \ln(\tan x) + \sin x \frac{1}{\tan x} \sec^2 x\right].$$

例 18 求 $y = \sqrt[4]{\frac{(x-1)(x-2)}{(x-3)(x-4)}}$ 的导数.

解 两边同时取对数,得
$$\ln y = \frac{1}{4}[\ln(x-1) + \ln(x-2) - \ln(x-3) - \ln(x-4)],$$

上式两边同时对 x 求导,得

$$\frac{1}{y}y' = \frac{1}{4}\left(\frac{1}{x-1} + \frac{1}{x-2} - \frac{1}{x-3} - \frac{1}{x-4}\right),$$

所以

$$y' = \frac{1}{4}\left(\frac{1}{x-1} + \frac{1}{x-2} - \frac{1}{x-3} - \frac{1}{x-4}\right)\sqrt[4]{\frac{(x-1)(x-2)}{(x-3)(x-4)}}.$$

2.2.6 参数方程求导法则

在实际问题中,有时需要计算由参数方程 $\begin{cases} x = \varphi(t), \\ y = \psi(t) \end{cases}$ 所表示的函数的导数. 若从参数方程中消去参数 t 得到 y 与 x 之间的函数关系 $y = f(x)$,则求导问题也化为一般函数的求导. 但要从参数方程中消去参数 t 有时会很困难. 因此,我们希望有一种能直接由参数方程求出它所确定的函数的导数来的方法. 下面我们就来讨论此类函数求导的方法.

一般地,在参数方程 $\begin{cases} x = \varphi(t), \\ y = \psi(t) \end{cases}$ 中,设函数 $x = \varphi(t)$ 具有单调连续的反函数 $t = \varphi^{-1}(x)$,那么由参数方程所确定的函数可以看成由 $y = \psi(t)$,$t = \varphi^{-1}(x)$ 复合而成的函数 $y = \psi[\varphi^{-1}(x)]$. 要计算这个复合函数的导数,为此我们再设 $y = \psi(t)$,$x = \varphi(t)$ 都可导,且 $\varphi'(t) \neq 0$. 根据复合函数及反函数的求导法则得

$$\frac{\mathrm{d}y}{\mathrm{d}x} = \frac{\mathrm{d}y}{\mathrm{d}t} \cdot \frac{\mathrm{d}t}{\mathrm{d}x} = \frac{\mathrm{d}y}{\mathrm{d}t} \cdot \frac{1}{\frac{\mathrm{d}x}{\mathrm{d}t}} = \frac{\psi'(t)}{\varphi'(t)},$$

即

$$\frac{\mathrm{d}y}{\mathrm{d}x} = \frac{\frac{\mathrm{d}y}{\mathrm{d}t}}{\frac{\mathrm{d}x}{\mathrm{d}t}}.$$

例 19 求摆线 $\begin{cases} x = a(t - \sin t), \\ y = a(1 - \cos t) \end{cases}$ 在 $t = \frac{\pi}{2}$ 处的切线方程.

解 因为

$$\frac{\mathrm{d}y}{\mathrm{d}x} = \frac{\frac{\mathrm{d}y}{\mathrm{d}t}}{\frac{\mathrm{d}x}{\mathrm{d}t}} = \frac{a\sin t}{a - a\cos t} = \frac{\sin t}{1 - \cos t},$$

所以

$$\left.\frac{\mathrm{d}y}{\mathrm{d}x}\right|_{t=\frac{\pi}{2}} = \frac{\sin\frac{\pi}{2}}{1 - \cos\frac{\pi}{2}} = 1.$$

当 $t=\frac{\pi}{2}$ 时,

$$x=a\left(\frac{\pi}{2}-1\right), \quad y=a.$$

所求切线方程为

$$y-a=x-a\left(\frac{\pi}{2}-1\right),$$

即

$$y=x+a\left(2-\frac{\pi}{2}\right).$$

例 20 不计空气的阻力,以初速度 v_0,发射角 α 发射炮弹,其运动方程为 $\begin{cases} x=v_0 t\cos\alpha, \\ y=v_0 t\sin\alpha-\frac{1}{2}gt^2. \end{cases}$

求:(1)炮弹在时刻 t_0 的运动方向;
(2)炮弹在时刻 t_0 的速度大小.

解 炮弹运动轨迹如图 2-4 所示.

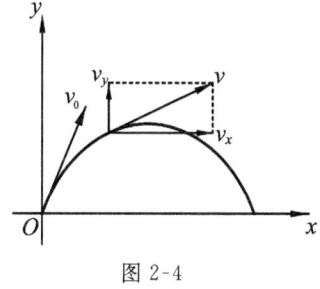

图 2-4

(1)在 t_0 时刻的运动方向即轨迹在 t_0 时刻的切线方向,可由切线的斜率来反映:

$$\frac{dy}{dx}=\frac{\left(v_0 t\sin\alpha-\frac{1}{2}gt^2\right)'}{(v_0 t\cos\alpha)'}=\frac{v_0 \sin\alpha-gt}{v_0 \cos\alpha},$$

所以

$$\left.\frac{dy}{dx}\right|_{t=t_0}=\frac{v_0 \sin\alpha-gt_0}{v_0 \cos\alpha}.$$

(2)炮弹在 t_0 时刻沿 x,y 轴方向的分速度为

$$v_x=\left.\frac{dx}{dt}\right|_{t=t_0}=(v_0 t\cos\alpha)'\Big|_{t=t_0}=v_0 \cos\alpha,$$

$$v_y=\left.\frac{dy}{dt}\right|_{t=t_0}=\left(v_0 t\sin\alpha-\frac{1}{2}gt^2\right)'\Big|_{t=t_0}=v_0 \sin\alpha-gt_0,$$

所以在 t_0 时刻炮弹的速度为

$$v=\sqrt{v_x^2+v_y^2}=\sqrt{v_0^2-2v_0 gt_0\sin\alpha+g^2 t_0^2}.$$

2.3 高阶导数

2.3.1 高阶导数的定义

由本章第 1 节引例 1 知,若物体做变速直线运动方程为 $s=f(t)$,则物体在时刻 t 的瞬时速度为 s 对 t 的导数,亦即 $v=s'=f'(t)$,速度 $v=f'(t)$ 也是时间 t 的函数,它对时间 t 的导数称为物体在时刻 t 的加速度 a, $a=v'=(s')'$,记作 s'',称为 s 对 t 的二阶导数.

定义 2.2 一般地,如果函数 $f(x)$ 的导数 $f'(x)$ 在点 x 处可导,即 $(f'(x))'=\lim\limits_{\Delta x \to 0} \dfrac{f'(x+\Delta x)-f'(x)}{\Delta x}$ 存在,则称 $(f'(x))'$ 为函数 $f(x)$ **在点 x 处的二阶导数**,记作 $f''(x), y'', \dfrac{d^2 y}{d x^2}$ 或 $\dfrac{d^2 f(x)}{d x^2}$.

类似地,二阶导数的导数称为**三阶导数**,记作 $f'''(x), y''', \dfrac{d^3 y}{d x^3}$ 或 $\dfrac{d^3 f(x)}{d x^3}$;

三阶导数的导数称为**四阶导数**,记作 $f^{(4)}(x), y^{(4)}, \dfrac{d^4 y}{d x^4}$ 或 $\dfrac{d^4 f(x)}{d x^4}$;

一般地,我们定义函数 $f(x)$ 的 n **阶导数**为函数 $f(x)$ 的 $n-1$ 阶导数的导数,记作 $f^{(n)}(x), y^{(n)}, \dfrac{d^n y}{d x^n}$ 或 $\dfrac{d^n f(x)}{d x^n}$.

二阶和二阶以上的导数统称为**高阶导数**. 相应地, $f(x)$ 称为**零阶导数**, $f'(x)$ 称为**一阶导数**. 函数 $f(x)$ 在点 x_0 处的各阶导数值记为 $f'(x_0), f''(x_0), f'''(x_0), \cdots, f^{(n)}(x_0)$.

2.3.2 高阶导数求法举例

1. 直接法:由高阶导数的定义逐步求高阶导数

例 1 设 $y=ax+b$,求 y''.

解 $y'=a, y''=0$.

例 2 设 $y=\arctan x$,求 $f''(0), f'''(0)$.

解
$$y'=\frac{1}{1+x^2},$$
$$y''=\left(\frac{1}{1+x^2}\right)'=\frac{-2x}{(1+x^2)^2},$$
$$y'''=\left[\frac{-2x}{(1+x^2)^2}\right]'=\frac{2(3x^2-1)}{(1+x^2)^3},$$

所以
$$f''(0)=\frac{-2x}{(1+x^2)^2}\bigg|_{x=0}=0,$$
$$f'''(0)=\frac{2(3x^2-1)}{(1+x^2)^3}\bigg|_{x=0}=-2.$$

下面介绍几个初等函数的 n 阶导数.

例 3 求 $y=e^x$ 的各阶导数.

解 $y'=e^x, y''=e^x, y'''=e^x, y^{(4)}=e^x.$
一般地,可得
$$y^{(n)}=e^x,$$
即
$$(e^x)^{(n)}=e^x.$$

例 4 设 $y=x^\alpha (\alpha\in\mathbf{R})$,求 $y^{(n)}$.

解 $y'=\alpha x^{\alpha-1},$
$y''=(\alpha x^{\alpha-1})'=\alpha(\alpha-1)x^{\alpha-2},$
$y'''=(\alpha(\alpha-1)x^{\alpha-2})'=\alpha(\alpha-1)(\alpha-2)x^{\alpha-3},$
……
$y^{(n)}=\alpha(\alpha-1)\cdots(\alpha-n+1)x^{\alpha-n}(n\geqslant 1).$

若 α 为自然数 n,则
$$y^{(n)}=(x^n)^{(n)}=n!,$$
$$y^{(n+1)}=(n!)'=0.$$

注 求 n 阶导数时,求出 $1\sim 3$ 或 4 阶导数后,不要急于合并,分析结果的规律性,写出 n 阶导数,再用数学归纳法证明.

例 5 设 $y=\ln(1+x)$,求 $y^{(n)}$.

解 $y'=\dfrac{1}{1+x},$

$y''=-\dfrac{1}{(1+x)^2},$

$y'''=\dfrac{2!}{(1+x)^3},$

$y^{(4)}=-\dfrac{3!}{(1+x)^4},$

……

$y^{(n)}=(-1)^{n-1}\dfrac{(n-1)!}{(1+x)^n}(n\geqslant 1, 0!=1).$

例 6 设 $y=\sin x$,求 $y^{(n)}$.

解 $y'=\cos x=\sin\left(x+\dfrac{\pi}{2}\right),$

$$y'' = \cos\left(x + \frac{\pi}{2}\right) = \sin\left(x + \frac{\pi}{2} + \frac{\pi}{2}\right) = \sin\left(x + 2 \cdot \frac{\pi}{2}\right),$$

$$y''' = \cos\left(x + 2 \cdot \frac{\pi}{2}\right) = \sin\left(x + 3 \cdot \frac{\pi}{2}\right),$$

……

一般地可得

$$y^{(n)} = (\sin x)^{(n)}.$$

用类似方法可得

$$(\cos x)^{(n)} = \cos\left(x + n \cdot \frac{\pi}{2}\right).$$

2. 高阶导数的运算法则

定理 2.6 设函数 $u = u(x)$ 和 $v = v(x)$ 在点 x 处具有 n 阶导数，则 $u \pm v, uv$ 在点 x 处也具有 n 阶导数，且

(1) $(u \pm v)^{(n)} = u^{(n)} \pm v^{(n)}$；

(2) $(Cu)^{(n)} = Cu^{(n)}$；

(3) 莱布尼兹公式

$$(u \cdot v)^{(n)} = u^{(n)}v + nu^{(n-1)}v' + \frac{n(n-1)}{2!}u^{(n-2)}v'' + \cdots + \frac{n(n-1)\cdots(n-k+1)}{k!}u^{(n-k)}v^{(k)}$$

$$+ \cdots + uv^{(n)}$$

$$= \sum_{k=0}^{n} C_n^k u^{(n-k)} v^{(k)}.$$

例 7 设 $y = x^2 e^{2x}$，求 $y^{(20)}$。

解 设 $u = e^{2x}, v = x^2$，则由莱布尼兹公式知

$$y^{(20)} = (e^{2x})^{(20)} \cdot x^2 + 20(e^{2x})^{(19)} \cdot (x^2)' + \frac{20(20-1)}{2!}(e^{2x})^{(18)} \cdot (x^2)'' + 0$$

$$= 2^{20} e^{2x} \cdot x^2 + 20 \cdot 2^{19} e^{2x} \cdot 2x + \frac{20 \cdot 19}{2} 2^{18} e^{2x} \cdot 2$$

$$= 2^{20} e^{2x} (x^2 + 20x + 95).$$

3. 间接法

利用已知的高阶导数公式，通过四则运算，变量代换等方法，求出 n 阶导数。常用高阶导数公式有：

(1) $(a^x)^{(n)} = a^x \cdot \ln^n a \ (a > 0)$，

$(e^x)^{(n)} = e^x$；

(2) $(\sin kx)^{(n)} = k^n \sin\left(kx + n \cdot \frac{\pi}{2}\right)$；

(3) $(\cos kx)^{(n)} = k^n \cos\left(kx + n \cdot \frac{\pi}{2}\right)$；

(4) $(x^\alpha)^{(n)} = \alpha(\alpha - 1)\cdots(\alpha - n + 1)x^{\alpha - n}$；

(5) $(\ln x)^{(n)} = (-1)^{n-1}\dfrac{(n-1)!}{x^n}$,

$\left(\dfrac{1}{x}\right)^{(n)} = (-1)^n \dfrac{n!}{x^{n+1}}$.

例 8 设 $y = \dfrac{1}{x^2-1}$，求 $y^{(5)}$.

解 因为

$$y = \dfrac{1}{x^2-1} = \dfrac{1}{2}\left(\dfrac{1}{x-1} - \dfrac{1}{x+1}\right),$$

所以

$$y^{(5)} = \dfrac{1}{2}\left[\dfrac{-5!}{(x-1)^6} - \dfrac{-5!}{(x+1)^6}\right] = 60\left[\dfrac{1}{(x+1)^6} - \dfrac{1}{(x-1)^6}\right].$$

2.4 函数的微分

2.4.1 微分的定义

在理论上和实际应用中，我们常常遇到这样的问题：当自变量有微小变化时，函数的微小改变量 $\Delta y = f(x_0 + \Delta x) - f(x_0)$ 是我们非常关心的问题. 这类问题初看起来似乎只要做减法运算就可以了，但对于复杂的函数来讲增量的计算是比较复杂的，因此我们希望寻求计算函数增量的近似计算方法，微分就是实现把复杂问题简单化的数学模型.

先分析一个具体问题. 一块正方形金属薄片受温度变化的影响，其边长由 x_0 变到 $x_0 + \Delta x$（如图 2-5），问此薄片的面积改变了多少？

设此薄片的边长为 x，面积为 A，则 A 是 x 的函数：$A = x^2$. 薄片受温度变化的影响时面积的改变量，可以看成是当自变量 x 自 x_0 取得增量 Δx 时，函数 A 相应的增量 ΔA，即

$$\Delta A = (x_0 + \Delta x)^2 - x_0^2 = 2x_0\Delta x + (\Delta x)^2.$$

从上式可以看出，ΔA 分成两部分，第一部分 $2x_0\Delta x$ 是 Δx 的线性函数，即图中带有斜线的两个矩形面积之和. 而第二部分 $(\Delta x)^2$ 在图中是带有交叉斜线的小正方形的面积. 当

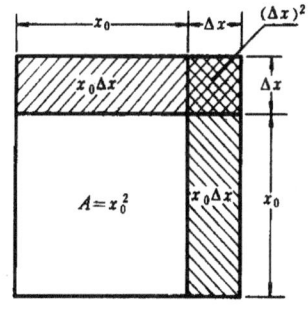

图 2-5

$\Delta x \to 0$ 时，第二部分 $(\Delta x)^2$ 是比 Δx 高阶的无穷小，即 $(\Delta x)^2 = o(\Delta x)$. 由此可见，如果边长改变很微小，即 $|\Delta x|$ 很小时，面积的改变量 ΔA 可近似地用第一部分来代替.

一般地，如果函数 $y = f(x)$ 满足一定条件，则函数的增量 Δy 可表示为

$$\Delta y = A\Delta x + o(\Delta x),$$

其中 A 是不依赖于 Δx 的常数.因此 $A\Delta x$ 是 Δx 的线性函数,且它与 Δy 之差

$$\Delta y - A\Delta x = o(\Delta x)$$

是比 Δx 高阶的无穷小.所以,当 $A \neq 0$ 且 $|\Delta x|$ 很小时,我们就可近似地用 $A\Delta x$ 来代替 Δy,这里 $A\Delta x$ 称为函数 $y = f(x)$ 的微分.

定义 2.3 设函数 $y = f(x)$ 在某区间内有定义,$x_0 + \Delta x$ 及 x_0 在这区间内.如果函数的增量

$$\Delta y = f(x_0 + \Delta x) - f(x_0)$$

可表示为

$$\Delta y = A\Delta x + o(\Delta x), \tag{2.4.1}$$

其中 A 是不依赖于 Δx 的常数,$o(\Delta x)$ 是比 Δx 高阶的无穷小,那么称函数 $y = f(x)$ 在点 x_0 是**可微**的,$A\Delta x$ 叫做函数 $y = f(x)$ 在点 x_0 相应于自变量增量 Δx 的**微分**,记作 dy 或 $df(x)$,即

$$dy = df(x) = A\Delta x.$$

注 由定义可知:如果函数 $y = f(x)$ 在点 x_0 处可微,则有

(1) 函数在点 x_0 处的微分 $dy = df(x) = A\Delta x$ 是自变量的改变量 Δx 的线性函数;

(2) 由(2.4.1)式知 $\Delta y - dy$ 是自变量的改变量 Δx 的高阶无穷小;

(3) 当 $A \neq 0$ 时,Δy 与 dy 是等价无穷小,我们称 dy 是 Δy 的线性主部.

由微分定义知,A 与 Δx 无关.那么该如何确定 A 呢?什么样的函数才可微呢?下面我们将回答这些问题.

2.4.2 函数可微的条件

设函数 $y = f(x)$ 在点 x_0 可微,则按定义有(2.4.1)式成立.(2.4.1)式两边除以 Δx 得

$$\frac{\Delta y}{\Delta x} = A + \frac{o(\Delta x)}{\Delta x},$$

于是,当 $\Delta x \to 0$ 时,由上式就得到

$$A = \lim_{\Delta x \to 0} \frac{\Delta y}{\Delta x} = f'(x_0).$$

因此,如果函数 $f(x)$ 在点 x_0 可微,则 $f(x)$ 在点 x_0 也一定可导(即 $f'(x_0)$ 存在),且 $A = f'(x_0)$.反之,如果 $y = f(x)$ 在点 x_0 可导,即 $\lim\limits_{\Delta x \to 0} \frac{\Delta y}{\Delta x} = f'(x_0)$ 存在,根据极限与无穷小的关系,上式可写成

$$\frac{\Delta y}{\Delta x} = f'(x_0) + \alpha, \quad \text{其中 } \alpha \to 0 (\text{当 } \Delta x \to 0).$$

由此又有

$$\Delta y = f'(x_0)\Delta x + \alpha \Delta x,$$

因 $\alpha \Delta x = o(\Delta x)$，且 $f'(x_0)$ 不依赖于 Δx，故上式相当于(2.4.1)式，所以 $f(x)$ 在点 x_0 也是可微的.

综上所述，我们有如下定理成立.

定理 2.7 函数 $f(x)$ 在点 x_0 可微的充分必要条件是函数 $f(x)$ 在点 x_0 可导，且当 $f(x)$ 在点 x_0 可微时，其微分一定是

$$\mathrm{d}y = f'(x_0)\Delta x. \tag{2.4.2}$$

当 $f'(x_0) \neq 0$ 时，有

$$\lim_{\Delta x \to 0} \frac{\Delta y}{\mathrm{d}y} = \lim_{\Delta x \to 0} \frac{\Delta y}{f'(x_0)\Delta x} = \frac{1}{f'(x_0)} \lim_{\Delta x \to 0} \frac{\Delta y}{\Delta x} = 1.$$

从而，当 $\Delta x \to 0$ 时，Δy 与 $\mathrm{d}y$ 是等价无穷小，这时有

$$\Delta y = \mathrm{d}y + o(\mathrm{d}y), \tag{2.4.3}$$

即 $\mathrm{d}y$ 是 Δy 的主部. 又由于 $\mathrm{d}y = f'(x_0)\Delta x$ 是 Δx 的线性函数，所以在 $f'(x_0) \neq 0$ 的条件下，我们说 $\mathrm{d}y$ 是 Δy 的线性主部（当 $\Delta x \to 0$）. 由(2.4.3)式有

$$\lim_{\Delta x \to 0} \frac{\Delta y - \mathrm{d}y}{\mathrm{d}y} = 0,$$

从而也有

$$\lim_{\Delta x \to 0} \left| \frac{\Delta y - \mathrm{d}y}{\mathrm{d}y} \right| = 0.$$

式子 $\left|\frac{\Delta y - \mathrm{d}y}{\mathrm{d}y}\right|$ 表示以 $\mathrm{d}y$ 近似代替 Δy 时的相对误差，于是我们得到结论：在 $f'(x_0) \neq 0$ 的条件下，以微分 $\mathrm{d}y = f'(x_0)\Delta x$ 近似代替增量 $\Delta y = f(x_0 + \Delta x) - f(x_0)$ 时，相对误差当 $\Delta x \to 0$ 时趋于零. 因此，在 $|\Delta x|$ 很小时，有精确度较好的近似等式 $\Delta y \approx \mathrm{d}y$.

函数 $y = f(x)$ 在任意点 x 的微分，称为**函数的微分**，记作 $\mathrm{d}y$ 或 $\mathrm{d}f(x)$，即 $\mathrm{d}y = f'(x)\Delta x$.

注 1 如果 $y = x$，则 $\mathrm{d}x = x'\mathrm{d}x = \Delta x$（即自变量的微分等于自变量的改变量），那么由微分的定义，我们可以把导数看成微分的商，即 $f'(x) = \frac{\mathrm{d}y}{\mathrm{d}x}$. 例如，求 $\cos x$ 对 x^2 的导数时就可以看成 $\cos x$ 微分与 x^2 微分的商，即

$$\frac{\mathrm{d}\cos x}{\mathrm{d}x^2} = \frac{-\sin x \mathrm{d}x}{2x\mathrm{d}x} = -\frac{\sin x}{2x}.$$

注 2 函数在一点处的微分是函数增量的近似值，它与函数增量仅相差 Δx 的高阶无穷小，因此我们经常用下面两个公式

$$\Delta y \approx \mathrm{d}y = f'(x_0)\Delta x,$$
$$f'(x_0 + \Delta x) \approx f(x_0) + f'(x_0)\Delta x,$$

作近似计算.

例 1 求函数 $y = x^2 + 1$ 在 $x = 1, \Delta x = 0.1$ 的改变量与微分.

解 令 $y=f(x)=x^2+1$,则
$$\Delta y=f(x+\Delta x)-f(x)=2x\Delta x+(\Delta x)^2,$$
所以
$$\Delta y\Big|_{\substack{\Delta x=0.1\\x=1}}=0.21.$$
又
$$dy=f'(x)dx=2xdx,$$
所以
$$dy\Big|_{\substack{\Delta x=0.1\\x=1}}=0.2.$$

例 2 求函数 $y=x^3$ 当 $x=2,\Delta x=0.02$ 时的微分.

解 因为
$$dy=(x^3)'\Delta x=3x^2\Delta x,$$
所以
$$dy\Big|_{\substack{x=2\\\Delta x=0.02}}=0.24.$$

2.4.3 微分的几何意义

函数的微分有直观的几何意义. 在直角坐标系中,函数 $y=f(x)$ 的图形是一条曲线. 对于某一固定的 x_0 值,曲线上有一个确定点 $M(x_0,y_0)$,当自变量 x 有微小增量 Δx 时,就得到曲线上另一点 $N(x_0+\Delta x,y_0+\Delta y)$. 从图 2-6 由几何关系可知:$MQ=\Delta x,QN=\Delta y$. 过 M 点作曲线的切线,它的倾角为 α,则 $QP=MQ\cdot\tan\alpha=\Delta x\cdot f'(x_0)$,即 $dy=QP$. 由此可见,当 Δy 是曲线 $y=f(x)$ 上的 M 点的纵坐标的增量时,dy 就是曲线的切线上 M 点的纵坐标的

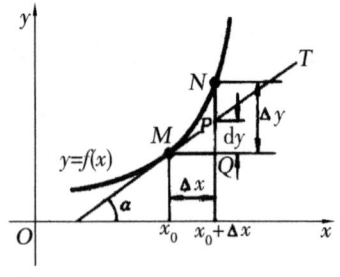

图 2-6

相应增量. 当 $|\Delta x|$ 很小时,$|\Delta y-dy|$ 比 $|\Delta x|$ 小得多. 因此在点 M 的邻近,我们可以用切线段来近似代替曲线段.

2.4.4 微分运算法则及基本初等函数的微分公式

根据函数微分的表达式 $dy=f'(x)dx$,很容易得到微分的运算法则及基本初等函数的微分公式(当 u,v 都可导).

1. 基本初等函数的微分公式

$d(C)=0;$ $\qquad d(x^\mu)=\mu x^{\mu-1}dx;$

$d(\sin x)=\cos xdx;$ $\qquad d(\cos x)=-\sin xdx;$

$$\mathrm{d}(\tan x) = \sec^2 x \, \mathrm{d}x; \qquad \mathrm{d}(\cot x) = -\csc^2 x \, \mathrm{d}x;$$

$$\mathrm{d}(\sec x) = \sec x \tan x \, \mathrm{d}x; \qquad \mathrm{d}(\csc x) = -\csc x \cot x \, \mathrm{d}x;$$

$$\mathrm{d}(a^x) = a^x \ln a \, \mathrm{d}x; \qquad \mathrm{d}(\mathrm{e}^x) = \mathrm{e}^x \, \mathrm{d}x;$$

$$\mathrm{d}(\log_a x) = \frac{1}{x \ln a} \mathrm{d}x; \qquad \mathrm{d}(\ln x) = \frac{1}{x} \mathrm{d}x;$$

$$\mathrm{d}(\arcsin x) = \frac{1}{\sqrt{1-x^2}} \mathrm{d}x; \qquad \mathrm{d}(\arccos x) = -\frac{1}{\sqrt{1-x^2}} \mathrm{d}x;$$

$$\mathrm{d}(\arctan x) = \frac{1}{1+x^2} \mathrm{d}x; \qquad \mathrm{d}(\mathrm{arccot}\, x) = -\frac{1}{1+x^2} \mathrm{d}x.$$

2. 函数和、差、积、商的微分法则(当 u,v 都可导)

$$\mathrm{d}(u \pm v) = \mathrm{d}u \pm \mathrm{d}v; \qquad \mathrm{d}(Cu) = C\mathrm{d}u;$$

$$\mathrm{d}(uv) = v\mathrm{d}u + u\mathrm{d}v; \qquad \mathrm{d}\left(\frac{u}{v}\right) = \frac{v\mathrm{d}u - u\mathrm{d}v}{v^2}.$$

例 3 求函数 $y = x^2 \mathrm{e}^{2x}$ 的微分.

解 因为

$$y' = 2x\mathrm{e}^{2x} + 2x^2 \mathrm{e}^{2x},$$

所以

$$\mathrm{d}y = y' \mathrm{d}x = 2x\mathrm{e}^{2x}(1+x)\mathrm{d}x.$$

3. 微分形式不变性

设 $y = f(u), u = \varphi(x)$,现在我们来讨论复合函数 $y = f[\varphi(x)]$ 的微分法则.

设 $y = f(u)$ 及 $u = \varphi(x)$ 都可导,则复合函数 $y = f[\varphi(x)]$ 的微分为

$$\mathrm{d}y = y'_x \mathrm{d}x = f'(u)\varphi'(x)\mathrm{d}x,$$

由于 $\varphi'(x)\mathrm{d}x = \mathrm{d}u$,所以,复合函数 $y = f[\varphi(x)]$ 的微分公式也可以写成

$$\mathrm{d}y = f'(u)\mathrm{d}u \text{ 或 } \mathrm{d}y = y'_u \mathrm{d}u.$$

由此可见,无论 u 是自变量还是另一个变量的可微函数,微分形式 $\mathrm{d}y = f'(u)\mathrm{d}u$ 保持不变.这一性质称为**微分形式不变性**.这一性质表示,当变换自变量时(即设 u 为另一变量的任一可微函数时),微分形式 $\mathrm{d}y = f'(u)\mathrm{d}u$ 并不改变.

例 4 设函数 $y = \sin(2x+1)$,求 $\mathrm{d}y$.

解 令 $y = \sin u, u = 2x+1$,则

$$\mathrm{d}y = \cos u \, \mathrm{d}u = \cos(2x+1)\mathrm{d}(2x+1)$$
$$= \cos(2x+1) \cdot 2\mathrm{d}x = 2\cos(2x+1)\mathrm{d}x.$$

例 5 设 $y = \mathrm{e}^{-ax} \sin bx$,求 $\mathrm{d}y$.

解 $\mathrm{d}y = \mathrm{e}^{-ax} \cdot \cos bx \, \mathrm{d}(bx) + \sin bx \cdot \mathrm{e}^{-ax} \mathrm{d}(-ax)$

$$= \mathrm{e}^{-ax} \cdot \cos bx \cdot b\mathrm{d}x + \sin bx \cdot \mathrm{e}^{-ax} \cdot (-a)\mathrm{d}x$$
$$= \mathrm{e}^{-ax}(b\cos bx - a\sin bx)\mathrm{d}x.$$

例 6 在下列等式左端的括号中填入适当的函数,使等式成立.

(1) $\mathrm{d}(\quad) = \sin \omega t \, \mathrm{d}t$; (2) $\mathrm{d}(\sin x^2) = (\quad)\mathrm{d}(\sqrt{x})$.

解 (1)因为
$$d(\cos\omega t) = -\omega\sin\omega t\,dt,$$
所以
$$\sin\omega t\,dt = -\frac{1}{\omega}d(\cos\omega t) = d\left(-\frac{1}{\omega}\cos\omega t\right),$$
所以
$$d\left(-\frac{1}{\omega}\cos\omega t + C\right) = \sin\omega t\,dt.$$

(2)因为
$$\frac{d(\sin x^2)}{d(\sqrt{x})} = \frac{2x\cos x^2\,dx}{\frac{1}{2\sqrt{x}}dx} = 4x\sqrt{x}\cos x^2,$$
所以
$$d(\sin x^2) = (4x\sqrt{x}\cos x^2)d(\sqrt{x}).$$

例7 求由方程 $e^{xy} = 2x + y^3$ 所确定的隐函数 $y = f(x)$ 的微分.

解 对方程两边同时微分,得
$$d(e^{xy}) = d(2x + y^3),$$
$$e^{xy}d(xy) = d(2x) + d(y^3),$$
$$e^{xy}(y\,dx + x\,dy) = 2dx + 3y^2\,dy,$$
所以
$$dy = \frac{2 - ye^{xy}}{xe^{xy} - 3y^2}dx.$$

2.4.5 微分的应用——近似计算

前面讲过,若 $y = f(x)$ 在点 x_0 处的导数 $f'(x_0) \neq 0$,且 $|\Delta x|$ 很小时,有
$$\Delta y \approx dy = f'(x_0)\Delta x,$$
或写成
$$f(x_0 + \Delta x) - f(x_0) \approx f'(x_0)\Delta x,$$
所以有近似计算公式
$$f(x_0 + \Delta x) \approx f(x_0) + f'(x_0)\Delta x.$$
若令 $x_0 + \Delta x = x$,上式可以写成
$$f(x) \approx f(x_0) + f'(x_0)(x - x_0).$$

例8 利用微分计算 $\sin 30°30'$ 的近似值.

解 $30°30' = \frac{\pi}{6} + \frac{\pi}{360}.$

设 $f(x) = \sin x$, $f'(x) = \cos x$,取 $x_0 = \frac{\pi}{6}$, $\Delta x = \frac{\pi}{360}$,则

$$\sin 30°30' = \sin\left(\frac{\pi}{6} + \frac{\pi}{360}\right) \approx \sin\frac{\pi}{6} + \cos\frac{\pi}{6} \times \frac{\pi}{360}$$
$$= \frac{1}{2} + \frac{\sqrt{3}}{2} \times \frac{\pi}{360} \approx 0.5076.$$

在近似计算公式 $f(x) \approx f(x_0) + f'(x_0)(x - x_0)$ 中,取 $x_0 = 0$,有
$$f(x) \approx f(0) + f'(0)x.$$
注意到这里的 x 与 0 点很接近.

由上式可以推出工程上几个常用的近似公式:

(1) $e^x \approx 1 + x$;   (2) $(1+x)^\alpha \approx 1 + \alpha x$;

(3) $\sin x \approx x$;   (4) $\tan x \approx x$;

(5) $\ln(1+x) \approx x$;   (6) $\cos x \approx 1 - \frac{1}{2}x^2$.

本章小结

本章主要介绍了导数和微分的概念及计算方法.

1. 基本概念

导数是一种特殊形式的极限,即函数的改变量与自变量的改变量之比当自变量的改变量趋于零时的极限.

微分是导数与函数自变量的改变量的乘积或者说是函数增量的近似值.

几何意义:

$f'(x_0)$ 是曲线 $y = f(x_0)$ 在点 $(x_0, f(x_0))$ 处的切线斜率.

dy 是曲线 $y = f(x)$ 在点 $(x_0, f(x_0))$ 处的切线纵坐标对应于 Δx 的改变量.

Δy 是曲线 $y = f(x)$ 的纵坐标对应于 Δx 的改变量.

如果函数 $y = f(x)$ 在点 x_0 处可导,则 $y = f(x)$ 在点 x_0 处一定连续.反之,$y = f(x)$ 在点 x_0 处连续时,则不一定可导.

2. 基本计算方法

本章最主要的计算是能够运用导数基本公式和运算法则(特别是乘积和商的运算法则),求简单函数和复合函数的导数.

求高阶导数和微分的方法与求导数的方法类似.较特殊的有:

隐函数求导法:设方程 $F(x, y) = 0$ 表示自变量为 x、因变量为 y 的隐函数,并且可导,利用复合函数求导公式将所给方程两边同时对 x 求导,然后解方程求出 y';

对数求导法:对于两类特殊的函数,可以通过两边取对数,转化成隐函数,然后按隐函数求导的方法求出导数 y'.

3. 简单应用

导数:曲线 $y = f(x)$ 在点 $M_0(x_0, y_0)$ 处的切线方程为

$$y - y_0 = f'(x_0)(x - x_0).$$

微分：当 $|\Delta x|$ 很小时，有近似公式

$$\Delta y \approx dy = f'(x) \Delta x.$$

这个公式可以直接用来计算增量的近似值，而公式

$$f(x + \Delta x) \approx f(x) + f'(x) \Delta x$$

可以用来计算函数的近似值.

习题 2

1. 根据定义，求下列函数的导数或特值：

   (1) $y = \dfrac{1}{x^2}$；

   (2) $f(x) = \sqrt{4-x}$；

   (3) 设 $f(x) = 5x^2$，求 $f'(0), f'(-1)$；

   (4) 设 $y = \cos x$，求 $y = \dfrac{dy}{dx}\bigg|_{x=\frac{\pi}{2}}$.

2. 求下列函数的导数或特值：

   (1) $f(x) = 10^x$，求 $f'(x), f'(-2), f'(0)$；

   (2) $y = x^5, y = \dfrac{1}{\sqrt{x}}, y = \sqrt[4]{x^3}, y = \dfrac{x^3}{x^{\frac{3}{2}}}, y = x^{0.7}, y = x^a \cdot x^b, y = (\sqrt[n]{x})^m$，求 y'；

   (3) $y = \lg x, y = \log_{\frac{1}{3}} x, y = \log_7 x$，求 y'；

   (4) $y = 2^x, y = 10^{-x}, y = a^x e^x$，求 y'.

3. 求下列函数的导数：

   (1) $y = 3x^2 - x + 7$；   (2) $y = x^2(2 + \sqrt{x})$；

   (3) $y = \dfrac{x^5 + \sqrt{x} + 1}{x^3}$；   (4) $y = 2\sqrt{x} - \dfrac{1}{x} + 4\sqrt{3}$；

   (5) $y = \dfrac{2x^2 - 3x + 4}{\sqrt{x}}$；   (6) $y = (1 - \sqrt{x})\left(1 + \dfrac{1}{\sqrt{x}}\right)$；

   (7) $y = \log_5 \sqrt{x}$；   (8) $y = \dfrac{x^2}{2} + \dfrac{2}{x^2}$.

4. 求下列函数的导数：

   (1) $y = \dfrac{1}{1+\sqrt{x}} + \dfrac{1}{1-\sqrt{x}}$；   (2) $y = 5(2x-3)(x+8)$；

   (3) $y = x^2 \cdot e^x$；   (4) $y = \dfrac{3^x - 1}{x^3 + 1}$；

   (5) $y = (x^2 - 3x + 2)(x^4 + x^2 - 1)$；   (6) $y = \dfrac{\ln x}{\sin x}$；

(7) $y = \dfrac{x \cdot \sin x}{1+x^2}$;   (8) $y = x \cdot e^x \cdot \cos x$.

5. 在曲线 $y = \dfrac{1}{1+x^2}$ 上求一点,使通过该点的切线平行于 x 轴.

6. 求 $y = x^2$ 在点 $(3,9)$ 处的切线方程.

7. 求下列函数的导数：

(1) $y = (3+x)(1+x^2)^2$;   (2) $y = (3x-5)^4(5x+4)^3$;

(3) $y = (2x-1)\sqrt{1-x^2}$;   (4) $y = (2+3x^2)\sqrt{1+5x^2}$;

(5) $y = \dfrac{(2x+5)^2}{3x+4}$;   (6) $y = \sqrt{x^2-2x+5}$;

(7) $y = \dfrac{3x+1}{\sqrt{1-x^2}}$;   (8) $y = \log_3(3+2x^2)$;

(9) $y = \ln\dfrac{1+\sqrt{x}}{1-\sqrt{x}}$;   (10) $y = \sin^2 x \cos 2x$;

(11) $y = \cos^3 \dfrac{x}{2}$;   (12) $y = x^2 \cdot \sin\dfrac{1}{x}$;

(13) $y = \ln\left(\tan\dfrac{x}{2}\right)$;   (14) $y = \dfrac{1}{\cos^n x}$;

(15) $y = \ln(x + \sqrt{x^2 - a^2})$;   (16) $y = x^2 \cdot e^{-2x} \cdot \sin 3x$;

(17) $y = \dfrac{\arccos x}{\sqrt{1-x^2}}$;   (18) $y = \left(\arcsin\dfrac{x}{3}\right)^5$;

(19) $y = x\sqrt{1-x^2} + \arcsin x$;   (20) $y = e^{-x}\cos 3x$;

(21) $y = 3^{\cos\frac{1}{x^2}}$;   (22) $y = 5^{x\ln x}$.

8. 利用对数求导法求下列函数的导数：

(1) $y = (\cos x)^{\sin x}$;   (2) $y = x\sqrt{\dfrac{1-x}{1+x}}$;

(3) $y = \dfrac{\sqrt{x+2}(3-x)}{(2x+1)^5}$;   (4) $y = \dfrac{x^2}{1-x} \cdot \sqrt[3]{\dfrac{5-x}{(3+x)^2}}$;

(5) $y = 2x^{\sqrt{x}}$;   (6) $y = (\sin x)^{\ln x}$.

9. 求下列方程所确定的隐函数的导数 $\dfrac{dy}{dx}$：

(1) $e^y \cdot x - 10 + y^2 = 0$;   (2) $e^{xy} + y \cdot \ln x = \cos 2x$;

(3) $x^y = y^x$;   (4) $\arctan\dfrac{y}{x} = \ln\sqrt{x^2+y^2}$;

(5) $xe^y + ye^x = 0$;   (6) $x^3 + y^3 - 3x^2 y = 0$;

(7) $x - \sin\dfrac{y}{x} + \tan a = 0$;   (8) $e^{x+y} - xy = 1$, 求 $\dfrac{dy}{dx}\bigg|_{\substack{x=0 \\ y=0}}$.

10. 求下列函数的高阶导数：

(1) $y=\ln(1-x^2)$，求 y''；   (2) $y=(1+x^2)\arctan x$，求 y''；

(3) $y=x\cos x$，求 $y''\left(\dfrac{\pi}{2}\right)$；   (4) $y=x^3\ln x$，求 $y^{(4)}$；

(5) $y=xe^x$，求 $y^{(n)}$；   (6) $y=\ln(1+x)$，求 $y^{(n)}$.

11. 已知 $y^{(n-2)}=\dfrac{x}{\ln x}$，求 $y^{(n)}$.

12. 求下列函数的微分：

(1) $y=\sqrt{2-5x^2}$；   (2) $y=\dfrac{x}{1+x^2}$；

(3) $y=e^{2x}\cdot\sin\dfrac{x}{3}$；   (4) $y=\arcsin\sqrt{x}$；

(5) $y=\ln\sqrt{1-x^3}$；   (6) $y=e^{\cot x}$；

(7) $y=\dfrac{\cos x}{1-x^2}$；   (8) $y=\cos^2(2x-5)$.

13. 利用微分求近似值：

(1) $\sqrt[5]{0.99}$；   (2) $e^{0.02}$；

(3) $\sin 29°$；   (4) $\ln 1.01$.

14. 半径为 10cm 的金属圆片，加热后半径伸长了 0.05cm. 求所增加面积的精确值与近似值.

疑难解析和典型例题分析

例1 设 $f(x)=(x-a)\varphi(x)$，其中 $\varphi(x)$ 在 $x=a$ 处连续，求 $f'(a)$.

分析 由于 $\varphi(x)$ 只在 a 处连续，因此只能用定义求 $f'(a)$.

解 由导数定义，有

$$f'(a)=\lim_{x\to a}\dfrac{f(x)-f(a)}{x-a}=\lim_{x\to a}\dfrac{(x-a)\varphi(x)-0}{x-a}=\lim_{x\to a}\varphi(x),$$

又 $\varphi(x)$ 在 $x=a$ 处连续，故

$$f'(a)=\varphi(a).$$

例2 设函数 $f(x)=\begin{cases}\sin x-\cos x+5, & x\leqslant 0;\\ 3+e^x, & x>0.\end{cases}$ 求 $f'(x)$.

分析 这是分段函数的求导问题，对于非分段点 $x\neq 0$，按表达式分段求导；对于 $x=0$，首先讨论 $f(x)$ 在 $x=0$ 处的连续性. 如果连续的话，再用定义求左、右导数 $f'_-(0)$，$f'_+(0)$，判定 $f'(0)$ 是否存在，或者考察是否可以不用定义而直接求 $f'_-(0)$ 与 $f'_+(0)$.

解 当 $x<0$ 时，$f(x)=\sin x-\cos x+5$，故

$$f'(x)=\cos x+\sin x \text{ 且 } f'_-(0)=\cos 0+\sin 0=1;$$

当 $x>0$ 时,$f'(x)=e^x$.

在 $x=0$ 处,$f(0^-)=f(0)=f(0^+)=4$,从而 $f(x)$ 在 $x=0$ 处连续.下面求 $f'_+(0)$.

解法一 $f'_+(0)=\lim\limits_{x\to 0^+}\dfrac{f(x)-f(0)}{x}=\lim\limits_{x\to 0^+}\dfrac{(3+e^x)-4}{x}$

$=\lim\limits_{x\to 0^+}\dfrac{e^x-1}{x}=1.$

由于 $f'_-(0)=f'_+(0)=1$,因此 $f'(0)=1$,从而

$$f'(x)=\begin{cases}\cos x+\sin x, & x\leqslant 0;\\ e^x, & x>0.\end{cases}$$

解法二 由于 $f(x)$ 又可表示为

$$f(x)=\begin{cases}\sin x-\cos x+5, & x<0;\\ 3+e^x, & x\geqslant 0.\end{cases}$$

故

$$f'_+(0)=(3+e^x)'\big|_{x=0}=e^0=1.$$

以下同解法一.

例3 求曲线 $y=\dfrac{2}{x^2}$ 在点 $(1,2)$ 处的切线和法线方程.

解 $y'=-\dfrac{4}{x^3}, y'\big|_{x=1}=-4.$

切线方程:$y-2=-4(x-1)$;

法线方程:$y-2=\dfrac{1}{4}(x-1)$.

例4 求 $y=\sqrt{1+x^2}$ 的导数.

分析 该题是求 $y=\sqrt{u},u=1+x^2$ 的复合函数的导数,用复合函数的求导法则求解.

解法一 $y=\sqrt{1+x^2}$ 是 $y=u^{\frac{1}{2}},u=1+x^2$ 的复合函数,由复合函数求导法则,得

$$\dfrac{dy}{du}\cdot\dfrac{du}{dx}=\dfrac{1}{2\sqrt{u}}\cdot 2x=\dfrac{x}{\sqrt{1+x^2}}.$$

解法二 复合函数的求导熟练以后,可以不必写出中间变量,而在心里分清函数的复合过程,一步步求解.

将 $1+x^2$ 看成中间变量,则

$$y'=(1+x^2)^{\frac{1}{2}}=\dfrac{1}{2\sqrt{1+x^2}}(1+x^2)'=\dfrac{x}{\sqrt{1+x^2}}.$$

例5 求函数 $y=\cos[\ln(1+2x)]$ 的导数与微分.

解法一 $y'=\{\cos[\ln(1+2x)]\}'=-\sin[\ln(1+2x)]\cdot[\ln(1+2x)]'$

$=-\sin[\ln(1+2x)]\cdot\dfrac{1}{1+2x}\cdot(1+2x)'$

$=-\dfrac{2}{1+2x}\cdot\sin[\ln(1+2x)],$

从而
$$dy = -\frac{2}{1+2x}\sin[\ln(1+2x)]dx.$$

解法二 先用微分形式不变性求微分.
$$\begin{aligned}dy &= d[\cos\ln(1+2x)]\\ &= -\sin[\ln(1+2x)]d[\ln(1+2x)]\\ &= -\sin[\ln(1+2x)]\frac{1}{1+2x}d(1+2x)\\ &= -\frac{2}{1+2x}\sin[\ln(1+2x)]dx,\end{aligned}$$

从而
$$y' = -\frac{2}{1+2x}\sin[\ln(1+2x)].$$

例 6 求函数 $y=\arctan\sqrt{x-1}+\ln(\sin 2x)$ 的导数.

分析 本题的函数的结构,既有函数的和、差、积的运算,又有函数的复合,应以函数最外边的运算向内逐步求导,是和、差、积运算的按四则运算求导法则,是复合运算的按复合函数的求导法则一步一步求导. 在求导过程中要细心,并注意及时化简.

解 $y' = (\arctan\sqrt{x-1})' + [\ln(\sin 2x)]'$
$$= \frac{1}{1+(x-1)}(\sqrt{x-1})' + \frac{1}{\sin 2x}(\sin 2x)'$$
$$= \frac{1}{2x\sqrt{x-1}} + 2\cot 2x.$$

例 7 求由方程 $xy - e^x + e^y = 0$ 确定的隐函数的导数 y' 及 $y'|_{(0,0)}$.

解法一 方程两端分别对 x 求导,则
$$y + xy' - e^x + e^y \cdot y' = 0.$$

故
$$y' = \frac{e^x - y}{x + e^y} \quad (x + e^y \neq 0).$$
$$y'|_{(0,0)} = \frac{e^0}{e^0} = 1.$$

解法二 先求微分再求导数. 方程两端分别求微分,则
$$xdy + ydx - e^x dx + e^y dy = 0,$$

故
$$(x + e^y)dy = (e^x - y)dx,$$
$$y' = \frac{e^x - y}{x + e^y} \quad (x + e^y \neq 0),$$
$$y'|_{(0,0)} = 1.$$

例 8 设 $y=\left(1+\dfrac{1}{x}\right)^{x}$,求 y'.

解 这里是幂指函数求导,用对数求导法,等式两边取对数,得
$$\ln y = x\ln\left(1+\dfrac{1}{x}\right),$$
等式两边对 x 求导,有
$$\dfrac{1}{y}\cdot y' = \ln\left(1+\dfrac{1}{x}\right) + x\cdot\dfrac{1}{1+\dfrac{1}{x}}\left(-\dfrac{1}{x^{2}}\right) = \ln\left(1+\dfrac{1}{x}\right) - \dfrac{1}{x+1},$$
故
$$y' = \left(1+\dfrac{1}{x}\right)^{x}\left[\ln\left(1+\dfrac{1}{x}\right) - \dfrac{1}{x+1}\right].$$

例 9 求曲线 $\begin{cases} x=2\sin t, \\ y=\cos 2t \end{cases}$ 在 $t=\dfrac{\pi}{4}$ 处的切线方程.

解 曲线上 $t=\dfrac{\pi}{4}$ 的点 M_0 为 $(\sqrt{2},0)$,又
$$\dfrac{\mathrm{d}y}{\mathrm{d}x} = \dfrac{(\cos 2t)'}{(2\sin t)'} = \dfrac{-2\sin 2t}{2\cos t} = -2\sin t, \quad \dfrac{\mathrm{d}y}{\mathrm{d}x}\bigg|_{t=\frac{\pi}{4}} = -\sqrt{2},$$
故所求切线方程为
$$y = -\sqrt{2}(x-\sqrt{2}),$$
即
$$\sqrt{2}x + y - 2 = 0.$$

第三章 微分中值定理与导数应用

学习目标

1. 了解罗尔定理和拉格朗日中值定理.
2. 理解函数极值的概念.
3. 掌握求函数的极值、函数的增减与函数图像的凹凸、求函数图像的拐点等方法.
4. 会用导数关系描述边际、弹性等概念;描绘函数的图形;用洛必达法则求未定式的极限.
5. 了解二元函数的偏导数在经济数学中的应用.

3.1 微分中值定理

3.1.1 罗尔定理

观察图 3-1. 设曲线 ACB 是函数 $y = f(x) (x \in [a,b])$ 的图形.

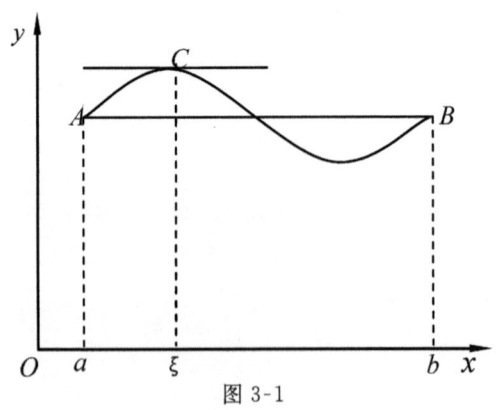

图 3-1

这是一条连续光滑的曲线弧,除端点外处处具有不垂直于 x 轴的切线,且两个端点的纵坐标相等,即 $f(a)=f(b)$. 可以发现在曲线的最高点(或最低点)C 处,曲线有水平的切线. 如果记 C 点的横坐标为 ξ,那么就有 $f'(\xi)=0$. 现在用分析语言把这个几何现象描述出来,就是下面的罗尔定理. 为了应用方便,先介绍费马引理.

定理 3.1(费马引理) 设函数 $f(x)$ 在点 x_0 的某邻域 $U(x_0)$ 内有定义,并且在 x_0 处可导. 如果对任意 $x\in U(x_0)$,有 $f(x)\leqslant f(x_0)$(或 $f(x)\geqslant f(x_0)$),那么 $f'(x_0)=0$.

证 不妨设 $x\in U(x_0)$ 时,$f(x)\leqslant f(x_0)$(若 $f(x)\geqslant f(x_0)$,可以类似地证明). 于是对于 $x_0+\Delta x\in U(x_0)$,有 $f(x_0+\Delta x)\leqslant f(x_0)$,从而当 $\Delta x>0$ 时,$\dfrac{f(x_0+\Delta x)-f(x_0)}{\Delta x}\leqslant 0$;
而当 $\Delta x<0$ 时,$\dfrac{f(x_0+\Delta x)-f(x_0)}{\Delta x}\geqslant 0$. 根据函数 $f(x)$ 在 x_0 处可导及极限的保号性得

$$f'(x_0) = f'_+(x_0) = \lim_{\Delta x\to 0^+}\frac{f(x_0+\Delta x)-f(x_0)}{\Delta x}\leqslant 0,$$

$$f'(x_0) = f'_-(x_0) = \lim_{\Delta x\to 0^-}\frac{f(x_0+\Delta x)-f(x_0)}{\Delta x}\geqslant 0,$$

所以 $f'(x_0)=0$.

定义 3.1 导数等于零的点称为函数的**驻点**(或稳定点、临界点).

定理 3.2(罗尔定理) 如果函数 $f(x)$ 满足:
(1)在闭区间 $[a,b]$ 上连续,
(2)在开区间 (a,b) 内可导,
(3)在区间端点处的函数值相等,即 $f(a)=f(b)$,

那么在 (a,b) 内至少存在一点 $\xi(a<\xi<b)$,使得函数 $f(x)$ 在该点的导数等于零,即 $f'(\xi)=0$.

证 由于 $f(x)$ 在 $[a,b]$ 上连续,根据闭区间上连续函数的最大值和最小值定理,$f(x)$ 在 $[a,b]$ 上必有最大值 M 和最小值 m. 先分两种可能的情形来讨论:

(1)$M=m$. 对任意 $x\in[a,b]$ 都有 $f(x)=M$,由此得 $f'(x)=0$. 因此,任取 $\xi\in(a,b)$,有 $f'(\xi)=0$.

(2)$M>m$. 由于 $f(a)=f(b)$,所以 M 和 m 至少有一个不等于 $f(x)$ 在区间 $[a,b]$ 端点处的函数值.不妨设 $M\neq f(a)$(若 $m\neq f(a)$,可类似证明),则必定在 (a,b) 有一点 ξ 使 $f(\xi)=M$. 因此任取 $x\in[a,b]$ 有 $f(x)\leqslant f(\xi)$,从而由费马引理有 $f'(\xi)=0$.

例 1 验证罗尔定理对 $f(x)=x^2-2x-3$ 在区间 $[-1,3]$ 上的正确性.

解 显然 $f(x)=x^2-2x-3=(x-3)(x+1)$ 在 $[-1,3]$ 上连续,在 $(-1,3)$ 上可导,且 $f(-1)=f(3)=0$,又 $f'(x)=2(x-1)$,取 $\xi=1(1\in(-1,3))$,有 $f'(\xi)=0$.

注 (1)若罗尔定理的三个条件中有一个不满足,其结论可能不成立;
(2)使定理成立的 ξ 可能多于一个,也可能只有一个.

例如,$y=|x|,x\in[-2,2]$ 在 $[-2,2]$ 上除 $f'(0)$ 不存在外,满足罗尔定理的一切条件,但在区间 $[-2,2]$ 内找不到一点能使 $f'(x)=0$.

例如，$y=\begin{cases}1-x, x\in(0,1);\\ 0, \quad x=0;\end{cases}$ 除了 $x=0$ 点不连续外，在$[0,1]$上满足罗尔定理的一切条件，但在区间$[0,1]$上不存在使得 $f'(\xi)=0$ 的点.

例如，$y=x, x\in[0,1]$，除了 $f(0)\neq f(1)$ 外，在$[0,1]$上满足罗尔定理的一切条件，但在区间$[0,1]$上不存在使得 $f'(\xi)=0$ 的点.

又例如，$y=\cos x, x\in\left[-\dfrac{\pi}{2}, \dfrac{3\pi}{2}\right]$，满足定理的一切条件，有 $\xi=0, \pi$.

例 2 证明方程 $x^5-5x+1=0$ 有且仅有一个小于 1 的正实根.

证 设 $f(x)=x^5-5x+1$，则 $f(x)$在$[0,1]$上连续，且 $f(0)=1, f(1)=-3$. 由介值定理，存在 $x_0\in(0,1)$ 使 $f(x_0)=0$，即 x_0 为方程小于 1 的正实根.

设另有 $x_1\in(0,1), x_1\neq x_0$，使 $f(x_1)=0$. 因为 $f(x)$ 在 x_0, x_1 之间满足罗尔定理的条件，所以至少存在一个 ξ(在 x_0, x_1 之间)使得 $f'(\xi)=0$.

但 $f'(x)=5(x^4-1)<0(x\in(0,1))$，矛盾，所以 x_0 为方程的唯一实根.

3.1.2 拉格朗日(Lagrange)中值定理

罗尔定理中，$f(a)=f(b)$ 这个条件很特殊，使得罗尔定理的应用受到限制，拉格朗日中值定理是在罗尔定理的基础上作了进一步研究，取消了罗尔定理中这个限制条件，保留了其余两个条件，得到了微分学中具有重要地位的中值定理，即拉格朗日中值定理.

定理 3.3(拉格朗日中值定理)

如果函数 $f(x)$ 满足

(1)在闭区间$[a,b]$上连续，

(2)在开区间(a,b)内可导，

那么在(a,b)内至少有一点 $\xi(a<\xi<b)$，使得等式
$$f(b)-f(a)=f'(\xi)(b-a)$$
成立.

在证明之前先看一下它的几何意义，如图 3-2 所示.

上述等式可变形为 $f'(\xi)=\dfrac{f(b)-f(a)}{b-a}$，等式右端为弦 AB 的斜率，而其左端为曲线在 C 点处切线的斜率. 拉格朗日中值定理表明，在满足定理条件下，曲线 $y=f(x)$ 上至少有一点 C，使曲线在 C 处的切线平行于弦 AB.

证 作辅助函数
$$F(x)=f(x)-\left[f(a)+\dfrac{f(b)-f(a)}{b-a}(x-a)\right],$$
于是 $F(x)$在$[a,b]$上满足罗尔定理的条件，则在(a,b)

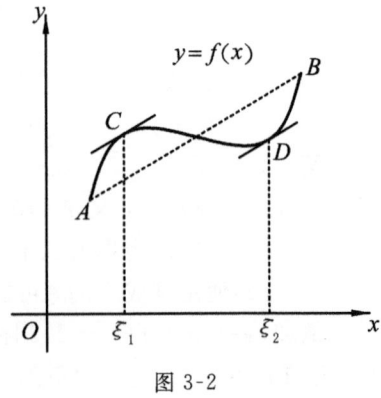

图 3-2

内至少存在一点 ξ,使得
$$F'(\xi)=0.$$
又 $F'(x)=f'(x)-\dfrac{f(b)-f(a)}{b-a}$,所以
$$f'(\xi)=\dfrac{f(b)-f(a)}{b-a},$$
即在 (a,b) 内至少有一点 $\xi(a<\xi<b)$,使得 $f(b)-f(a)=f'(\xi)(b-a)$.

注 (1) $f(b)-f(a)=f'(\xi)(b-a)$ 又称为拉格朗日中值公式(简称拉氏公式),此公式对于 $b<a$ 也成立.

(2)拉氏公式精确地表达了函数在一个区间上的增量与函数在这区间内某点处的导数之间的关系. 当 $f(x)$ 在 $[a,b]$ 上连续,在 (a,b) 内可导时,若 $x_0,x_0+\Delta x\in(a,b)$,则有
$$f(x_0+\Delta x)-f(x_0)=f'(x_0+\theta\Delta x)\cdot\Delta x(0<\theta<1).$$
当 $y=f(x)$ 时,也可写成 $\Delta y=f'(x_0+\theta\Delta x)\cdot\Delta x(0<\theta<1)$.

推论 若函数 $y=f(x)$ 在区间 I 上导数恒为零,则 $y=f(x)$ 在区间 I 上是一个常数.

例 3 证明 $\arcsin x+\arccos x=\dfrac{\pi}{2}(-1\leqslant x\leqslant 1)$.

证 设 $f(x)=\arcsin x+\arccos x,x\in[-1,1]$.

由于
$$f'(x)=\dfrac{1}{\sqrt{1-x^2}}+\left(-\dfrac{1}{\sqrt{1-x^2}}\right)=0,$$
所以
$$f(x)\equiv C,x\in[-1,1].$$
又
$$f(0)=\arcsin 0+\arccos 0=0+\dfrac{\pi}{2}=\dfrac{\pi}{2},\text{即 }C=\dfrac{\pi}{2},$$
故
$$\arcsin x+\arccos x=\dfrac{\pi}{2}.$$

例 4 证明:当 $x>0$ 时,$\dfrac{x}{1+x}<\ln(1+x)<x$.

证 设 $f(x)=\ln(1+x)$,则 $f(x)$ 在 $[0,x]$ 上满足拉格朗日中值定理的条件,于是
$$f(x)-f(0)=f'(\xi)(x-0),(0<\xi<x).$$
又
$$f(0)=0,f'(x)=\dfrac{1}{1+x},$$
所以
$$\ln(1+x)=\dfrac{x}{1+\xi}.$$

又 $0<\xi<x$，所以
$$1<1+\xi<1+x,$$
故
$$\frac{1}{1+x}<\frac{1}{1+\xi}<1,$$
从而
$$\frac{x}{1+x}<\frac{x}{1+\xi}<x,$$
即
$$\frac{x}{1+x}<\ln(1+x)<x.$$

3.1.3 柯西中值定理

定理 3.4(柯西中值定理) 如果函数 $f(x)$ 及 $g(x)$ 在闭区间 $[a,b]$ 上连续，在开区间 (a,b) 内可导，且 $g'(x)$ 在 (a,b) 内每一点处均不为零，那么在 (a,b) 内至少有一点 $\xi(a<\xi<b)$，使等式 $\dfrac{f(b)-f(a)}{g(b)-g(a)}=\dfrac{f'(\xi)}{g'(\xi)}$ 成立．

证 作辅助函数
$$\varphi(x)=f(x)-f(a)-\frac{f(b)-f(a)}{g(b)-g(a)}[g(x)-g(a)],$$
则 $\varphi(x)$ 满足罗尔定理的条件，于是在 (a,b) 内至少存在一点 ξ，使得 $\varphi'(\xi)=0$，即
$$f'(\xi)-\frac{f(b)-f(a)}{g(b)-g(a)}g'(\xi)=0,$$
所以
$$\frac{f(b)-f(a)}{g(b)-g(a)}=\frac{f'(\xi)}{g'(\xi)}.$$

特别地，当 $g(x)=x$ 时，$g(b)-g(a)=b-a$，$g'(x)=1$．
由 $\dfrac{f(b)-f(a)}{g(b)-g(a)}=\dfrac{f'(g)}{g'(\xi)}$，有
$$\frac{f(b)-f(a)}{b-a}=f'(\xi),$$
即
$$f(b)-f(a)=f'(\xi)(b-a).$$

故拉格朗日中值定理是柯西中值定理的特例，而柯西中值定理是拉格朗日中值定理的推广．

3.2 洛必达法则

本节我们将利用微分中值定理来考虑某些重要类型的极限.

两个无穷小量之比的极限或无穷大量之比的极限,有的存在,有的不存在.例如,$\lim\limits_{x \to 0}\dfrac{\sin x}{x}$是两个无穷小量之比的极限,此极限存在,值为 1;而$\lim\limits_{x \to 0}\dfrac{\sin x}{x^2}$也是两个无穷小量之比的极限,但此极限不存在.我们称这类极限为"未定式",记为$\dfrac{0}{0}$或$\dfrac{\infty}{\infty}$.以前我们只能解决某些未定式的极限,这一节我们利用中值定理推导出一个求未定式极限的法则——洛必达法则.

3.2.1 $\dfrac{0}{0}$型未定式

定理 3.5 设函数$f(x)$和$g(x)$满足条件:

(1) 当$x \to a$时,函数$f(x)$和$g(x)$都趋于零;

(2) 在a点的某去心邻域内,$f'(x)$和$g'(x)$都存在且$g'(x) \neq 0$;

(3) $\lim\limits_{x \to a}\dfrac{f'(x)}{g'(x)}$存在(或无穷大),

则

$$\lim_{x \to a}\dfrac{f(x)}{g(x)} = \lim_{x \to a}\dfrac{f'(x)}{g'(x)}(或无穷大).$$

这种在一定条件下通过分子、分母分别求导再求极限来确定未定式值的方法称为**洛必达法则**.

证 我们在点$x = a$处补充定义函数值$f(a) = g(a) = 0$.

在$U^\circ(a;\delta)$内任取一点x,在以a和x为端点的区间上函数$f(x)$和$g(x)$满足柯西中值定理的条件,则有

$$\dfrac{f(x)}{g(x)} = \dfrac{f(x) - f(a)}{g(x) - g(a)} = \dfrac{f'(\xi)}{g'(\xi)}(\xi 在 a 与 x 之间),$$

当$x \to a$时,有$\xi \to a$,所以当

$$\lim_{x \to a}\dfrac{f'(x)}{g'(x)} = A,$$

有

$$\lim_{\xi \to a}\dfrac{f'(\xi)}{g'(\xi)} = A,$$

故

$$\lim_{x\to a}\frac{f(x)}{g(x)}=\lim_{\xi\to a}\frac{f'(\xi)}{g'(\xi)}=A.$$

注 (1) 如果 $\lim\limits_{x\to a}\frac{f'(x)}{g'(x)}$ 仍属于 $\frac{0}{0}$ 型,且 $f'(x)$ 和 $g'(x)$ 满足洛必达法则的条件,可继续使用洛必达法则,即 $\lim\limits_{x\to a}\frac{f(x)}{g(x)}=\lim\limits_{x\to a}\frac{f'(x)}{g'(x)}=\lim\limits_{x\to a}\frac{f''(x)}{g''(x)}=\cdots$;

(2) 当 $x\to\infty$ 时,该法则仍然成立,有 $\lim\limits_{x\to\infty}\frac{f(x)}{g(x)}=\lim\limits_{x\to\infty}\frac{f'(x)}{g'(x)}$;

(3) 洛必达法则是充分条件,若分子、分母求导后无法断定极限的状态,或能断定它振荡而无极限,则洛必达法则失效,此时需要用别的方法来判定未定式的极限;

(4) 这个定理可以推广到 $x\to a^+$,$x\to a^-$ 的情形.

例 1 求 $\lim\limits_{x\to 0}\frac{\sin kx}{x}(k\neq 0)$.

解 这是 $\frac{0}{0}$ 型. 由洛必达法则,可得

$$\lim_{x\to 0}\frac{\sin kx}{x}=\lim_{x\to 0}\frac{(\sin kx)'}{(x)'}=\lim_{x\to 0}\frac{k\cos kx}{1}=k.$$

例 2 求 $\lim\limits_{x\to 0}\frac{\tan x}{x}$. $\left(\frac{0}{0}\text{型}\right)$

解 原式 $=\lim\limits_{x\to 0}\frac{(\tan x)'}{(x)'}=\lim\limits_{x\to 0}\frac{\sec^2 x}{1}=1.$

例 3 求 $\lim\limits_{x\to 1}\frac{x^3-3x+2}{x^3-x^2-x+1}$. $\left(\frac{0}{0}\text{型}\right)$

解 原式 $=\lim\limits_{x\to 1}\frac{3x^2-3}{3x^2-2x-1}=\lim\limits_{x\to 1}\frac{6x}{6x-2}=\frac{3}{2}.$

例 4 求 $\lim\limits_{x\to 0}\dfrac{x^2\sin\dfrac{1}{x}}{\sin x}$.

解 这个问题属于 $\frac{0}{0}$ 型,但分子、分母分别求导后,将化为 $\lim\limits_{x\to 0}\dfrac{2x\sin\dfrac{1}{x}-\cos\dfrac{1}{x}}{\cos x}$,此式振荡无极限,故洛必达法则失效,不能用. 但原极限是存在的,可用下法求得:

$$\lim_{x\to 0}\frac{x^2\sin\frac{1}{x}}{\sin x}=\lim_{x\to 0}\left(\frac{x}{\sin x}\cdot x\sin\frac{1}{x}\right)=\lim_{x\to 0}\frac{x}{\sin x}\cdot\lim_{x\to 0}x\sin\frac{1}{x}$$
$$=1\cdot 0=0.$$

可以证明,对 $x\to\infty$ 时的未定式 $\frac{0}{0}$ 型,也有相应的洛必达法则.

定理 3.6 设函数 $f(x)$ 和 $g(x)$ 满足条件:

(1) 当 $x\to\infty$ 时,函数 $f(x)$ 和 $g(x)$ 都趋于零;

(2) 对于充分大的 $|x|$，$f'(x)$ 和 $g'(x)$ 都存在，且 $g'(x) \neq 0$；

(3) $\lim\limits_{x \to \infty} \dfrac{f'(x)}{g'(x)}$ 存在(或无穷大)；

则 $\lim\limits_{x \to \infty} \dfrac{f(x)}{g(x)} = \lim\limits_{x \to \infty} \dfrac{f'(x)}{g'(x)}$ (或无穷大).

这个定理可以推广到 $x \to +\infty$，$x \to -\infty$ 的情形.

例 5 求 $\lim\limits_{x \to +\infty} \dfrac{\dfrac{\pi}{2} - \arctan x}{\dfrac{1}{x}}$. $\left(\dfrac{0}{0} \text{型}\right)$

解 原式 $= \lim\limits_{x \to +\infty} \dfrac{-\dfrac{1}{1+x^2}}{-\dfrac{1}{x^2}} = \lim\limits_{x \to +\infty} \dfrac{x^2}{1+x^2} = 1$.

3.2.2 $\dfrac{\infty}{\infty}$ 型未定式

定理 3.7 设函数 $f(x)$ 和 $g(x)$ 满足条件：
(1) 当 $x \to a$ 时，函数 $f(x)$ 和 $g(x)$ 都趋于无穷大；
(2) 在 a 点的某去心邻域内，$f'(x)$ 和 $g'(x)$ 都存在且 $g'(x) \neq 0$；
(3) $\lim\limits_{x \to a} \dfrac{f'(x)}{g'(x)}$ 存在(或无穷大)；

则
$$\lim\limits_{x \to a} \dfrac{f(x)}{g(x)} = \lim\limits_{x \to a} \dfrac{f'(x)}{g'(x)} \text{ (或无穷大)}.$$

这个定理可以推广 $x \to a^+$，$x \to a^-$ 到情形.

例 6 求 $\lim\limits_{x \to 0} \dfrac{\ln(\sin ax)}{\ln(\sin bx)}$. $\left(\dfrac{\infty}{\infty} \text{型}\right)$

解 原式 $= \lim\limits_{x \to 0} \dfrac{a\cos ax \cdot \sin bx}{b\cos bx \cdot \sin ax} = \lim\limits_{x \to 0} \dfrac{\cos bx}{\cos ax} = 1$.

例 7 求 $\lim\limits_{x \to \frac{\pi}{2}} \dfrac{\tan x}{\tan 3x}$. $\left(\dfrac{\infty}{\infty} \text{型}\right)$

解 原式 $= \lim\limits_{x \to \frac{\pi}{2}} \dfrac{\sec^2 x}{3\sec^2 3x} = \dfrac{1}{3} \lim\limits_{x \to \frac{\pi}{2}} \dfrac{\cos^2 3x}{\cos^2 x} = \dfrac{1}{3} \lim\limits_{x \to \frac{\pi}{2}} \dfrac{-6\cos 3x \sin 3x}{-2\cos x \sin x}$

$= \lim\limits_{x \to \frac{\pi}{2}} \dfrac{\sin 6x}{\sin 2x} = \lim\limits_{x \to \frac{\pi}{2}} \dfrac{6\cos 6x}{2\cos 2x} = 3$.

注意 洛必达法则是求未定式极限的一种有效方法，但与其他求极限方法(如等价无穷小)结合使用，效果更好.

例 8 求 $\lim\limits_{x \to 0} \dfrac{\tan x - x}{x^2 \tan x}$.

解 原式 $= \lim\limits_{x \to 0} \dfrac{\tan x - x}{x^3} = \lim\limits_{x \to 0} \dfrac{\sec^2 x - 1}{3x^2} = \dfrac{1}{3} \lim\limits_{x \to 0} \dfrac{\tan^2 x}{x^2} = \dfrac{1}{3}$.

可以证明,对 $x \to \infty$ 时的未定式 $\dfrac{\infty}{\infty}$,也有相应的洛必达法则:

定理 3.8 设函数 $f(x)$ 和 $g(x)$ 满足条件:

(1) 当 $x \to \infty$ 时,函数 $f(x)$ 和 $g(x)$ 都趋于无穷大;

(2) 对充分大的 $|x|$,$f'(x)$ 和 $g'(x)$ 都存在且 $g'(x) \neq 0$;

(3) $\lim\limits_{x \to \infty} \dfrac{f'(x)}{g'(x)}$ 存在(或无穷大);

则 $$\lim\limits_{x \to \infty} \dfrac{f(x)}{g(x)} = \lim\limits_{x \to \infty} \dfrac{f'(x)}{g'(x)} (或无穷大).$$

这个定理可以推广到 $x \to +\infty, x \to -\infty$ 的情形.

例 9 求 $\lim\limits_{x \to +\infty} \dfrac{\ln x}{x^n} (n > 0)$.

解 原式 $= \lim\limits_{x \to +\infty} \dfrac{\dfrac{1}{x}}{n x^{n-1}} = \lim\limits_{x \to +\infty} \dfrac{1}{n x^n} = 0$.

例 10 求 $\lim\limits_{x \to +\infty} \dfrac{e^x}{x^2} (n > 0)$.

解 原式 $= \lim\limits_{x \to +\infty} \dfrac{e^x}{2x} = \lim\limits_{x \to +\infty} \dfrac{e^x}{2} = +\infty$.

3.2.3 $0 \cdot \infty, \infty - \infty, 0^0, 1^\infty, \infty^0$ 型未定式的求法

洛必达法则不仅可以用来解决未定式 $\dfrac{0}{0}$ 型和 $\dfrac{\infty}{\infty}$ 型的极限问题,还可以用来解决 $0 \cdot \infty, \infty - \infty, 0^0, 1^\infty, \infty^0$ 等型的极限问题. 解决这些类型未定式问题极限的方法,就是通过适当的变换,将它们化为未定式 $\dfrac{0}{0}$ 型和 $\dfrac{\infty}{\infty}$ 型的极限.

1. $0 \cdot \infty$ 型未定式

可将 $0 \cdot \infty$ 转化为 $\dfrac{\infty}{\infty}$ 或 $\dfrac{0}{0}$ 型.

例 11 求 $\lim\limits_{x \to +\infty} x \left(\dfrac{\pi}{2} - \arctan x \right)$. ($0 \cdot \infty$ 型)

解 原式 $= \lim\limits_{x \to +\infty} \dfrac{\dfrac{\pi}{2} - \arctan x}{\dfrac{1}{x}} = \lim\limits_{x \to +\infty} \dfrac{-\dfrac{1}{1+x^2}}{-\dfrac{1}{x^2}} = \lim\limits_{x \to +\infty} \dfrac{x^2}{1+x^2} = 1$.

2. $\infty - \infty$ 型未定式

例 12 求 $\lim\limits_{x \to 0} \left(\dfrac{1}{\sin x} - \dfrac{1}{x} \right)$. ($\infty - \infty$ 型)

解 原式 $= \lim\limits_{x \to 0} \dfrac{x - \sin x}{x \cdot \sin x} = \lim\limits_{x \to 0} \dfrac{1 - \cos x}{\sin x + x\cos x} = \lim\limits_{x \to 0} \dfrac{\sin x}{2\cos x - x\sin x} = 0.$

3. $0^0, 1^\infty, \infty^0$ 型未定式

步骤: $\left.\begin{array}{l} 0^0 \\ 1^\infty \\ \infty^0 \end{array}\right\} \xrightarrow{\text{取对数}} \left\{\begin{array}{l} 0 \cdot \ln 0 \\ \infty \cdot \ln 1 \\ 0 \cdot \ln \infty \end{array}\right\} \Rightarrow 0 \cdot \infty.$

例 13 求 $\lim\limits_{x \to 0^+} x^x$. ($0^0$ 型)

解 原式 $= \lim\limits_{x \to 0^+} e^{x\ln x} = e^{\lim\limits_{x \to 0^+} x\ln x} = e^{\lim\limits_{x \to 0^+} \frac{\ln x}{1/x}} = e^{\lim\limits_{x \to 0^+} \frac{1/x}{-1/x^2}} = e^0 = 1.$

例 14 求 $\lim\limits_{x \to 1} x^{\frac{1}{1-x}}$. ($1^\infty$ 型)

解 原式 $= \lim\limits_{x \to 1} e^{\frac{1}{1-x}\ln x} = e^{\lim\limits_{x \to 1} \frac{\ln x}{1-x}} = e^{\lim\limits_{x \to 1} \frac{1/x}{-1}} = e^{-1}.$

例 15 求 $\lim\limits_{x \to 0^+} (\cot x)^{\frac{1}{\ln x}}$. ($\infty^0$ 型)

解 由于
$$(\cot x)^{\frac{1}{\ln x}} = e^{\frac{1}{\ln x} \cdot \ln(\cot x)},$$
而
$$\lim\limits_{x \to 0^+} \frac{1}{\ln x} \cdot \ln(\cot x) = \lim\limits_{x \to 0^+} \frac{-\frac{1}{\cot x} \cdot \frac{1}{\sin^2 x}}{\frac{1}{x}} = \lim\limits_{x \to 0^+} \frac{-x}{\cos x \cdot \sin x} = -1,$$
所以
$$\lim\limits_{x \to 0^+} (\cot x)^{\frac{1}{\ln x}} = e^{-1}.$$

注意 用洛必达法则应注意使用条件.

例 16 求 $\lim\limits_{x \to \infty} \dfrac{x + \cos x}{x}$.

解 原式 $= \lim\limits_{x \to \infty} \dfrac{1 - \sin x}{1} = \lim\limits_{x \to \infty} (1 - \sin x)$, 极限不存在.

以上解法不正确,因为不满足洛必达法则的条件. 正确解法为:
$$\text{原式} = \lim\limits_{x \to \infty} \left(1 + \frac{1}{x}\cos x\right) = 1.$$

3.3 函数的单调性与极值

3.3.1 函数的单调性

我们知道,如果函数在定义域的某个区间内随着自变量的增加而不减(或不增),则称函数在这一区间上是单调递增(或递减)的,函数的单调性在几何上表现为图形的升降. 如果函数 $y=f(x)$ 在 $[a,b]$ 上单调递增(单调递减),那么它的图形是一条沿 x 轴正向上升(下降)的曲线,这时曲线的各点处的切线斜率是非负的(是非正的),即 $y'=f'(x)\geqslant 0$ (或 $y'=f'(x)\leqslant 0$)(如图 3-3). 由此可见,函数的单调性与导数的符号有着密切的关系.

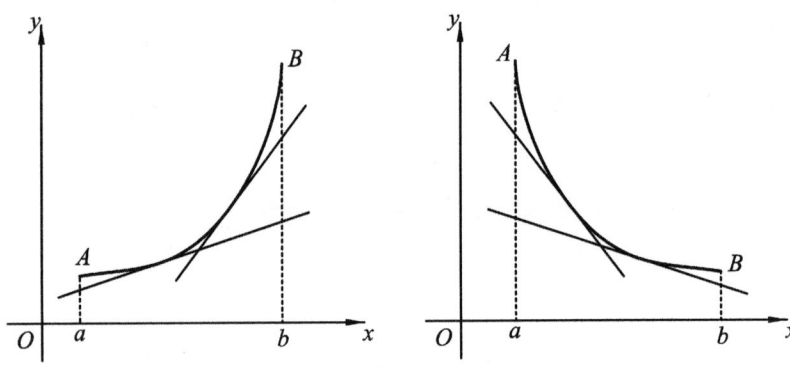

图 3-3

反过来,能否用导数的符号来判定函数的单调性呢?有如下定理:

定理 3.9(函数单调性的判定法) 设函数 $y=f(x)$ 在 $[a,b]$ 上连续,在 (a,b) 内可导.

(1)如果在 (a,b) 内 $f'(x)\geqslant 0$,那么函数 $y=f(x)$ 在 $[a,b]$ 上单调递增;

(2)如果在 (a,b) 内 $f'(x)\leqslant 0$,那么函数 $y=f(x)$ 在 $[a,b]$ 上单调递减.

证 只证(1),(2)可类似证得.

在 $[a,b]$ 上任取两点 $x_1,x_2(x_1<x_2)$,应用拉格朗日中值定理,得到

$$f(x_2)-f(x_1)=f'(\xi)(x_2-x_1)\quad(x_1<\xi<x_2).$$

由于在上式中 $x_2-x_1>0$,因此,如果在 (a,b) 内导数 $f'(x)\geqslant 0$,那么也有 $f'(\xi)\geqslant 0$,于是

$$f(x_2)-f(x_1)=f'(\xi)(x_2-x_1)\geqslant 0,$$

从而 $f(x_1)\leqslant f(x_2)$,因此函数 $y=f(x)$ 在 $[a,b]$ 上单调递增.

注 定理中的闭区间可换成其他各种区间.

例 1 判定函数 $y=x-\sin x$ 在 $[0,2\pi]$ 上的单调性.

解 因为在 $(0,2\pi)$ 内 $y'=1-\cos x \geqslant 0$,所以由判定法可知函数 $y=x-\sin x$ 在 $[0,2\pi]$ 上单调递增.

例 2 讨论函数 $y=e^x-x-1$ 的单调性.

解 由于 $y'=e^x-1$,且函数 $y=e^x-x-1$ 的定义域为 $(-\infty,+\infty)$.令 $y'=0$,得 $x=0$.

因为在 $(-\infty,0)$ 内 $y'<0$,所以函数 $y=e^x-x-1$ 在 $(-\infty,0]$ 上单调递减;

在 $(0,+\infty)$ 内 $y'>0$,所以函数 $y=e^x-x-1$ 在 $[0,+\infty)$ 上单调递增.

例 3 讨论函数 $y=\sqrt[3]{x^2}$ 的单调性.

解 显然函数的定义域为 $(-\infty,+\infty)$,而函数的导数为 $y'=\dfrac{2}{3\sqrt[3]{x}}(x\neq 0)$,所以函数在 $x=0$ 处不可导.

又因为 $x<0$ 时,$y'<0$,所以函数在 $(-\infty,0]$ 上单调递减;

因为 $x>0$ 时,$y'>0$,所以函数在 $[0,+\infty)$ 上单调递增.

函数的图形如图 3-4 所示.

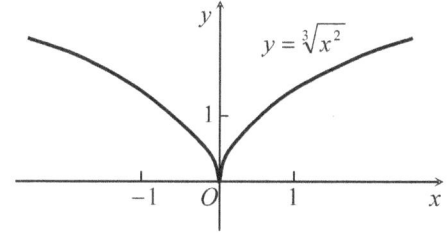

图 3-4

注 如果函数在定义区间上连续,除去有限个导数不存在的点外导数存在且连续,那么只要用方程 $f'(x)=0$ 的根及导数不存在的点来划分函数 $f(x)$ 的定义区间,就能保证 $f'(x)$ 在各个部分区间内保持固定的符号,因而函数 $f(x)$ 在每个部分区间上单调.

例 4 确定函数 $f(x)=2x^3-9x^2+12x-3$ 的单调区间.

解 该函数的定义域为 $(-\infty,+\infty)$,$f'(x)=6x^2-18x+12=6(x-1)(x-2)$,令 $f'(x)=0$,得 $x_1=1,x_2=2$.列表如下:

x	$(-\infty,1)$	$(1,2)$	$(2,+\infty)$
$f'(x)$	$+$	$-$	$+$
$f(x)$	↗	↘	↗

函数 $f(x)$ 在区间 $(-\infty,1)$ 和 $(2,+\infty)$ 内单调增加,在区间 $[1,2]$ 上单调减少.函数图形如图 3-5 所示.

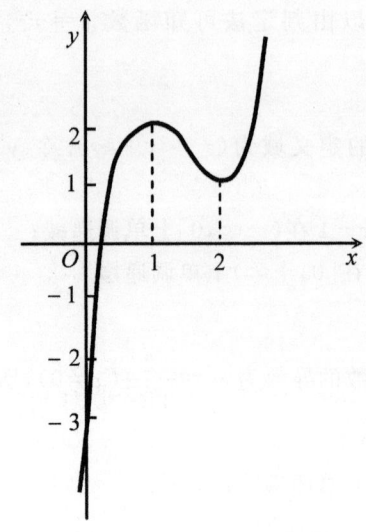

图 3-5

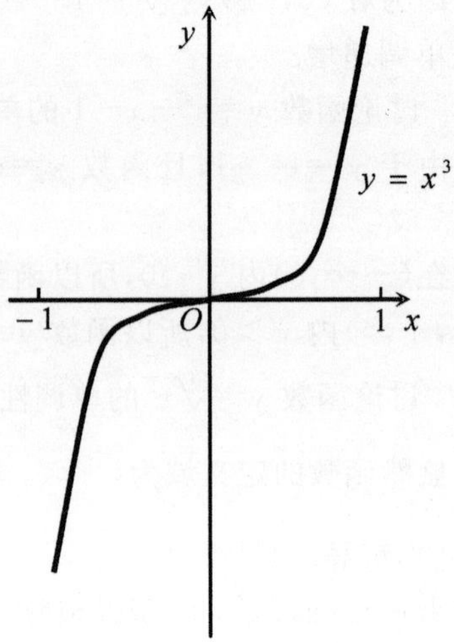

图 3-6

例 5 讨论函数 $y=x^3$ 的单调性.

解 函数的定义域为 $(-\infty,+\infty)$.

因为 $y'=3x^2 \geqslant 0$,所以在整个定义域 $(-\infty,+\infty)$ 内 $y=x^3$ 是单调增加的. 其在 $x=0$ 处曲线有一水平切线. 函数图形如图 3-6 所示.

注 一般地,如果 $f'(x)=0$ 点不构成区间,而在其余各点处 $f'(x)$ 均为正(或负)时,那么 $f(x)$ 在该区间上仍旧是单调递增(或单调递减)的.

例 6 证明:当 $x>1$ 时,$2\sqrt{x}>3-\dfrac{1}{x}$.

证 令 $f(x)=2\sqrt{x}-\left(3-\dfrac{1}{x}\right)$,则 $f'(x)=\dfrac{1}{\sqrt{x}}-\dfrac{1}{x^2}=\dfrac{1}{x^2}(x\sqrt{x}-1)$.

因为当 $x>1$ 时,$f'(x)>0$,因此 $f(x)$ 在 $[1,+\infty)$ 上单调增加,从而当 $x>1$ 时,$f(x)>f(1)$,又由于 $f(1)=0$,故 $f(x)>f(1)=0$,即 $2\sqrt{x}-\left(3-\dfrac{1}{x}\right)>0$,也就是 $2\sqrt{x}>3-\dfrac{1}{x}\ (x>1)$.

3.3.2 函数的极值

在例 4 中我们看到,点 $x=1$ 及 $x=2$ 是函数 $f(x)=2x^3-9x^2+12x-3$ 的单调区间的分界点. 例如,在点 $x=1$ 的左邻域,函数 $f(x)$ 是单调增加的,在点 $x=1$ 的右邻域,函数 $f(x)$ 是单调减少的,即曲线在 $(1,f(1))$ 处达到"顶峰". 因此,存在着点 $x=1$ 的一个去心邻域,对于这去心邻域内的任何点 x,$f(x)<f(1)$ 均成立. 类似地,关于点 $x=2$ 也存在着一个去心邻域,对于这个去心邻域内的任何点 x,$f(x)>f(2)$ 均成立,即曲线在

$(2,f(2))$ 处达到"谷底". 具有这种性质的点如 $x=1$ 及 $x=2$, 在应用上有着重要的意义, 由此我们引入函数极值的概念.

定义 3.2 设函数 $f(x)$ 在点 x_0 的某邻域 $U(x_0)$ 内有定义, 如果对于去心邻域 $U°(x_0)$ 内的任何一点 x, $f(x)<f(x_0)$ (或 $f(x)>f(x_0)$) 均成立, 就称 $f(x_0)$ 是函数 $f(x)$ 的一个**极大值**(或**极小值**). 函数的极大值与极小值统称为函数的**极值**, 使函数取得极值的点称为**极值点**.

例如, 例 4 中的函数 $f(x)=2x^3-9x^2+12x-3$ 有极大值 $f(1)=2$ 和极小值 $f(2)=1$, 点 $x=1$ 和 $x=2$ 分别是函数 $f(x)$ 的极大值点和极小值点.

函数的极大值和极小值概念是局部性的. 如果 $f(x_0)$ 是函数 $f(x)$ 的一个极大值, 那只是就 x_0 附近的一个局部范围来说, $f(x_0)$ 是 $f(x)$ 的一个最大值; 如果就 $f(x)$ 的整个定义域来说, $f(x_0)$ 不见得是最大值. 关于极小值也类似.

在图 3-7 中, 函数 $f(x)$ 有两个极大值: $f(x_2)$, $f(x_5)$; 三个极小值: $f(x_1)$, $f(x_4)$, $f(x_6)$. 其中极大值 $f(x_2)$ 比极小值 $f(x_6)$ 还小. 就整个区间 $[a,b]$ 来说, 只有一个极小值 $f(x_1)$ 同时也是最小值, 而没有一个极大值是最大值.

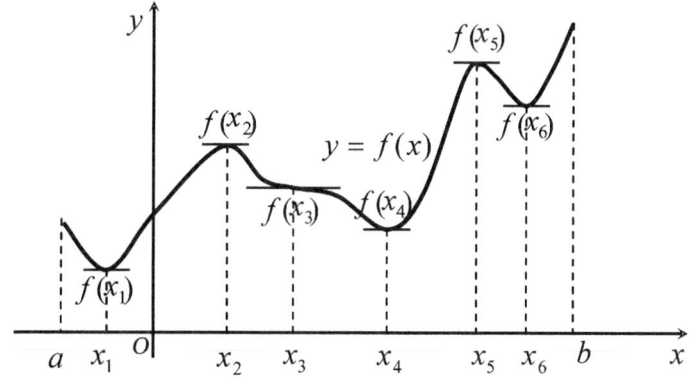

图 3-7

从图中还可看到, 在函数取得极值处, 曲线上的切线是水平的. 但曲线上有 $f'(x)=0$ 的地方, 函数不一定取得极值. 如图中 $x=x_3$ 处 $f'(x_3)=0$, 但 $f(x_3)$ 不是极值.

由本章第一节中费马引理可知, 如果函数 $f(x)$ 在 x_0 处可导, 且 $f(x)$ 在 x_0 处取得极值, 那么 $f'(x_0)=0$, 这就是取得极值的必要条件, 现将此结论叙述成如下定理.

定理 3.10(必要条件) 设函数 $f(x)$ 在点 x_0 处可导, 且在 x_0 处取得极值, 那么 $f'(x_0)=0$.

定理 3.10 就是说: 可导函数 $f(x)$ 的极值点必定是它的驻点. 但反过来, 函数的驻点却不一定是极值点. 例如, $f(x)=x^3$ 的导数 $f'(x)=3x^2$, $f'(0)=0$, 因此 $x=0$ 是这可导函数的驻点, 但 $x=0$ 却不是这个函数的极值点. 因此, 当我们求出了函数的驻点后, 还需要判定求得的驻点是不是极值点, 如果是的话, 还要判定函数在该点究竟取得极大值还是极小值. 回想到函数单调性的判定法可以知道, 如果在驻点的左邻域和右邻域函数的导数分别保持一定的符号,那么刚才提出的问题是容易解决的.下面的定理 3.11 实质上就是利用函数的单调性来判定函数的极值的.

定理 3.11(第一充分条件) 设函数 $f(x)$ 在点 x_0 处连续,且在 x_0 的某去心邻域 $U°(x_0;\delta)$ 内可导.

(1) 如果当 $x\in(x_0-\delta,x_0)$ 时,$f'(x)>0$;当 $x\in(x_0,x_0+\delta)$ 时,$f'(x)<0$,那么函数 $f(x)$ 在 x_0 处取得极大值.

(2) 如果当 $x\in(x_0-\delta,x_0)$ 时,$f'(x)<0$;当 $x\in(x_0,x_0+\delta)$ 时,$f'(x)>0$,那么函数 $f(x)$ 在 x_0 处取得极小值.

(3) 如果当 $x\in U°(x_0;\delta)$ 时,$f'(x)$ 的符号保持不变,那么 $f(x)$ 在 x_0 处没有极值.

证 事实上,就情形(1)来说,根据函数单调性的判定法,函数 $f(x)$ 在 $(x_0-\delta,x_0)$ 内单调增加,在 $(x_0,x_0+\delta)$ 内单调减少,又由于函数 $f(x)$ 在 x_0 处是连续的,故当 $x\in U°(x_0,\delta)$ 时,总有 $f(x)<f(x_0)$,因此 $f(x_0)$ 是 $f(x)$ 的一个极大值(如图 3-8(a)).

类似地可论证情形(2)(如图 3-8(b))及情形(3)(如图 3.8(c),(d)).

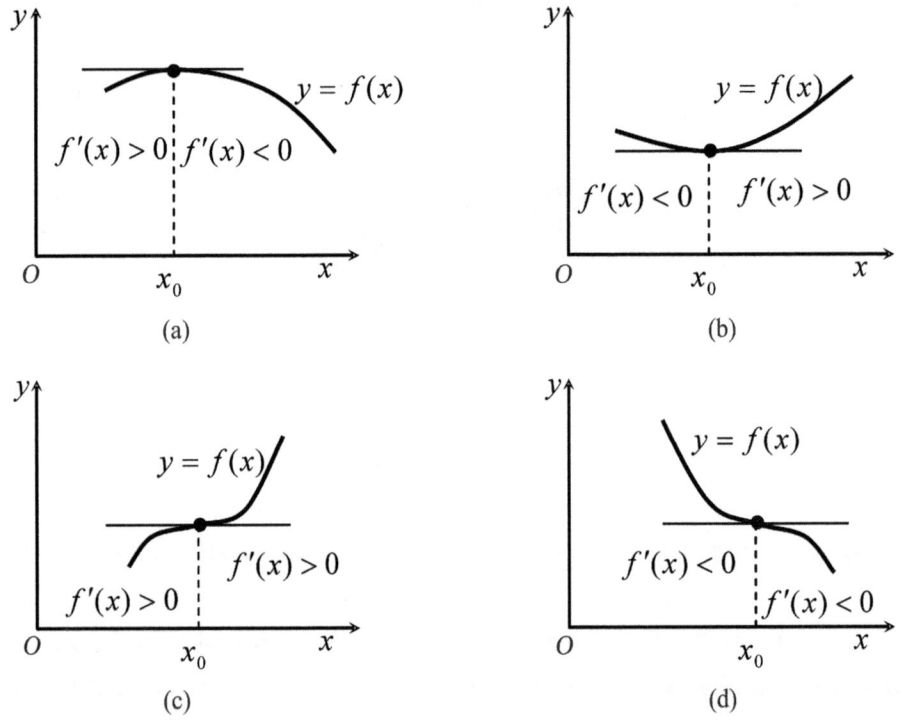

图 3-8

定理 3.11 也可简单地这样说:当 x 在 x_0 的邻域渐增地经过 x_0 时,如果 $f'(x)$ 的符号由正变负,那么 $f(x)$ 在 x_0 处取得极大值;如果 $f'(x)$ 的符号由负变正,那么 $f(x)$ 在 x_0 处取得极小值;如果 $f'(x)$ 的符号不改变,那么 $f(x)$ 在 x_0 处没有极值.

根据上面的两个定理,如果函数 $f(x)$ 在所讨论的区间内各点处都具有导数,我们就可以按下列步骤来求 $f(x)$ 的极值点和极值：

(1) 求出导数 $f'(x)$；

(2) 求出 $f(x)$ 的全部驻点（即求出方程 $f'(x)=0$ 在所讨论的区间内的全部实根）与不可导点；

(3) 考察 $f'(x)$ 的符号在每个驻点或不可导点的左、右邻域的情形，以便确定该点是否是极值点，如果是极值点，还要按定理 3.11 确定对应的函数值是极大值还是极小值；

(4) 求出各极值点处的函数值，就得函数 $f(x)$ 的全部极值.

例 7 求函数 $f(x)=(x-4)\sqrt[3]{(x+1)^2}$ 的极值.

解 (1) $f(x)$ 在 $(-\infty,+\infty)$ 内连续，除 $x=-1$ 外处处可导，且 $f'(x)=\dfrac{5(x-1)}{3\sqrt[3]{x+1}}$.

(2) 令 $f'(x)=0$，求得驻点 $x=1$；$x=-1$ 为 $f(x)$ 的不可导点.

(3) 在 $(-\infty,-1)$ 内，$f'(x)>0$；在 $(-1,1)$ 内，$f'(x)<0$，故不可导点 $x=-1$ 是一个极大值点；又在 $(1,+\infty)$ 内，$f'(x)>0$，故驻点 $x=1$ 是一个极小值点.

(4) 极大值为 $f(-1)=0$，极小值为 $f(1)=-3\sqrt[3]{4}$.

当函数 $f(x)$ 在驻点处的二阶导数存在且不为零时，也可以利用下列定理来判定 $f(x)$ 在驻点处取得极大值还是极小值.

定理 3.12（第二充分条件） 设函数 $f(x)$ 在点 x_0 处具有二阶导数且 $f'(x_0)=0$，$f''(x_0)\neq 0$，那么

(1) 当 $f''(x_0)<0$ 时，函数 $f(x)$ 在 x_0 处取得极大值；

(2) 当 $f''(x_0)>0$ 时，函数 $f(x)$ 在 x_0 处取得极小值.

证 在情形(1)中，由于 $f''(x_0)<0$，按二阶导数的定义有

$$f''(x_0)=\lim_{x\to x_0}\frac{f'(x)-f'(x_0)}{x-x_0}<0.$$

根据函数极限的局部保号性，当 x 在 x_0 的足够小的去心邻域内时，

$$\frac{f'(x)-f'(x_0)}{x-x_0}<0.$$

但 $f'(x_0)=0$，所以上式即

$$\frac{f'(x)}{x-x_0}<0.$$

从而知道，对于这个去心邻域内的 x 来说，$f'(x)$ 与 $x-x_0$ 符号相反. 因此，当 $x-x_0<0$ 即 $x<x_0$ 时，$f'(x)>0$；当 $x-x_0>0$，即 $x>x_0$ 时，$f'(x)<0$. 于是根据定理 3.11 知道，$f(x)$ 在点 x_0 处取得极大值. 类似地可以证明情形(2).

定理 3.12 表明，如果函数 $f(x)$ 在驻点 x_0 处的二阶导数 $f''(x_0)\neq 0$，那么该驻点 x_0 一定是极值点，并且可以按二阶导数 $f''(x_0)$ 的符号来判定 $f(x_0)$ 是极大值还是极小值. 但如果 $f''(x_0)=0$，定理 3.12 就不能应用. 事实上，当 $f'(x_0)=0$，$f''(x_0)=0$ 时，$f(x)$ 在 x_0 处可能有极大值，也可能有极小值，也可能没有极值. 例如，$f_1(x)=-x^4$，$f_2(x)=x^4$，

$f_3(x)=x^3$ 这三个函数在 $x=0$ 处就分别属于这三种情况. 因此,如果函数在驻点处的二阶导数为零,那么还得用一阶导数在驻点左右邻域的符号来判别.

例 8 求函数 $f(x)=(x^2-1)^3+1$ 的极值.

解 $f'(x)=6x(x^2-1)^2$. 令 $f'(x)=0$,求得驻点 $x_1=-1, x_2=0, x_3=1$.

$$f''(x)=6(x^2-1)(5x^2-1).$$

因 $f''(0)=6>0$,故 $f(x)$ 在 $x=0$ 处取得极小值,极小值为 $f(0)=0$.

因 $f''(-1)=f''(1)=0$,用定理 3.12 无法判别. 考察一阶导数 $f'(x)$ 在驻点 $x_1=-1$ 及 $x_3=1$ 左右邻域的符号:当 x 取 -1 左邻域的值时,$f'(x)<0$;当 x 取 -1 右邻域的值时,$f'(x)<0$;因为 $f'(x)$ 的符号没有改变,所以 $f(x)$ 在 $x=-1$ 处没有极值. 同理,$f(x)$ 在 $x=1$ 处也没有极值(图 3-9).

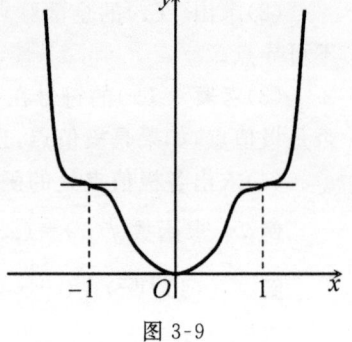

图 3-9

以上讨论函数的极值时,假定函数在所讨论的区间内可导. 在此条件下,由定理 3.8 知道,函数的极值点一定是驻点,因此求出全部驻点后,再逐一考察各个驻点是否为极值点就行了. 但如果函数在个别点处不可导,那么上述条件就不满足,这时便不能肯定极值点一定是驻点. 事实上,在导数不存在的点处,函数也可能取得极值.

注 第一充分条件可以用来判断一阶导数等于零的点和导数不存在的点是否为极值点,第二充分条件只能用来判断一阶导数等于零的点是否为极值点.

3.3.3 最大值、最小值

在生产实践及科学实验中,常遇到"最好"、"最省"、"最低"、"最大"和"最小"等问题,例如质量最好、用料最省、效益最高、成本最低、利润最大、投入最小等等,这类问题在数学上常常归结为求函数的最大值或最小值问题.

假定函数 $f(x)$ 在闭区间 $[a,b]$ 上连续,在开区间 (a,b) 内可导,且至多有限个点处导数为零. 在上述条件下,我们来讨论 $f(x)$ 在 $[a,b]$ 上的最大值和最小值的求法.

首先,由闭区间上连续函数的性质,可知 $f(x)$ 在 $[a,b]$ 上的最大值和最小值一定存在.

其次,如果函数 $f(x)$ 最大值(或最小值)在开区间 (a,b) 内的点 x_0 处取得,那么,按 $f(x)$ 在开区间内除有限个点外可导且至多有有限个驻点的假定,可知 $f(x_0)$ 一定也是 $f(x)$ 的极大值(或极小值),从而 x_0 一定是 $f(x)$ 的驻点或不可导点. 又 $f(x)$ 的最大值和最小值也可能在区间的端点处取得. 因此,可用如下方法求 $f(x)$ 在 $[a,b]$ 上的最大值和最小值.

(1) 求出 $f(x)$ 在 (a,b) 内的驻点为 $x_1, x_2, \cdots, x_m$ 及不可导点 $x'_1, x'_2, \cdots, x'_n$;

(2) 计算出 $f(x_i)$ $(i=1,2,\cdots,m)$,$f(x'_j)$ $(j=1,2,\cdots,n)$ 及 $f(a), f(b)$;

(3)比较(2)中诸值的大小,其中最大的便是 $f(x)$ 在 $[a,b]$ 上的最大值,最小的便是 $f(x)$ 在 $[a,b]$ 上的最小值.

例 9 求函数 $f(x)=(x-1)\sqrt[3]{x^2}$ 在 $\left[-1,\dfrac{1}{2}\right]$ 上的最大值和最小值.

解 当 $x\neq 0$ 时,$f'(x)=\dfrac{5x-2}{3\sqrt[3]{x}}$. 由 $f'(x)=0$ 得,$x=\dfrac{2}{5}$;$x=0$ 为 $f'(x)$ 不存在的点.

由于 $f(-1)=-2$,$f\left(\dfrac{1}{2}\right)=-\dfrac{1}{4}\sqrt[3]{2}$,$f(0)=0$,$f\left(\dfrac{2}{5}\right)=-\dfrac{3}{5}\sqrt[3]{\dfrac{4}{25}}$,所以,函数的最大值是 $f(0)=0$,最小值是 $f(-1)=-2$.

在求函数的最大值(或最小值)时,特别值得指出的是下述情形:$f(x)$ 在一个区间(有限或无限,开或闭)内可导且只有一个驻点 x_0,并且这个驻点 x_0 是函数 $f(x)$ 的极值点,那么,当 $f(x_0)$ 是极大值时,$f(x_0)$ 就是 $f(x)$ 在该区间上的最大值(如图 3-10(a));当 $f(x_0)$ 是极小值时,$f(x_0)$ 就是 $f(x)$ 在该区间上的最小值(图 3-10(b)).在应用问题中往往会遇着这样的情形.

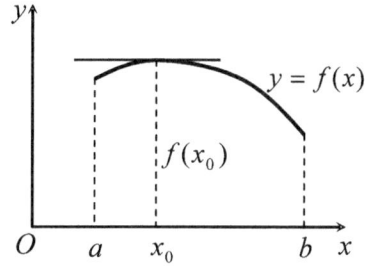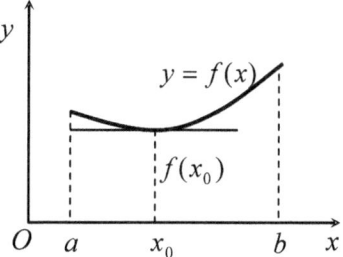

图 3-10

还要指出,实际问题中,往往根据问题的性质就可以断定可导函数 $f(x)$ 确有最大值或最小值,而且一定在定义区间内部取得.这时如果 $f(x)$ 在定义区间内部只有一个驻点 x_0,那么不必讨论 $f(x_0)$ 是不是极值,就可以断定 $f(x_0)$ 是最大值或最小值.

另外,若函数 $f(x)$ 在 $[a,b]$ 上单调递增(或递减),则 $f(x)$ 必在区间 $[a,b]$ 的两端点上达到最大值和最小值.

例 10 求函数 $f(x)=\dfrac{1}{x}+\dfrac{1}{1-x}$ 在 $(0,1)$ 内的最小值.

解 $f'(x)=-\dfrac{1}{x^2}+\dfrac{1}{(1-x)^2}=\dfrac{2x-1}{x^2(1-x)^2}$. 在 $(0,1)$ 上,令 $f'(x)=0$ 得 $x=\dfrac{1}{2}$.

当 $0<x<\dfrac{1}{2}$ 时,$f'(x)<0$;当 $\dfrac{1}{2}<x<1$ 时,$f'(x)>0$,故 $f(x)$ 在 $x=\dfrac{1}{2}$ 处取得极小值.函数 $f(x)$ 在点 $x=\dfrac{1}{2}$ 处取得最小值 $f\left(\dfrac{1}{2}\right)=4$.

例 11 要做一个容积为 V 的圆柱形罐头筒,怎样设计才能使所用材料最省?

解 要使材料最省,就是要罐头筒的总表面积最小.设罐头的底半径为 r,高为 h,则

它的侧面积为 $2\pi rh$,底面积为 πr^2,因此总表面积为 $S=2\pi r^2+2\pi rh$.

由体积公式 $V=\pi r^2 h$,有 $h=\dfrac{V}{\pi r^2}$,所以,

$$S=2\pi r^2+\dfrac{2V}{r}, r\in(0,+\infty);$$

$$S'=4\pi r-\dfrac{2V}{r^2}=\dfrac{2(2\pi r^3-V)}{r^2}.$$

令 $S'=0$,得 $r=\sqrt[3]{\dfrac{V}{2\pi}}$.而 $S''=4\pi+\dfrac{4V}{r^3}$,又因为 π,V 都是正数,$r>0$,所以 $S''>0$.因此 S 在点 $r=\sqrt[3]{\dfrac{V}{2\pi}}$ 处取得极小值,也就是最小值.这时相应的高为

$$h=\dfrac{V}{\pi r^2}=\dfrac{V}{\pi\left(\sqrt[3]{\dfrac{V}{2\pi}}\right)^2}=2\sqrt[3]{\dfrac{V}{2\pi}}=2r.$$

于是得出结论:当所做罐头筒的高和底直径相等时,所用材料最省.

例 12 某乡镇企业的生产成本函数是

$$y=f(x)=9000+40x+0.001x^2,$$

其中 x 表示产品件数.求该企业生产多少件产品时,平均成本达到最小?

解 平均成本函数为

$$H(x)=\dfrac{f(x)}{x}=\dfrac{9000}{x}+40+0.001x,$$

其定义域为 $(0,+\infty)$ 内的整数.

$$H'(x)=-\dfrac{9000}{x^2}+0.001.$$

令 $H'(x)=0$,得

$$x^2=9000000, x=\pm 3000. x=-3000(舍去),$$

又因为 $H''(x)=\dfrac{18000}{x^3}$,所以

$$H''(x)=\dfrac{18000}{(3000)^3}>0.$$

故该企业生产 3000 件产品时,平均成本最低.最低平均成本为 $H(3000)=46$.

例 13 把一根直径为 d 的圆木锯成截面为矩形的梁(如图 3-11).问矩形截面的高 h 和宽 b 应如何选择才能使梁的抗弯截面模量最大?

解 由力学分析知道:矩形梁的抗弯截面模量为

$$W=\dfrac{1}{6}bh^2.$$

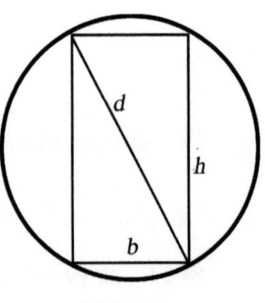

图 3-11

由图 3-11 可以看出，b 与 h 有下面的关系：
$$h^2 = d^2 - b^2,$$
因而
$$W = \frac{1}{6}(d^2 b - b^3).$$

这样，W 就是自变量 b 的函数，b 的变化范围是 $(0, d)$. 现在，问题化为：b 等于多少时目标函数 W 取最大值？为此，求 W 对 b 的导数：
$$W' = \frac{1}{6}(d^2 - 3b^2).$$

令 $W' = 0$，解得 $b = \sqrt{\frac{1}{3}} d$.

由于梁的最大抗弯截面模量一定存在，而且在 $(0, d)$ 内部取得；$W' = 0$ 在 $(0, d)$ 内只有一个根 $b = \sqrt{\frac{1}{3}} d$，所以，当 $b = \sqrt{\frac{1}{3}} d$ 时，W 的值最大. 这时，
$$h^2 = d^2 - b^2 = d^2 - \frac{1}{3}d^2 = \frac{2}{3}d^2,$$
即
$$h = \sqrt{\frac{2}{3}} d,$$
所以
$$d : h : b = \sqrt{3} : \sqrt{2} : 1.$$

3.4 曲线的凹凸性与拐点

作函数的图形时，仅知道函数的单调性和极值还不能全面反映函数图形的特征．同是在区间 $[a, b]$ 上单调递增的函数，其图形的弯曲方向也可能不同．如图 3-12 中 ACB 与 ADB 同是上升曲线，但弯曲方向不同，前者是凸的，后者是凹的．本节将用导数研究曲线的凸凹及拐点，从而比较准确地作出函数的图形．

从图 3-12 可以看出，曲线 ACB 是向上弯曲的，其上每一点的切线都位于曲线的上方；曲线 ADB 是向下弯曲的，其上每一点的切线都位于曲线下方，从而我们有如下定义．

定义 3.3 如果在某区间内，曲线 $y = f(x)$ 上每一点处的切线都位于曲线的上方，则称曲线 $y = f(x)$ 在此区间内是**凸**的；如果在某区间内，曲线 $y = f(x)$ 上每一点处的切线都位于曲线的下方，则称曲线 $y = f(x)$ 在此区间内是**凹**的．

从图 3-12 还可以进一步看出，当曲线 $y = f(x)$ 凸时，其切线斜率 $f'(x)$ 是单调减少的，因而 $f''(x) < 0$；当曲线凹时，其切线斜率 $f'(x)$ 是单调增加的，因而 $f''(x) > 0$. 这说明

曲线的凸凹性可由函数 $f(x)$ 的二阶导数的符号确定.

定理 3.13 设 $f(x)$ 在 $[a,b]$ 上连续,在 (a,b) 内具有二阶导数,则

(1) 若在 (a,b) 内,$f''(x)>0$, 则曲线 $y=f(x)$ 在 $[a,b]$ 上是凹的;

(2) 若在 (a,b) 内,$f''(x)<0$, 则曲线 $y=f(x)$ 在 $[a,b]$ 上是凸的.

定义 3.4 曲线 $y=f(x)$ 上,凸与凹的分界点称为该曲线的拐点.

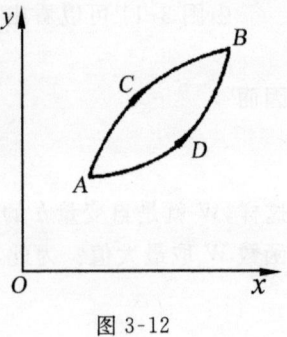

图 3-12

由拐点的定义和定理 3.13 知,使 $f''(x)=0$ 的点及 $f''(x)$ 不存在的点可能是拐点. 这些点是不是拐点要用下面的定理来判定.

定理 3.14 设 $y=f(x)$ 在 $U°(x_0;\delta)$ 内有二阶导数,则

(1) 若 $f''(x)$ 在 $(x_0-\delta,x_0)$ 与 $(x_0,x_0+\delta)$ 内异号,则点 $(x_0,f(x_0))$ 为曲线 $y=f(x)$ 的拐点;

(2) 若 $f''(x)$ 在 $(x_0-\delta,x_0)$ 与 $(x_0,x_0+\delta)$ 内同号,则点 $(x_0,f(x_0))$ 不是曲线 $y=f(x)$ 的拐点.

如何来寻找曲线 $y=f(x)$ 的拐点呢?

从上面的定理知道,由 $f''(x)$ 的符号可以判定曲线的凹凸性. 因此,如果 $f''(x)$ 在 x_0 的左右两侧邻域异号,那么点 $(x_0,f(x_0))$ 就是一个拐点. 所以,要寻找拐点,只要找出 $f''(x)$ 符号发生变化的分界点即可. 如果 $f(x)$ 在区间 (a,b) 内具有二阶导数,那么在这样的分界点处必然有 $f''(x)=0$;除此以外,$f(x)$ 的二阶导数不存在的点,也有可能是 $f''(x)$ 的符号发生变化的分界点,具体步骤如下:

(1) 求 $f''(x)$;

(2) 令 $f''(x)=0$,解出这方程在定义区间 I 内的实根,并求出在区间 I 内 $f''(x)$ 不存在的点;

(3) 对于(2)中求出的每一个实根或二阶导数不存在的点 x_0,检查 $f''(x)$ 在 x_0 左、右邻域的符号,那么当两侧的符号相反时,点 $(x_0,f(x_0))$ 是拐点,当两侧的符号相同时,点 $(x_0,f(x_0))$ 不是拐点.

例 1 求曲线 $y=2x^3+3x^2-12x+14$ 的拐点.

解 $y'=6x^2+6x-12$,

$$y''=12x+6=12\left(x+\frac{1}{2}\right).$$

解方程 $y''=0$, 得 $x=-\frac{1}{2}$.

当 $x<-\frac{1}{2}$ 时,$y''<0$; 当 $x>-\frac{1}{2}$ 时,$y''>0$.

因此,点 $\left(-\dfrac{1}{2}, 20\dfrac{1}{2}\right)$ 是这条曲线的拐点.

例 2 求曲线 $y = 3x^4 - 4x^3 + 1$ 的拐点及凹、凸的区间.

解 函数 $y = 3x^4 - 4x^3 + 1$ 的定义域为 $(-\infty, +\infty)$.
$$y' = 12x^3 - 12x^2,$$
$$y'' = 36x^2 - 24x = 36x\left(x - \dfrac{2}{3}\right).$$

解方程 $y'' = 0$,得 $x_1 = 0, x_2 = \dfrac{2}{3}$.

$x_1 = 0$ 及 $x_2 = \dfrac{2}{3}$ 把函数的定义域 $(-\infty, +\infty)$ 分成三个部分区间:
$$(-\infty, 0), \left[0, \dfrac{2}{3}\right], \left(\dfrac{2}{3}, +\infty\right).$$

(1) 在 $(-\infty, 0)$ 内,$y'' > 0$,因此在区间 $(-\infty, 0]$ 上曲线是凹的;

(2) 在 $\left(0, \dfrac{2}{3}\right)$ 内,$y'' < 0$,因此在区间 $\left[0, \dfrac{2}{3}\right]$ 上曲线是凸的;

(3) 在 $\left(\dfrac{2}{3}, +\infty\right)$ 内,$y'' > 0$,因此在区间 $\left(\dfrac{2}{3}, +\infty\right)$ 上曲线是凹的.

$x = 0$ 时,$y = 1$,点 $(0,1)$ 是这条曲线的一个拐点. $x = \dfrac{2}{3}$ 时,$y = \dfrac{11}{27}$,点 $\left(\dfrac{2}{3}, \dfrac{11}{27}\right)$ 也是这条曲线的拐点.

例 3 求函数 $f(x) = (x-2)\sqrt[3]{x^2}$ 的凸凹区间及拐点.

解 $f'(x) = \dfrac{5}{3}x^{\frac{2}{3}} - \dfrac{4}{3}x^{-\frac{1}{3}}$,$f''(x) = \dfrac{10}{9}x^{-\frac{1}{3}} + \dfrac{4}{9}x^{-\frac{4}{3}} = \dfrac{2(5x+2)}{9x\sqrt[3]{x}}$.

令 $f''(x) = 0$ 得 $x = -\dfrac{2}{5}$;而 $x = 0$ 为 $f''(x)$ 不存在的点. 点 $x = -\dfrac{2}{5}, x = 0$ 将定义区间 $(-\infty, +\infty)$ 分成三个部分区间(见下表).

x	$\left(-\infty, -\dfrac{2}{5}\right)$	$-\dfrac{2}{5}$	$\left(-\dfrac{2}{5}, 0\right)$	0	$(0, +\infty)$
$f''(x)$	$-$	0	$+$	不存在	$+$
$f(x)$	凸	拐点	凹	不是拐点	凹

由上表可知,曲线 $f(x)$ 的凸区间是 $\left(-\infty, -\dfrac{2}{5}\right)$,凹区间是 $\left(-\dfrac{2}{5}, 0\right), (0, +\infty)$;点 $\left(-\dfrac{2}{5}, -\dfrac{12}{5}\sqrt[3]{\dfrac{4}{25}}\right)$ 是拐点.

例 4 讨论函数 $f(x) = \dfrac{1}{1+x^2}$ 的凸凹性及拐点.

解 函数 $f(x)$ 的定义域为 $(-\infty, +\infty)$,对函数求导得

$$f'(x)=-\frac{2x}{(1+x^2)^2},$$
$$f''(x)=\frac{-2(1+x^2)^2+2x\cdot 2\cdot(1+x)\cdot 2x}{(1+x^2)^4}=\frac{2(3x^2-1)}{(1+x^2)^3}.$$

由 $f''(x)=0$，得 $x=-\frac{1}{\sqrt{3}}, x=\frac{1}{\sqrt{3}}$. 用这两点把定义域分成三个部分区间（见下表）.

x	$\left(-\infty,-\frac{1}{\sqrt{3}}\right)$	$-\frac{1}{\sqrt{3}}$	$\left(-\frac{1}{\sqrt{3}},\frac{1}{\sqrt{3}}\right)$	$\frac{1}{\sqrt{3}}$	$\left(\frac{1}{\sqrt{3}},+\infty\right)$
$f''(x)$	+	0	−	0	+
$f(x)$	凹	拐点	凸	拐点	凹

由上表可知，曲线 $f(x)$ 的凸区间是 $\left(-\frac{1}{\sqrt{3}},\frac{1}{\sqrt{3}}\right)$，凹区间是 $\left(-\infty,-\frac{1}{\sqrt{3}}\right)$ 和 $\left(\frac{1}{\sqrt{3}},+\infty\right)$，点 $\left(-\frac{1}{\sqrt{3}},\frac{3}{4}\right)$ 和点 $\left(\frac{1}{\sqrt{3}},\frac{3}{4}\right)$ 是拐点.

3.5 函数图形的描绘

3.5.1 曲线的渐近线

有些函数的定义域与值域都是有限区间，此时函数的图形局限于一定的范围之内，如圆、椭圆等. 而有些函数的定义域或值域是无穷区间，此时函数的图形向无穷远处延伸，如双曲线、抛物线等. 有些向无穷远延伸的曲线，呈现出越来越接近某一直线的形态，这种直线就是曲线的**渐近线**.

定义 3.5 若曲线上一点沿曲线无限远离原点时，该点与某条直线的距离趋于零，则称此直线为曲线的**渐近线**.

1. 水平渐近线

若函数 $y=f(x)$ 的定义域是无限区间，且有 $\lim\limits_{x\to\infty}f(x)=a$（或 $\lim\limits_{x\to+\infty}f(x)=a$，$\lim\limits_{x\to-\infty}f(x)=a$），则直线 $y=a$ 称为曲线 $y=f(x)$ 的**水平渐近线**.

例 1 对于曲线 $f(x)=\arctan x$，由于 $\lim\limits_{x\to+\infty}\arctan x=\frac{\pi}{2}$，$\lim\limits_{x\to-\infty}\arctan x=-\frac{\pi}{2}$，所以直线 $y=\frac{\pi}{2}$ 与 $y=-\frac{\pi}{2}$ 是曲线 $f(x)=\arctan x$ 的水平渐近线.

2. 垂直渐近线

若 x_0 是函数 $y=f(x)$ 的间断点,且 $\lim\limits_{x \to x_0} f(x) = \infty$(或 $\lim\limits_{x \to x_0^+} f(x) = \infty$, $\lim\limits_{x \to x_0^-} f(x) = \infty$),则直线 $x = x_0$ 称为曲线 $y=f(x)$ 的**垂直渐近线**.

例 2 求 $f(x) = \dfrac{1}{x-1}$ 的垂直渐近线.

解 因为 $\lim\limits_{x \to 1^+} \dfrac{1}{x-1} = +\infty$,所以,$x=1$ 是曲线的一条垂直渐近线.

3. 斜渐近线

若曲线 $y=f(x)$ 的定义域为无限区间,且有 $\lim\limits_{x \to \infty} \dfrac{f(x)}{x} = a$,$\lim\limits_{x \to \infty}[f(x) - ax] = b$,则直线 $y = ax + b$ 称为曲线 $y=f(x)$ 的**斜渐近线**.

例 3 求曲线 $y = \dfrac{x^2}{1+x}$ 的渐近线.

解 因为 $\lim\limits_{x \to -1} \dfrac{x^2}{1+x} = \infty$,所以直线 $x = -1$ 是曲线的垂直渐近线. 又

$$a = \lim_{x \to \infty} \frac{f(x)}{x} = \lim_{x \to \infty} \frac{\dfrac{x^2}{1+x}}{x} = \lim_{x \to \infty} \frac{x}{1+x} = 1,$$

$$b = \lim_{x \to \infty}[f(x) - ax] = \lim_{x \to \infty}\left(\frac{x^2}{1+x} - x\right) = \lim_{x \to \infty}\left(-\frac{x}{1+x}\right) = -1,$$

所以 $y = x - 1$ 为曲线的斜渐近线.

3.5.2 函数图形的描绘

对于一个函数,若能作出其图形,就能从直观上了解该函数的性态特征,并可从其图形上清楚地看到因变量与自变量之间的相互依赖关系.在中学阶段,我们利用描点法来作函数的图形.这种方法常会遗漏曲线的一些关键点,如极值点、拐点等.使得曲线的单调性、凹凸性等一些函数的重要性态难以准确显示出来.

通过前面的学习,那么若我们借助于一阶导数的符号,就可以确定函数图形在哪个区间上上升,在哪个区间上下降,在什么地方有极值点;借助于二阶导数的符号,就可以确定函数图形在哪个区间上为凹,在哪个区间上为凸,在什么地方有拐点.知道了函数图形的升降、凹凸以及极值点和拐点后,也就可以掌握函数的性态,并把函数的图形画得比较准确.

利用导数描绘函数图形的一般步骤如下:

第一步:确定函数 $y = f(x)$ 的定义域及函数所具有的某些特性(如奇偶性、周期性等),并求出函数的一阶导数 $f'(x)$ 和二阶导数 $f''(x)$;

第二步:求出方程 $f'(x) = 0$ 和 $f''(x) = 0$ 在函数定义域内的全部实根,并求出函数

$f(x)$ 的间断点及 $f'(x)$ 和 $f''(x)$ 不存在的点,用这些点把函数的定义域划分成几个部分区间;

第三步:确定在这些部分区间内 $f'(x)$ 和 $f''(x)$ 的符号,并由此确定函数图形的升降和凹凸、极值点和拐点;

第四步:确定函数图形的水平、垂直渐近线以及其他变化趋势;

第五步:算出 $f'(x)$ 和 $f''(x)$ 的零点以及不存在的点所对应的函数值,定出图形上相应的点;为了把图形描得准确些,有时还需要补充一些点;然后结合第三、第四步中得到的结果,连结这些点,画出函数 $y=f(x)$ 的图形.

例 4 画出函数 $y=x^3-x^2-x+1$ 的图形.

解 (1) 所给函数 $y=f(x)$ 的定义域为 $(-\infty,+\infty)$,而
$$f'(x)=3x^2-2x-1=(3x+1)(x-1),$$
$$f''(x)=6x-2=2(3x-1).$$

(2) $f'(x)$ 的零点为 $x=-\dfrac{1}{3}$ 和 $x=1$,$f''(x)$ 的零点为 $x=\dfrac{1}{3}$,将 $x=-\dfrac{1}{3},\dfrac{1}{3},1$ 由小到大排列,依次把定义域 $(-\infty,+\infty)$ 划分成下列四个部分区间:$\left(-\infty,-\dfrac{1}{3}\right)$,$\left(-\dfrac{1}{3},\dfrac{1}{3}\right)$,$\left(\dfrac{1}{3},1\right)$,$(1,+\infty)$.

(3) 在 $\left(-\infty,-\dfrac{1}{3}\right)$ 内,$f'(x)>0$,$f''(x)<0$,所以在 $\left(-\infty,-\dfrac{1}{3}\right)$ 上的曲线弧上升而且是凸的.

在 $\left(-\dfrac{1}{3},\dfrac{1}{3}\right)$ 内,$f'(x)<0$,$f''(x)<0$,所以在 $\left(-\dfrac{1}{3},\dfrac{1}{3}\right)$ 上的曲线弧下降而且是凸的.

同样,可以讨论在区间 $\left(\dfrac{1}{3},1\right)$ 上及在区间 $(1,+\infty)$ 上相应的曲线弧的升降和凹凸. 为了明确起见,把所得的结论列成下表.

x	$\left(-\infty,-\dfrac{1}{3}\right)$	$-\dfrac{1}{3}$	$\left(-\dfrac{1}{3},\dfrac{1}{3}\right)$	$\dfrac{1}{3}$	$\left(\dfrac{1}{3},1\right)$	1	$(1,+\infty)$
$f'(x)$	+	0	−	−	−	0	+
$f''(x)$	−	−	−	0	+	+	+
$y=f(x)$ 的图形	↗	极大	↘	拐点	↙	极大	↗

这里记号 ↗ 表示曲线弧上升而且是凸的,↘ 表示曲线弧下降而且是凸的,↙ 表示曲线弧下降而且是凹的,↗ 表示曲线弧上升而且是凹的.

(4) 当 $x\to+\infty$ 时,$y\to+\infty$;当 $x\to-\infty$ 时,$y\to-\infty$;

(5) 算出 $x=-\dfrac{1}{3},\dfrac{1}{3},1$ 处的函数值:$\left(-\dfrac{1}{3},\dfrac{32}{27}\right)$,$\left(\dfrac{1}{3},\dfrac{16}{27}\right)$,$(1,0)$.

适当补充一些点.例如,计算出 $f(-1)=0, f(0)=1, f\left(\dfrac{3}{2}\right)=\dfrac{5}{8}$,就可补充描出点 $(-1,0)$,点 $(0,1)$ 和点 $\left(\dfrac{3}{2}, \dfrac{5}{8}\right)$.结合(3)、(4)中得到的结果,就可以画出 $y=x^3-x^2-x+1$ 的图形(如图 3-13).

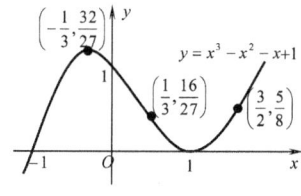

图 3-13

如果所讨论的函数是奇函数或偶函数,那么,描绘画数图形时可以利用函数图形的对称性.

例 5 描绘函数 $y=\mathrm{e}^{-x^2}$ 的图形.

解 (1)函数的定义域为 $(-\infty,+\infty)$,且 $y>0$,故图形在上半平面内.

(2) $y=\mathrm{e}^{-x^2}$ 是偶函数,图形关于 y 轴对称.

(3)曲线 $y=\mathrm{e}^{-x^2}$ 与 y 轴的交点为 $(0,1)$.

(4)因 $\lim\limits_{x\to\infty}\mathrm{e}^{-x^2}=0$,故 $y=0$ 是一条水平渐近线.

(5) $y'=-2x\mathrm{e}^{-x^2}$,令 $y'=0$ 得驻点 $x=0$.

(6) $y''=2(2x^2-1)\mathrm{e}^{-x^2}$,令 $y''=0$ 得 $x=\pm\dfrac{1}{\sqrt{2}}$.

对于区间 $(0,+\infty)$ 列表如下.

x	0	$\left(0, \dfrac{1}{\sqrt{2}}\right)$	$\dfrac{1}{\sqrt{2}}$	$\left(\dfrac{1}{\sqrt{2}},+\infty\right)$
y'	0	$-$	$-$	$-$
y''	$-$	$-$	0	$+$
y	极大值 1	凸	拐点	凹

对于区间 $(-\infty,0)$ 的情形,可由偶函数关于 y 轴的对称性得到.

由上面分析画出草图(如图 3-14).

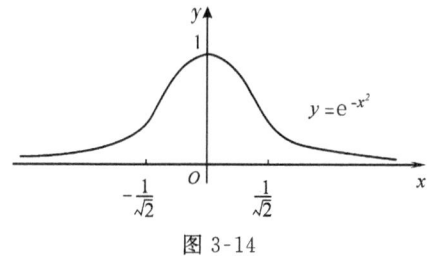

图 3-14

3.6 导数在经济学中的应用

这一节讨论导数在经济学中的两个应用——边际分析与弹性分析.

3.6.1 函数变化率——边际函数

在经济学中,习惯上用平均和边际这两个概念来描绘一个经济变量 y 对另一个经济变量 x 的变化.平均概念表示 x 在某一范围内取值时 y 的变化.边际概念表示当 x 的改变量 Δx 趋于 0 时,y 的相应改变量 Δy 与 Δx 的比值的变化,即当 x 在某一给定值附近有微小变化时 y 的瞬时变化.

1. 边际函数

设函数 $y=f(x)$ 可导,函数值的增量与自变量增量的比值

$$\frac{\Delta y}{\Delta x}=\frac{f(x_0+\Delta x)-f(x_0)}{\Delta x}$$

表示 $y=f(x)$ 在 $(x_0,x_0+\Delta x)$ 或 $(x_0+\Delta x,x_0)$ 内的平均变化率(速度).

根据导数的定义,导数表示在点 x_0 处的变化率,在经济学中 $f'(x_0)$ 称为 $f(x)$ 在 $x=x_0$ 处的**边际函数值**,它表示 $f(x)$ 在 $x=x_0$ 处的变化速率.若函数 $y=f(x)$ 可导,其导函数 $f'(x)$ 称为**边际函数**.

当函数的自变量从 x_0 改变一个单位(即 $\Delta x=1$)时,函数的增量为 $f(x_0+1)-f(x_0)$,但当 x 改变的"单位"与 x_0 值比较很小时,则有近似式

$$f(x_0+1)-f(x_0)\approx f'(x_0).$$

它表明:当自变量在 x_0 处产生一个单位改变量时,函数 $f(x)$ 的改变量可以近似地用 $f'(x_0)$ 来表示.在经济学中,解释边际函数的具体意义时,通常略去"近似"二字.

例如,设函数 $y=x^2$,则 $y'=2x$. $y=x^2$ 在点 $x=10$ 处的边际函数值为 $y'(10)=20$,它表示当 $x=10$ 时,x 改变一个单位,y 近似改变 20 个单位.

2. 边际成本

设某产品成本函数 $C=C(q)$(C 为总成本,q 为产量),$AC=\dfrac{C(q)}{q}$ 称为**平均成本**,变化率 $C'=C'(q)$ 称为**边际成本**,$C'(q_0)$ 称为产量是 q_0 时的边际成本.西方经济学家对它的解释是:当产量达到 q_0 前最后一个单位产品所增添的成本.

例 1 设某产品产量为 q(单位:t)时的总成本函数(单位:元)为

$$C(q)=1000+7q+50\sqrt{q},$$

求:(1)产量为 100t 时的总成本;

(2)产量为100t时的平均成本；

(3)产量为100t时的边际成本.

解 (1)产量为100t时的总成本为

$$C(100) = 1000 + 7 \times 100 + 50\sqrt{100} = 2200(元);$$

(2)产量为100t时的平均成本为

$$AC(100) = \frac{C(100)}{100} = 22(元/吨);$$

(3)产量为100t时的边际成本为

$$C'(100) = (1000 + 7q + 50\sqrt{q})'\bigg|_{q=100} = \left(7 + \frac{25}{\sqrt{q}}\right)\bigg|_{q=100} = 9.5(元).$$

这个结论的经济含义是：当产量为100t时,再多生产一吨所增加的成本为9.5元.

3. 边际收益函数

总收益是指生产者出售一定量产品所得到的全部收入,记为 $R = R(q) = q \cdot p(q)$,其中 p 为商品的单价,q 为商品的数量.

边际收益函数为总收益函数的变化率,记为

$$MR = R'(q) = (q \cdot p(q))' = q \cdot p'(q) + p(q).$$

平均收益函数为生产者出售一定产量产品,平均每出售单位产品所得到的收入,即单位商品的售价,记为 $AR = \frac{R}{q}$.

例2 设某产品的需求函数为 $q = 100 - 5p$,求边际收益函数以及 $q = 20, 50$ 和 70 时的边际收益.

解 收益函数为 $R(q) = pq$,式中的销售价格 p 可以从需求函数中反解出来,即

$$p = \frac{1}{5}(100 - q),$$

于是收益函数为

$$R(q) = \frac{1}{5}(100 - q)q,$$

边际收益函数为

$$R'(q) = \frac{1}{5}(100 - 2q).$$

所以

$$R'(20) = 12,$$
$$R'(50) = 0,$$
$$R'(70) = -8.$$

由所得结果可知,当销售量即需求量为20个单位时,再增加销售可使总收益增加,再多销售一个单位产品,总收益约增加12个单位;当销售量为50个单位时,再增加销售,总收益不会再增加;当销售量为70个单位时,再多销售一个单位产品,反而使总收入大约减少8个单位.

3.6.2 极值应用问题

在现实生活中,小到个人衣食住行,大到企业的经营活动,我们都希望花最少的钱,取得最大的经济效益.例如,企业经业者要使企业花费最小的成本而获得最大的利润,物流部门管理者则要确定进货的批量而使仓储费用最小等.利用微分法求解经济领域中的极值问题是微分学在经济决策和计量方面的重要应用,本节讨论利润最大、收益最大、平均成本最低、存货总费用最小问题.

1. 最大利润

前面已讲述,在假设产量与销量一致的情况下,总利润函数定义为总收益函数 $R(q)$ 与总成本函数 $C(q)$ 之差,即

$$L=L(q)=R(q)-C(q).$$

如果企业主以利润最大为目标而控制产量,那么,应选择产量 q 的值,使目标函数 $L=L(q)$ 取最大值.

假若产量为 q_0 时可达此目的,根据极值存在的必要条件和充分条件,应有

$$\left.\frac{dL}{dq}\right|_{q=q_0}=MR(q_0)-MC(q_0)=0, \quad \left.\frac{d^2}{dq^2}\right|_{q=q_0}=R''(q_0)-C''(q_0)<0.$$

上二式可写作:当 $q=q_0$ 时,

$$MR(q_0)=MC(q_0), \tag{3.6.1}$$

$$R''(q_0)=C''(q_0). \tag{3.6.2}$$

(3.6.1)式表明,边际收益等于边际成本,这被称为最大利润原则.(3.6.2)式表明,边际成本的变化率大于边际收益的变化率.综合(3.6.1)和(3.6.2)式,关于利润最大化有下述结论:

产量水平能使**边际成本等于边际收益**,且若再增加产量,**边际成本将大于边际收益**时,可获得最大利润.

例 3 已知某商品的需求函数和总成本函数分别为

$$q=1000-100p, \quad C=1000+3q.$$

求利润最大时的产出水平、商品的价格和利润.

解 由需求函数得价格函数为

$$p=10-\frac{q}{100},$$

所以总收益函数为

$$R=pq=\left(10-\frac{q}{100}\right)\cdot q=10q-\frac{q^2}{100},$$

从而利润函数为

$$L=R-C=10q-\frac{q^2}{100}-1000-3q=-\frac{q^2}{100}+7q-1000.$$

由 $ML(q)=0$ 得 $q=350$. 又
$$\frac{d^2L}{dq^2}=-\frac{1}{50}<0(q\text{ 为任何值时}),$$
故利润最大时的产出水平是 $q=350$. 这时商品的价格为
$$p\big|_{q=350}=\left(10-\frac{q}{100}\right)\bigg|_{q=350}=6.5,$$
最大利润是
$$L\big|_{q=350}=\left(-\frac{q^2}{100}+7q-1000\right)\bigg|_{q=350}=225.$$

例 4 一商店按批发价每件 6 元买进一批商品零售,若零售价每件定为 7 元,估计可卖出 100 件.若每件售价每降低 0.1 元,则可多卖出 50 件,问:商店应买进多少件,每件售价定为多少元时,才可获得最大利润? 最大利润是多少?

解 设因降价可多卖出 q 件,利润为 L,

依题意,卖出的件数为 $100+q$,每件降价为 $\frac{0.1}{50}q$ 元,因而,每件售价为
$$p=\left(7-\frac{0.1}{50}q\right)(\text{元}/\text{件}),$$
每件利润为
$$\left[\left(7-\frac{0.1}{50}q\right)-6\right](\text{元}/\text{件}),$$
于是,利润函数为每件利润与销售件数的乘积,即
$$L=L(q)=\left(7-\frac{0.1}{50}q-6\right)(100+q)=-0.002q^2+0.8q+100.$$

由 $ML(q)=-0.004q+0.08=0$,得 $q=200$. 又 $L''(q)=-0.004<0$,所以,当多卖出 $q=200$ 时,利润最大. 最大利润为
$$L(200)=-0.002\cdot(200)^2+0.8\cdot200+100=180(\text{元}).$$

由此知,商店进货件数为 $100+200=300$ (件),每件销售价格定为
$$p=7-\frac{0.1}{50}\cdot200=6.60(\text{元}/\text{件})$$
时,可获最大利润.

例 5 皮鞋厂每生产并卖出一双皮鞋的利润是 5 元,若每月花广告费 A 元,则皮鞋的销售量大约是 $q=8000(1-e^{-kA})$,其中 $k=0.001$. 求使纯利润最大的最佳广告费支出.

解 纯利润: $L=5q-A=40000(1-3e^{-kA})-A$,
$$\frac{dL}{dq}=40000ke^{-kA}-1=40e^{-kA}-1=0.$$
$$-kA=\ln\frac{1}{40}\approx-3.6889,$$
所以

$$A = \frac{3.6889}{k} = 3688.9(\text{元}).$$

由于仅有一个极值点,且实际问题有最大值,所以 $A=3688.9$ 是使利润获得最大值的点,即使纯利润最大的最佳广告费支出为 3688.9 元.

2. 最大收益

若企业主的目标是获得最大收益,这时,应以总收益函数 $R=p \cdot q$ 为目标函数而决策产量 q 或决策产品的价格 p.

如果产品以固定价格 p 销售,销售量越多,总收益越多,没有最大值问题. 现设需求函数 $q=\varphi(p)$ 是单调减少的,则总收益函数为

$$R = R(q) = \varphi^{-1}(q) \cdot q.$$

我们考虑这种情况下的最大值问题.

例 6 一垄断厂商的需求函数为 $q=60-5p$,试求收益最大时的价格 p 与需求 q.

解 由需求函数得价格函数 $p=12-\frac{1}{5}q$,将总收益 R 表示为需求 q 的函数:

$$R = pq = \left(12-\frac{1}{5}q\right)q = 12q - \frac{1}{5}q^2.$$

由 $\frac{dR}{dq}=12-\frac{2}{5}q=0$,得 $q=30$. 又 $\frac{d^2R}{dq^2}=-\frac{2}{5}<0$,所以,当需求 $q=30$,$p=12-\frac{1}{5}\cdot 30=6$ 时,收益最大.

3. 最低平均成本

设厂商的总成本函数为 $C=C(q)$. 若厂商以平均成本最低为目标控制产量水平,这是求平均成本函数 $AC=\frac{C(q)}{q}$ 的最小值问题.

例 7 设某企业的总成本函数为

$$C = C(q) = 6q^2 + 18q + 54.$$

求:(1)平均成本最低时的产出水平及最低平均成本;

(2)平均成本最低时的边际成本,并与最低平均成本作比较.

解 由总成本函数得平均成本函数

$$AC = \frac{C(q)}{q} = 6q + 18 + \frac{54}{q}.$$

由 $\frac{d(AC)}{dq}=6-\frac{54}{q^2}=0$,可解得 $q=3$,$q=-3$(舍). 又

$$\frac{d^2(AC)}{dq^2} = \frac{108}{q^3}, \quad \left.\frac{d^2(AC)}{dq^2}\right|_{q=3} > 0,$$

所以,当产出水平 $q=3$ 时,平均成本最低. 最低平均成本为

$$AC|_{q=3} = 6\times 3 + 18 + \frac{54}{3} = 54.$$

(2) 由总成本函数得边际成本函数

$$MC = 12q + 18.$$

平均成本最低时的产出水平 $q=3$,这时的边际成本为

$$MC\big|_{q=3} = 12 \cdot 3 + 18 = 54.$$

由以上计算知,平均成本最低时的边际成本与最低平均成本相等,都为 54.

上述结果不是偶然的,在产出水平 q 能使平均成本最低时,必然有平均成本等于边际成本.

3.6.3 函数的弹性

在边际分析中,讨论函数的变化率与函数改变量均属于绝对范围内的讨论,在经济问题中,仅分析绝对数是不足以深刻分析问题的,例如,甲产品价格 5 元,涨 1 元,乙商品价格 50 元,涨价 1 元,哪个商品涨价幅度更大呢？我们要用 1 元与原价相比就能回答问题,甲商品涨价百分比为 20%,乙商品涨价百分比为 2%,为此,我们有必要研究函数的相对改变量与相对改变率.

1. 函数弹性概念

对于函数 $y=f(x)$,当自变量从 x 起改变了 Δx 时,其自变量的相对改变量是 $\dfrac{\Delta x}{x}$,函数 $f(x)$ 相对应的相对改变量则是 $\dfrac{f(x+\Delta x)-f(x)}{f(x)}$. 函数的弹性是为考察相对变化而引入的.

定义 3.6 设函数 $y=f(x)$ 在点 x 可导,则极限

$$\lim_{\Delta x \to 0} \frac{\dfrac{f(x+\Delta x)-f(x)}{f(x)}}{\dfrac{\Delta x}{x}} = \lim_{\Delta x \to 0} \frac{x}{f(x)} \frac{f(x+\Delta x)-f(x)}{\Delta x} = x\frac{f'(x)}{f(x)}$$

称为函数 $f(x)$ 在点 x 的**弹性**,记作 $\dfrac{Ey}{Ex}$ 或 $\dfrac{Ef(x)}{Ex}$,即

$$\frac{Ey}{Ex} = x\frac{f'(x)}{f(x)} = \frac{x}{f(x)} \cdot \frac{\mathrm{d}f(x)}{\mathrm{d}x}.$$

由于函数的弹性 $\dfrac{Ey}{Ex}$ 是就自变量 x 与因变量 y 的相对变化而定义的,它表示函数 $y=f(x)$ 在点 x 的相对变化率,因此,它与任何度量单位无关.

经济意义:在点 x 处当自变量改变 1% 时,函数近似改变 $\dfrac{Ey}{Ex}\%$.

例 8 求函数 $y=3+2x$ 在 $x=1$ 处的弹性.

解 由 $y'=2$ 知函数的弹性函数为

$$\frac{Ey}{Ex} = \frac{x}{3+2x} \times 2 = \frac{2x}{3+2x},$$

所以
$$\left.\frac{Ey}{Ex}\right|_{x=1}=\frac{2}{5}.$$

其经济决义为：在 $x=1$ 的基础上，若自变量增加（或减少）1%，函数值则增加（或减少）0.4%.

2. 弹性的经济意义

(1) 需求价格弹性

在市场经济中，经常要分析一个经济量对另一个经济量相对变化的灵敏程度，这就是经济量的弹性. 一般来说，商品的需求量对市场价格的反应是很灵敏的，刻画当商品价格变动时需求量变动的强弱程度的量就是——需求价格弹性.

我们以需求函数的弹性来说明弹性的经济意义. 设需求函数为
$$q=\varphi(p),$$
按函数弹性定义，需求函数的弹性应定义为
$$\frac{p}{q}\frac{dq}{dp}=p\frac{\varphi'(p)}{\varphi(p)}.$$

由于上式是描述需求 q 对价格 p 的相对变化率，通常称上式为**需求函数在点 p 的需求价格弹性**，简称为**需求价格弹性**，记作 E_d.

一般情况下，因 $p>0, \varphi(p)>0$，而 $\varphi'(p)<0$（因假设 $\varphi(p)$ 是单调递减函数），所以 E_d 是负数：
$$E_d=p\frac{\varphi'(p)}{\varphi(p)}<0.$$

需求函数在点 p 的需求价格弹性的经济意义是，在价格为 p 时，如果价格提高或降低 1%，需求由 q 减少或增加的百分数（近似的）是 $|E_d|$. 因此，需求价格弹性反映了当价格变动时需求量变动对价格变动的灵敏程度.

在经济分析中，应用商品的需求价格弹性，可以指明当价格变动时，销售总收益的变动情况.

设 $q=\varphi(p)$ 是需求函数，将总收益 R 表示为 p 的函数：
$$R=R(p)=p\cdot q=p\cdot\varphi(p).$$
R 对 p 的导数是 R 关于价格 p 的边际收益：
$$\frac{dR}{dp}=\frac{d}{dp}(p\varphi(p))=\varphi(p)+p\varphi'(p)=\varphi(p)\left[1+p\frac{\varphi'(p)}{\varphi(p)}\right],$$
即
$$\frac{dR}{dp}=\varphi(p)(1+E_d). \tag{3.6.3}$$

上式给出了关于价格的边际收益与需求价格弹性之间的关系.

（Ⅰ）当 $|E_d|<1$ 时，称需求是低弹性的. 这种情况，价格提高（或降低）1%，而需求减少（或增加）低于 1%. 由 (3.6.3) 式知，当 $E_d>-1$ 时，$\frac{dR}{dp}>0$，从而总收益函数 $R=R(p)$

是单调递增函数.这时,总收益随价格的提高而增加.换句话说,当需求是低弹性时,由于需求下降的幅度小于价格提高的幅度,因而,提高价格可使总收益增加.

（Ⅱ）当 $|E_d|>1$ 时,称需求是弹性的这时,价格提高(或降低)1%,而需求减少(或增加)大于 1%. 由(3.6.3)式知,当 $E_d<-1$ 时,$\dfrac{dR}{dp}<0$,$R=R(p)$ 是单调递减函数.在这种情况下,提高价格,总收益将随之减少.这是因为需求是弹性的,需求下降的幅度大于价格提高的幅度.

（Ⅲ）当 $|E_d|=1$ 时,称需求是单位弹性的,即价格提高(或降低)1%,而需求恰减少(或增加)1%. 由(3.6.3)式知,当 $E_d=-1$ 时,$\dfrac{dR}{dp}=0$. 这时,总收益达到最大.

以上分析说明,测定商品的需求价格弹性,对进行市场分析、确定或调节商品的价格有参考价值.

例 9 设某商品的需求函数为 $q=400-100p$,求 $p=1,2,3$ 时的需求价格弹性,并作出经济解释.

解 由 $\dfrac{dq}{dp}=-100$,得

$$E_d=\dfrac{p}{q}\dfrac{dq}{dp}=\dfrac{-100p}{400-100p}.$$

当 $p=1$ 时,$E_d=-\dfrac{1}{3}\approx-0.33$,需求是低弹性的. 当 $p=1$ 时,$q=300$,这说明,在价格 $p=1$ 时,若价格提高或降低 1%,需求 q 将由 300 减少或增加 0.33%. 这时,若提高价格,总收益随之增加.

当 $p=2$ 时,$E_d=-1$,需求是单位弹性的. 当 $p=2$ 时,$q=200$,这说明,在价格 $p=2$ 时,若价格提高或降低 1%,需求 q 将由 200 减少或增加 1%. 这时,$p=2$,总收益取得最大值.

当 $p=3$ 时,$E_d=-3$,需求是弹性的. 当 $p=3$ 时,$q=100$,这说明,在价格 $p=3$ 时,若价格提高或降低 1%,需求 q 将由 100 减少或增加 3%. 这时,若提高价格,总收益随之减少.

(2)其他函数的弹性

若 $q=f(p)$ 为供给函数,则供给的价格弹性定义为

$$E_s=\dfrac{p}{q}\dfrac{dq}{dp}=p\dfrac{f'(p)}{f(p)}.$$

一般的,因假设供给函数 $q=f(p)$ 是单调增加的,由于 $p>0, f(p)>0, f'(p)>0$,所以供给的价格弹性 E_s 取正值. 供给的价格弹性简称为**供给弹性**.

例 10 设某商品的供给函数为

$$q=f(p)=-12+4p+p^2.$$

求 $p=3$ 时的供给价格弹性,并作出经济解释.

解 由 $\dfrac{dq}{dp}=4+2p$,得

$$E_s=p\dfrac{f'(p)}{f(p)}=p\dfrac{4+2p}{-12+4p+p^2},$$

所以,当 $p=3$ 时,$E_s=\dfrac{10}{3}$.

经济领域中的任何函数都可类似的定义弹性.

例 11 设某商品的需求函数为 $q=100-5p$,其中价格 $p\in(0,20)$,q 为需求量.

(1) 求需求量对价格的弹性 $E_d(E_d>0)$;

(2) 推导 $\dfrac{dR}{dp}=q(1-E_d)$(其中 R 为收益),并用弹性 E_d 说明价格在何范围内变化时,降低价格反而使收益增加.

分析 由于 $E_d>0$,所以 $E_d=\left|\dfrac{p}{q}\dfrac{dq}{dp}\right|$;由 $R=pq$ 及 $E_d=\left|\dfrac{p}{q}\dfrac{dq}{dp}\right|$ 可推导 $\dfrac{dR}{dp}=q(1-E_d)$.

解 (1) $E_d=\left|\dfrac{p}{q}\dfrac{dq}{dp}\right|=\dfrac{p}{20-p}$.

(2) 由 $R=pq$,得

$$\dfrac{dR}{dp}=q+p\dfrac{dq}{dp}=q\left(1+\dfrac{p}{q}\dfrac{dq}{dp}\right)=q(1-E_d).$$

又由 $\dfrac{dR}{dp}=q(1-E_d)$,当 $E_d=\dfrac{p}{20-p}=1$,得 $p=10$.

当 $10<p<20$ 时,$E_d>0$,于是 $\dfrac{dR}{dp}<0$.

故当 $10<p<20$ 时,降低价格反而使收益增加.

本章小结

一、本章主要内容

本章介绍了微分中值定理,并以此为理论基础,应用导数研究了函数的单调性、极值、最大(小)值及函数作用,最后介绍了导数在经济问题中的几个应用.

二、主要概念

1. 极值:如果对于 x_0 的某去心邻域内($x\neq x_0$)都有 $f(x)<f(x_0)$ 成立,则 $f(x_0)$ 为极大值,若 $f(x)>f(x_0)$ 成立,则 $f(x_0)$ 为极小值.

2. 边际函数:设函数 $y=f(x)$ 可导,则称导数函数 $f'(x)$ 为 $f(x)$ 的边际函数.

3. 设函数 $y=f(x)$ 在 x 处可导,函数的相对改变量与自变量的相对改变量之比 $\dfrac{\dfrac{\Delta y}{y}}{\dfrac{\Delta x}{x}}$ 称为函数 $y=f(x)$ 从 x 到 $x+\Delta x$ 两点间的弹性.令 $\Delta x\to 0$,极限值 $y'\cdot\dfrac{x}{y}$ 叫做函数 $y=f(x)$

在点 x 处的弹性,记作 $\dfrac{Ey}{Ex}=\lim\limits_{\Delta x\to 0}\dfrac{\frac{\Delta y}{y}}{\frac{\Delta x}{x}}=y'\cdot\dfrac{x}{y}$,其仍为 x 的一个函数,称其为弹性函数.

三、主要定理

1.拉格朗日中值定理及推论

函数 $y=f(x)$ 满足下列条件:

(1) $f(x)$ 在 $[a,b]$ 上连续;

(2) $f(x)$ 在 (a,b) 内可导;

则在 (a,b) 内至少存在一点 ξ,使 $f'(\xi)=\dfrac{f(b)-f(a)}{b-a}$.

推论1　若 $f'(x)=0$,则 $f(x)=C$.

推论2　$f'(x)=g'(x)$,则 $f(x)=g(x)+C$.

若在拉格朗日中值定理中,满足 $f(a)=f(b)$,则拉格朗日中值定理就变成罗尔中值定理.

罗尔中值定理结论为在 (a,b) 内至少存在一点 ξ 使得 $f'(\xi)=0$.

2.洛必达法则

若分式 $\dfrac{u(x)}{v(x)}$ 是 $\dfrac{0}{0}$ 型或 $\dfrac{\infty}{\infty}$ 型不定式,而且 $\lim\dfrac{u'(x)}{v'(x)}=A(\text{或}\infty)$,则有

$$\lim\dfrac{u(x)}{v(x)}=\lim\dfrac{u'(x)}{v'(x)}=A(\text{或}\infty).$$

这里的极限趋向可以为 $x\to x_0$,也可以为 $x\to\infty$.

四、主要公式

1.弹性函数 $\dfrac{Ey}{Ex}=\lim\limits_{\Delta x\to 0}\dfrac{\frac{\Delta y}{y}}{\frac{\Delta x}{x}}=y'\cdot\dfrac{x}{y}$.

2.需求弹性公式 $\dfrac{Eq}{Ep}=-f'(p)\cdot\dfrac{p}{q}$,$q$ 为需求量,p 为价格.

3.供给弹性公式 $\dfrac{Eq}{Ep}=-q'(p)\dfrac{p}{q}$,$q$ 为需求量,p 为价格.

五、主要方法

1.求函数极值的方法

设 $f'(x)=0$,则当 x 由小增大经过 x_0 点时,$f'(x)$ 由正变负,则 x_0 是极大值点;若 $f'(x)$ 由负变正,则 x_0 是极小值点;若 $f'(x)$ 不改变符号,则 x_0 不是极值点.或用二阶导数的符号判断.若 $f''(x_0)<0$,则函数 $f(x)$ 在 x_0 处取得极大值;若 $f''(x_0)>0$,则函数 $f(x)$ 在点 x_0 处取得极小值.

2.求函数在闭区间上的最大值和最小值,用函数的极值(或驻点的函数值)和端点值相比较求得.

习题 3

1. 验证下列函数满足罗尔定理的条件,并求出定理中的量:
   (1) $f(x)=x^2-x-5, x\in[2,3]$; (2) $f(x)=x\sqrt{3-x}, x\in[0,3]$.

2. 验证下列函数满足拉格朗日定理的条件,并求出满足定理的 ξ 值:
   (1) $f(x)=x^3, x\in[0,a]$,且 $a>0$;
   (2) $f(x)=\ln x, x\in[1,2]$;
   (3) $f(x)=x^3-5x^2+x-2, x\in[-1,0]$.

3. 若 4 次方程 $a_0x^4+a_1x^3+a_2x^2+a_3x+a_4=0$ 有 4 个不同的实根,证明 $4a_0x^3+3a_1x^2+2a_2x+a_3=0$ 的所有根皆为实根.

4. 设 $f(x)=(x-2)(x-3)(x-4)(x-5)$,用罗尔定理说明方程 $f'(x)=0$ 有几个实根,并说明根所在范围.

5. 求下列函数的极限:

   (1) $\lim\limits_{x\to 0}\dfrac{e^x-e^{-x}}{x}$;

   (2) $\lim\limits_{x\to 1}\dfrac{x^2-6x+5}{2x^3-2}$;

   (3) $\lim\limits_{x\to \pi}\dfrac{\sin 5x}{\sin 3x}$;

   (4) $\lim\limits_{x\to \frac{\pi}{2}}\dfrac{\tan 3x}{\tan x}$;

   (5) $\lim\limits_{x\to 0}\dfrac{x-\sin x}{x^3}$;

   (6) $\lim\limits_{x\to 0}\dfrac{x-\sin x}{x-\tan x}$;

   (7) $\lim\limits_{x\to 0^+}\dfrac{\ln x}{\ln(\sin x)}$;

   (8) $\lim\limits_{x\to \frac{\pi}{2}^+}\dfrac{\ln\left(x-\frac{\pi}{2}\right)}{\tan x}$;

   (9) $\lim\limits_{x\to \infty}\dfrac{\pi-2\arctan x}{\ln\left(x+\dfrac{1}{x}\right)}$;

   (10) $\lim\limits_{x\to \infty}\dfrac{x\ln x}{x+\ln x}$.

6. 求下列极限:

   (1) $\lim\limits_{x\to \frac{\pi}{2}}\left(\dfrac{1}{\cos x}-\tan x\right)$;

   (2) $\lim\limits_{x\to 1}\left(\dfrac{x}{x-1}-\dfrac{1}{\ln x}\right)$;

   (3) $\lim\limits_{x\to 0^+} x^n\ln x$;

   (4) $\lim\limits_{x\to \infty} x(e^{\frac{1}{x}}-1)$;

   (5) $\lim\limits_{x\to 0^+} x\ln(\sin x)$;

   (6) $\lim\limits_{x\to 0^+} x^x$;

   (7) $\lim\limits_{x\to 1}\left(\tan\dfrac{\pi}{4}x\right)^{\tan\frac{\pi}{2}x}$;

   (8) $\lim\limits_{x\to 0^+}(\cot x)^{\frac{1}{\ln x}}$.

7. 求下列函数的单调区间:
   (1) $y=3x^2+6x+5$;
   (2) $y=x^3+x$;
   (3) $y=x^3-2x^2+2$;
   (4) $y=x-e^x$;

(5) $y=\dfrac{x^2}{1+x}$; (6) $y=2x^2-\ln x$.

8.验证下列结论：

(1)函数 $y=x-\ln(1+x^2)$ 单调增加；

(2)函数 $y=\sin x-x$ 单调减小.

9.利用函数的单调性证明下列不等式：

(1) $2\sqrt{x}>3-\dfrac{1}{x},x>1$; (2) $x>\ln(1+x),x>0$;

(3) $\tan x>x+\dfrac{1}{3}x^3,0<x<\dfrac{\pi}{2}$; (4) $2^x>x^2,x>4$.

10.求下列函数的极值：

(1) $f(x)=x^3-9x^2-27$; (2) $f(x)=x-\dfrac{3}{2}x^{\frac{2}{3}}$;

(3) $f(x)=2x-\ln(16x^2)$; (4) $f(x)=x^3(x-5)^2$.

11.求下列函数在给定区间上的最大值与最小值：

(1) $y=x^4-2x^5+5,[-2,2]$; (2) $y=\ln(x^2+1),[-1,2]$;

(3) $y=\dfrac{x^2}{1+x},\left[-\dfrac{1}{2},1\right]$; (4) $y=x+\sqrt{x},[0,4]$.

12.欲使用长 $l=6\text{m}$ 的木料加工一日字形的窗框，问它的边长和宽分别为多少时，才能使窗框的面积最大？最大面积为多少？

13.确定下列函数的凹性及拐点：

(1) $y=x^2-x^3$; (2) $y=3x^5-5x^3$;

(3) $y=\ln(1+x^2)$; (4) $y=\dfrac{2x}{1+x^2}$;

(5) $y=y=xe^x$; (6) $y=e^{-x}$.

14.问 a,b 为何值时，点 $(1,3)$ 为曲线 $y=ax^3+bx^2$ 的拐点？

15.已知函数 $y=ax^3+bx^2+cx+d$ 在 $x=-2$ 处有极值 44，点 $(1,-10)$ 为曲线 $y=f(x)$ 上的拐点.求常数 a,b,c,d.

16.设某商品的需求弹性 $E_d=-k(k$ 为常数，$k>0)$，求该商品的需求函数 $Q=f(p)$，(其中 p 为该商品的价格).

17.设某产品的总成本函数和收益函数分别为：$C(q)=3+\sqrt{q},R(q)=\dfrac{5q}{q+1}$，其中 q 为该产品的销售量，求该产品的边际成本、边际收益、边际利润.

18.某产品的需求函数和总成本函数分别为 $Q=800-10q,C(q)=5000+20q$，求边际利润函数，并计算 $q=150$ 和 $q=400$ 时的边际利润.

19.设某企业的利润函数为 $L(q)=10+2q-0.1q^2$，求使利润最大的产量 q.

20.设某厂每天生产某种产品 q 单位时的总成本函数为 $C(q)=0.5q^2+36q+9800$，问每天生产多少单位的产品时，其平均成本最低.

21. 某个体户以每条 10 元的价格购进一批牛仔裤,设此牛仔裤的需求函数为 $Q=40-p$,问该个体户将销售价定为多少时,才能获得最大利润.

22. 某厂生产某种产品 q 个单位时,其销售收入为 $R(q)=8\sqrt{q}$,成本函数为 $C(q)=\frac{1}{4}q^2+1$,求使利润达到最大的产量 q.

23. 设生产某种产品 q 单位时的收入 $C(q)=200q-0.01q^2$,求生产 50 个单位时的收入,单位产品的平均收入和边际收入.

24. 设某产品的需求量 Q 对价格的函数关系为 $Q=1600\left(\frac{1}{4}\right)^p$,求当 $p=3$ 时的需求价格弹性.

疑难解析和典型例题分析

例1 不用求函数 $f(x)=(x-1)(x-2)(x-3)$ 的导数,说明方程 $f'(x)$ 在 $(0,1)$ 有几个实根,并指出它们所在的区间.

解 由于 $f(x)=(x-1)(x-2)(x-3)$ 的定义域为 $(-\infty,+\infty)$,且 $f(x)$ 有 3 个零值点 1,2,3. 分别在闭区间 $[1,2]$,$[2,3]$ 上运用罗尔定理,有 $\xi_1\in(1,2)$,$\xi_2\in(2,3)$,使 $f'(\xi_i)=0(i=1,2)$. 即 $f'(x)=0$ 至少有两个实根 ξ_1,ξ_2.

又 $f(x)$ 是三次多项式函数,$f'(x)=0$ 是二次方程,故至多有两个实根.

由以上两个方面的分析得到,方程 $f'(x)=0$ 有且仅有两个实根,分别位于区间 $(1,2)$,$(2,3)$ 内.

例2 证明:方程 $x^3+x-1=0$ 在开区间 $(0,1)$ 内有且仅有一个实根.

证 先证明存在性:

设 $f(x)=x^3+x-1$,当 $f(x)\in[0,1]$,又 $f(0)\cdot f(1)=-1<0$,由零值定理,方程 $x^3+x-1=0$ 至少有一个实根介于 0 与 1 之间.

再证明唯一性:

因为 $f'(x)=3x^2+1$ 在 $(0,1)$ 内恒不为零,所以由罗尔定理,$f(x)$ 在 $(0,1)$ 内至多有一个零值点.

综上所述,方程 $x^3+x-1=0$ 在区间 $(0,1)$ 内有且仅有一个实根.

注 唯一性也可由 $f'(x)>0$,得到 $f(x)$ 在 $[0,1]$ 上单调增加来证明.

例3 已知函数 $f(x)=a\sin x+\frac{1}{3}\sin 3x$ 在点 $x=\frac{\pi}{3}$ 处取得极值,试确定 a 的值并求该极值,判定此极值是极大值还是极小值.

解 $\forall x\in\mathbf{R}$,$f'(x)=a\cos x+\cos 3x$,因为 $f(x)$ 在 $x=\frac{\pi}{3}$ 取得极值,有 $f'\left(\frac{\pi}{3}\right)=0$,即

$$a\cos\frac{\pi}{3}+\cos\pi=\frac{a}{2}-1=0,$$

则 $a=2$,又

$$f''(x)=-a\sin x-3\sin 3x=-2\sin x-3\sin 3x, f''\left(\frac{\pi}{3}\right)=-\sqrt{3}<0,$$

从而 $a=2$ 时,$f(x)$ 在 $\frac{\pi}{3}$ 处取得极大值,极大值 $f\left(\frac{\pi}{3}\right)=\sqrt{3}$.

例 4 讨论方程 $\ln x=ax$(其中常数 $a>0$)有多少个实根.

解 设 $f(x)=\ln x-ax$,定义域为 $(0,+\infty)$,则

$$f'(x)=\frac{1}{x}-a, f''(x)=-\frac{1}{x^2}<0,$$

从而 $f(x)$ 有唯一的可能极值点 $x_0=\frac{1}{a}$,且 x_0 为 $f(x)$ 的极大值点,也是最大值点. $f(x)$ 的最大值 $f(x_0)=-\ln a-1$.

(1) 当 $f(x_0)<0$,即 $a>\frac{1}{e}$ 时,$\forall x>0$,都有 $f(x)\leqslant f(x_0)<0$,从而原方程无实根;

(2) 当 $f(x_0)=0$,即 $a>\frac{1}{e}$ 时,$f(x)$ 在 $x_0=\frac{1}{a}=e$ 处取得最大值 0,从而原方程有唯一的一个实根 $x_0=e$;

(3) $f(x_0)>0$,即 $a<\frac{1}{e}$ 时,$f(x)$ 在 $\left(0,\frac{1}{a}\right]$ 上单调增加,在 $\left[\frac{1}{a},+\infty\right)$ 上单调减少. 由于

$$\lim_{x\to 0^+}f(x)=\lim_{x\to 0^+}(\ln x-ax)=-\infty,$$

$$\lim_{x\to +\infty}f(x)=\lim_{x\to +\infty}(\ln x-ax)=\lim_{x\to +\infty}x\left(\frac{\ln x}{x}-a\right),$$

又

$$\lim_{x\to +\infty}\frac{\ln x}{x}\stackrel{\left(\frac{\infty}{\infty}\right)}{=}\lim_{x\to +\infty}\frac{1}{x}=0, \lim_{x\to +\infty}\left(\frac{\ln x}{x}-a\right)=-a<0,$$

故 $\lim_{x\to +\infty}f(x)=-\infty$.

因此函数 $f(x)$ 在区间 $\left(0,\frac{1}{a}\right)$,$\left(\frac{1}{a},+\infty\right)$ 内分别各有一个零值点,即原方程有两个实根.

例 5 求函数 $y'=(x-2)^2(x+1)^{\frac{2}{3}}$ 在闭区间 $[-2,2]$ 上最大值和最小值.

解 该题是求闭区间上连续函数的最值问题. 由于

$$y'=\frac{2}{3}\frac{(x-2)(4x+1)}{(x+1)^{1/3}},$$

在区间 $[-2,2]$ 内可能有极值点 $x_1=-1, x_2=-\frac{1}{4}$,

又

$$y(-1)=0, y\left(-\frac{1}{4}\right)=\frac{81}{16}\sqrt[3]{\frac{9}{16}}, y(-2)=16, y(2)=0,$$

所以,函数 y 的最大值 $M=\max\left\{16,\frac{81}{16}\sqrt[3]{\frac{9}{16}},0\right\}=16$,最小值 $m=\min\left\{16,\frac{81}{16}\sqrt[3]{\frac{9}{16}},0\right\}=0$.

例 6 已知曲线 $y=x^3+ax^2+bx+c$ 上有一拐点 $(1,-1)$,且 $x=0$ 时曲线上点的切线平行于 x 轴,试确定 a,b,c 的值.

解 函数 $y=x^3+ax^2+bx+c$ 在定义域 $(-\infty,+\infty)$ 内有连续的二阶导数,$y'=3x^2+2ax+b, y''=6x+2a$. 已知 $(1,-1)$ 为曲线的拐点,故

$$y''(1)=6+2a=0, \tag{1}$$
$$y(1)=1+a+b+c=-1, \tag{2}$$
$$y'(0)=b=0. \tag{3}$$

由(1),(2),(3)式,得
$$a=-3, b=0, c=1.$$

第四章 动态经济学与积分学

学习目标

1. 理解原函数和不定积分的概念.
2. 掌握不定积分的基本公式,掌握不定积分的换元积分法和分部积分法.
3. 了解不定积分的经济应用.
4. 掌握不定积分的一些简单应用.

把动态学这一术语应用于经济分析时,在不同的时间以及对不同的经济学家,都有不同的含义.然而在今天的标准用法中,它是指这样一种分析类型:其目的是探寻和研究变量的具体时间路径,或者是确定在给定的充分长的时间内,这些变量是否会趋向收敛于某一(均衡)值.这方面的研究是非常重要的,因为它可以弥补静态学和比较静态学的严重不足.在比较静态学中,我们总是武断地假设:经济调节过程不可避免地导致均衡.而在动态分析中,我们直接面对均衡的"可实现性"问题,而不是假设它必然能够实现.

动态分析的一个显著特征是确定变量的时间,这就把对时间因素明确纳入分析范围.有两种方式可以做到这一点:我们可以将时间视为连续变量,也可以将其视为离散变量.在前一种情况下,变量在每一时点都要发生某些变化(如在连续计算复利时那样);而在后一种情况下,变量仅在某一时段内才发生某些变化(如仅在每六个月末才计入利息).这两个不同的时间概念在不同的内容中各具优势.

前面讨论了如何求一个函数的导数问题.本章讨论它的相反问题,即要寻求一个可导函数,使得他的导数等于已知函数,这是积分学的重要问题之一.

4.1 动态学与不定积分

一般而言,静态模型中的问题是要求出满足某些特定均衡条件的内生变量的值.把静态学应用于最优化模型时,任务变成求使目标函数最大化(或最小化)的选择变量的值——而一阶条件充当均衡条件.与此相对照的是,动态模型涉及的问题是,在已知变化模式的基础上(比如,给定瞬时变化率),描述某些变量的变化时间径.

举个例子或许会使问题更清楚.假定已知人口规模 H 随时间以速率 $\frac{dH}{dt}=t^{-1/2}$ 变化.则我们要求的是:人口 $H=H(t)$ 的何种时间路径可以产生 $\frac{dH}{dt}=t^{-1/2}$ 的变化率?

读者将会认识到,如果我们起初便知道函数 $H=H(t)$,那么可以通过求导求得 dH/dt.但我们现在面临的问题恰恰相反:要从已知的导数求出原函数,而不是从原函数求出其导数.在数学上,我们现在需要与微分法或微分学完全相反的方法.

这种方法称作积分法或积分学,我们下面将对其进行研究.现在,我们满足于如下观察:$H(t)=2t^{-1/2}$ 确实有形式为 $\frac{dH}{dt}=t^{-1/2}$ 的导数,因此显然可以作为我们的问题的解.但麻烦的是,还存在类似的函数,如 $H(t)=2t^{1/2}+15$ 或 $H(t)=2t^{1/2}+99$,更一般地,$H(t)=2t^{1/2}+c$,(c 为任意常数)它们的导数均为 $\frac{dH}{dt}=t^{-1/2}$.这样就不能确定唯一的时间路径,除非常数值 c 能以某种方式确定下来.为此,必须以所谓初始条件或边界条件的形式,引入额外的信息.

如果我们知道初始人 $H(0)$(即 H 在 t 时的值,假设 $H(0)=100$),常数 c 的值可以确定了.令 $H(t)=2t^{1/2}+c$ 中的 $t=0$,得到 $H(0)=2(0)^{1/2}+c=c$,但若 $H(0)=100$,则 $c=100$ 且 $H(t)2t^{1/2}+c$ 变成了 $H(t)=2t^{1/2}+100$ 其中的常数不再是任意的.更一般地,对于任意给定初始人口 $H(0)$,时间路径将为 $H(t)=2t^{1/2}+H(0)$,因此,在现在的例子中,任意时点的人口规模由初始人口 $H(0)$ 与另一个包含时间变量的项的和组成.这一时间路径的确描述了变量 H 随时间变化的过程,因此确实构成了此动态模型的解.而方程 $\frac{dH}{dt}=t^{-1/2}$ 也是 t 的函数.为什么不能被视为模型的解呢?

人口问题的例子虽然简单,但却揭示了动态经济学问题的实质:给定变量随时间变化的行为模式,设法求出描述变量时间路径的函数.在此过程中,我们将遇到一个或多个任意常数,但我们若有作为初始条件的充分的额外信息,就有可能确定那些任意常数的值.

相对简单的问题,比如上面给出的例子,解可用积分方法求出.积分是一种由导数求函数的方法.在更复杂的情况中,我们还可以借助于被称作微分方程的方法,微分方程是一个与积分密切相关的数学分支. 因为微分方程被定义为包含微分或导数表达式的任意方程,所以 $\dfrac{dH}{dt}=t^{-1/2}$ 显然是一个微分方程. 因此,通过求其解,我们实际上已经解出了一个微分方程,尽管它是一个极其简单的微分方程.

这类问题正是微分学的逆问题,即不定积分问题,正如数的乘法与除法一样,不定积分是微分的逆运算. 我们在这里的讨论中分别以和表示原函数和导函数.

4.1.1 原函数

定义 4.1 已知函数 $f(x)$ 在区间 I 上有定义. 若存在可导函数 $F(x)$ 使得对任意 $x \in I$,都有
$$F'(x)=f(x) \text{ 或 } dF(x)=f(x)dx,$$
则称 $F(x)$ 为 $f(x)$ 在区间 I 上的一个**原函数**.

例如,$(x^2)'=2x$,故 x^2 是 $2x$ 的一个在 $(-\infty,+\infty)$ 内的原函数.

现在问题有三:

(1) 原函数存在性:一个函数具备什么条件才保证有原函数?

结论:连续函数必有原函数. (证明见下章)

(2) 一个函数如果有原函数,则原函数是否唯一? 若不唯一,数目是多少?

例如,因为 $(\sin x)'=\cos x$;$(\sin x+2)'=\cos x$;$(\sin x+C)'=\cos x$ (C 为任意常数),所以 $\sin x,\sin x+2,\sin x+C$ 都是 $\cos x$ 的原函数.

定理 4.1 若 $F(x)$ 是 $f(x)$ 在区间 I 上的原函数,则一切形如 $F(x)+C$ 的函数也是 $f(x)$ 的原函数.

证 因为 $F'(x)=f(x)$,则有
$$(F(x)+C)'=F'(x)+C'=f(x),$$
所以 $F(x)+C$ 也是 $f(x)$ 的原函数.

(3) 原函数间有何关系?

定理 4.2 若 $F(x),G(x)$ 为 $f(x)$ 在区间 I 上的两个原函数,则 $G(x)=F(x)+C$.

证 由于 $$F'(x)=f(x),G'(x)=f(x),$$
所以 $$(F(x)-G(x))'=F'(x)-G'(x)=0,$$
从而 $$G(x)=F(x)+C.$$

4.1.2 不定积分

定义 4.2 若 $F(x)$ 是 $f(x)$ 在区间 I 上的一个原函数,则称 $f(x)$ 的全体原函数 $F(x)+C$ 为 $f(x)$ 在区间 I 上的**不定积分**. 记为
$$\int f(x)dx,$$

即
$$\int f(x)\mathrm{d}x = F(x)+C,$$

其中符号"$\int$"称为**积分号**,$f(x)$称为**被积函数**,$f(x)\mathrm{d}x$称为**被积表达式**,简称**被积式**,x为**积分变量**,C为**积分常数**.

注 (1)由定义知,$f(x)$的不定积分,即为$f(x)$的一个原函数加常数C;

(2)C不能省略,它是不定积分的标志.

例 1 已知$f(x)$的一个原函数为e^{2x},求$f'(x)$.

解 由定义 4.1 知$f(x)=2\mathrm{e}^{2x}$,所以$f'(x)=4\mathrm{e}^{2x}$.

例 2 求$\int x^2\mathrm{d}x$.

解 因为$\left(\dfrac{x^3}{3}\right)'=x^2$,即$\dfrac{x^3}{3}$是$x^2$的一个原函数,所以
$$\int x^2\mathrm{d}x = \frac{x^3}{3}+C.$$

例 3 求$\int \dfrac{1}{x}\mathrm{d}x$.

解 当$x>0$时,有$(\ln x)'=\dfrac{1}{x}$,所以在$(0,+\infty)$内$\dfrac{1}{x}$的一个原函数是$\ln x$;

当$x<0$时,有$[\ln(-x)]'=\dfrac{1}{x}$,所以在$(-\infty,0)$内$\dfrac{1}{x}$的一个原函数是$\ln(-x)$,所以,在$(-\infty,0)\cup(0,+\infty)$上,$\dfrac{1}{x}$的原函数是$\ln|x|$,故$\int\dfrac{1}{x}\mathrm{d}x=\ln|x|+C$.

例 4 求$\int\dfrac{\mathrm{d}x}{1+x^2}$.

解 因为$(\arctan x)'=\dfrac{1}{1+x^2}$,所以$\int\dfrac{\mathrm{d}x}{1+x^2}=\arctan x+C$.

例 5 求$\int x^3\mathrm{d}x$.

解 因为$\left(\dfrac{x^4}{4}\right)'=x^3$,所以$\int x^3\mathrm{d}x=\dfrac{x^4}{4}+C$.

4.1.3 不定积分的几何意义

设函数$f(x)$在某区间上的一个原函数$F(x)$,在几何上将曲线$y=F(x)$称为$f(x)$的一条积分曲线,这条积分曲线在点x处的切线的斜率等于$f(x)$,即满足$F'(x)=f(x)$.

由于函数$f(x)$的不定积分是$f(x)$的全体函数$F(x)+C(C$为任意常数),对于每一个给定的C的值,都有一条确定的积分曲线.当C取不同值时,就得到不同的积分曲线,所有的积分曲线组成了积分曲线族.由于积分曲线族中每一条积分曲线在横坐标相同

的点处切线的斜率相同,都等于 $f(x)$. 因此它们在横坐标相同的点处切线相互平行. 因此任意两条积分曲线的纵坐标之间只相差一个常数,所以曲线族可由曲线 $y=F(x)$ 沿纵坐标轴方向上下平行移动而得到.

4.1.4 基本积分公式

常用的基本积分公式如下:

(1) $\int k\,dx = kx + C$;

(2) $\int x^\mu\,dx = \dfrac{x^{\mu+1}}{1+\mu} + C$;

(3) $\int \dfrac{1}{x}\,dx = \ln|x| + C$;

(4) $\int \dfrac{1}{1+x^2}\,dx = \arctan x + C$;

(5) $\int \dfrac{1}{\sqrt{1-x^2}}\,dx = \arcsin x + C$;

(6) $\int \cos x\,dx = \sin x + C$;

(7) $\int \sin x\,dx = -\cos x + C$;

(8) $\int \sec^2 x\,dx = \tan x + C$;

(9) $\int \csc^2 x\,dx = -\cot x + C$;

(10) $\int \sec x \tan x\,dx = \sec x + C$;

(11) $\int \csc x \cot x\,dx = -\csc x + C$;

(12) $\int e^x\,dx = e^x + C$;

(13) $\int a^x\,dx = \dfrac{a^x}{\ln a} + C$.

这些公式一定要牢记,这是我们求不定积分的基础.

例 6 直接利用公式计算:

(1) $\int x^5\,dx$;

(2) $\int 2^x e^x\,dx$.

解 (1) $\int x^5\,dx = \dfrac{x^6}{6} + C$;

(2) $\int 2^x e^x\,dx = \int (2e)^x\,dx = \dfrac{(2e)^x}{\ln 2e} + C$.

4.1.5 不定积分的性质

性质 1(基本性质)

(1) $\left[\int f(x)\,dx\right]' = f(x)$ 或 $d\int f(x)\,dx = f(x)\,dx$;

(2) $\int F'(x)\,dx = F(x) + C$ 或 $\int dF(x) = F(x) + C$.

以上两个性质可由原函数与不定积分的关系直接推导出.

例 7 已知 $\int f(x)\,dx = x^2 e^{2x} + C$,求 $f(x)$.

解 对等式两端求导,即得

$$f(x)=2x(1+x)\mathrm{e}^{2x}.$$

性质 2(运算性质)

假定 $f(x),g(x)$ 的原函数存在,则有

(1) $\int [f(x)\pm g(x)]\mathrm{d}x = \int f(x)\mathrm{d}x \pm \int g(x)\mathrm{d}x,$

(2) $\int kf(x)\mathrm{d}x = k\int f(x)\mathrm{d}x.$

证明 (1)对等式两端求导,得恒等式 $f(x)\pm g(x)=f(x)\pm g(x)$.这表明,它们是同一函数的不定积分,故相等.类似地,可证明(2).

例 8 求 $\int (3x^3-4x^2+2x-5)\mathrm{d}x.$

解 $\int (3x^3-4x^2+2x-5)\mathrm{d}x.$

$=\int 3x^3\mathrm{d}x - \int 4x^2\mathrm{d}x + \int 2x\mathrm{d}x - \int 5\mathrm{d}x$

$=3\int x^3\mathrm{d}x - 4\int x^2\mathrm{d}x + 2\int x\mathrm{d}x - 5\int \mathrm{d}x$

$=\dfrac{3}{4}x^4 - \dfrac{4}{3}x^3 + x^2 - 5x + C.$

例 9 求 $\int \dfrac{(2x-1)^2}{\sqrt{x}}\mathrm{d}x.$

解 $\int \dfrac{(2x-1)^2}{\sqrt{x}}\mathrm{d}x = \int (4x^{\frac{3}{2}} - 4x^{\frac{1}{2}} + x^{-\frac{1}{2}})\mathrm{d}x$

$\qquad = \dfrac{8}{5}x^{\frac{5}{2}} - \dfrac{8}{3}x^{\frac{3}{2}} + 2x^{\frac{1}{2}} + C$

$\qquad = \dfrac{8}{5}x^2\sqrt{x} - \dfrac{8}{3}x\sqrt{x} + 2\sqrt{x} + C.$

例 10 求 $\int \dfrac{5^x - 2^x}{3^x}\mathrm{d}x.$

解 $\int \dfrac{5^x - 2^x}{3^x}\mathrm{d}x = \int \left[\left(\dfrac{5}{3}\right)^x - \left(\dfrac{2}{3}\right)^x\right]\mathrm{d}x = \dfrac{\left(\dfrac{5}{3}\right)^x}{\ln \dfrac{5}{3}} - \dfrac{\left(\dfrac{2}{3}\right)^x}{\ln \dfrac{2}{3}} + C.$

对于被积函数是真分式或假分式有理函数时,将它拆成最简单真分式之和.

例 11 求 $\int \dfrac{\mathrm{d}x}{x^2(1+x^2)}.$

解 因为 $\dfrac{1}{x^2(1+x^2)} = \dfrac{1}{x^2} - \dfrac{1}{1+x^2},$

所以 $\int \dfrac{\mathrm{d}x}{x^2(1+x^2)} = \int \left(\dfrac{1}{x^2} - \dfrac{1}{1+x^2}\right)\mathrm{d}x = -\dfrac{1}{x} - \arctan x + C.$

例 12 求 $\int \dfrac{x^6}{x^2+1}\mathrm{d}x$.

解 因为 $\dfrac{x^6}{x^2+1}=\dfrac{(x^6+1)-1}{x^2+1}=x^4-x^2+1-\dfrac{1}{x^2+1}$,

所以 $\int \dfrac{x^6}{x^2+1}\mathrm{d}x=\int\left(x^4-x^2+1-\dfrac{1}{x^2+1}\right)\mathrm{d}x=\dfrac{x^5}{5}-\dfrac{x^3}{3}+x-\arctan x+C$.

例 13 求 $\int \dfrac{1}{\sin^2 x\cos^2 x}\mathrm{d}x$.

解 因为 $\dfrac{1}{\sin^2 x\cos^2 x}=\dfrac{\sin^2 x+\cos^2 x}{\sin^2 x\cos^2 x}=\sec^2 x+\csc^2 x$,

所以 $\int \dfrac{1}{\sin^2 x\cos^2 x}\mathrm{d}x=\int(\sec^2 x+\csc^2 x)\mathrm{d}x=\tan x-\cot x+C$.

例 14 求 $\int \tan^2 x\mathrm{d}x$.

解 $\int \tan^2 x\mathrm{d}x=\int(\sec^2 x-1)\mathrm{d}x=\tan x-x+C$.

例 15 求 $\int \sin^2\dfrac{x}{2}\mathrm{d}x$.

解 $\int \sin^2\dfrac{x}{2}\mathrm{d}x=\int\dfrac{1-\cos x}{2}\mathrm{d}x=\dfrac{1}{2}\int 1\mathrm{d}x-\int\cos x\mathrm{d}x=\dfrac{1}{2}(x-\sin x)+C$.

4.2 换元积分法

利用直接积分法可以求一些简单函数的不定积分,但当被积函数较为复杂时,直接积分法往往难以奏效.如求积分 $\int\sin(3x+5)\mathrm{d}x$,就不能直接用公式 $\int\sin x\mathrm{d}x=-\cos x+C$ 进行积分,这是因为被积函数是一个复合函数.我们知道,复合函数的微分法解决了许多复杂函数的求导(求微分)问题,同样,将复合函数的微分法用于求积分,即得复合函数的积分法——换元积分法.

换元积分法分为两类:

(1)第一类换元积分法,又叫凑微分法,也称间接换元法;

(2)第二类换元积分法,也称直接换元法.

4.2.1 第一类换元积分法

定理 4.3 如果 $f(u)$ 有原函数 $F(u)$, $u=\varphi(x)$ 具有连续的导函数,那么 $F[\varphi(x)]$ 是 $f[\varphi(x)]\varphi'(x)$ 的原函数,即

$$\int f[\varphi(x)]\varphi'(x)\mathrm{d}x = F[\varphi(x)] + C.$$

证 由假设 $F(u)$ 是 $f(u)$ 的原函数,有
$$\mathrm{d}F(u) = f(u)\mathrm{d}u,$$
又根据复合函数微分法,有
$$\mathrm{d}F[\varphi(x)] = f[\varphi(x)]\varphi'(x)\mathrm{d}x,$$
所以 $F[\varphi(x)]$ 是 $f[\varphi(x)]\varphi'(x)$ 的原函数,即
$$\int f[\varphi(x)]\varphi'(x)\mathrm{d}x = F[\varphi(x)] + C.$$

例 1 求 $\int \cos 2x \mathrm{d}x$.

解 设 $u = 2x$,则 $\mathrm{d}u = 2\mathrm{d}x$,即 $\mathrm{d}x = \frac{1}{2}\mathrm{d}u$,所以
$$\int \cos 2x \mathrm{d}x = \frac{1}{2}\int \cos u \mathrm{d}u = \frac{1}{2}\sin u + C,$$
再将 $u = 2x$ 代入上式得
$$\int \cos 2x \mathrm{d}x = \frac{1}{2}\sin 2x + C.$$

例 2 求 $\int (2x+1)^{10} \mathrm{d}x$.

解 令 $u = 2x+1$,则 $\mathrm{d}x = \frac{1}{2}\mathrm{d}u$,所以
$$\int (2x+1)^{10} \mathrm{d}x = \frac{1}{2}\int u^{10}\mathrm{d}u = \frac{1}{22}u^{11} + C,$$
再将 $u = 2x+1$ 代入上式得
$$\int (2x+1)^{10} \mathrm{d}x = \frac{1}{22}(2x+1)^{11} + C.$$

注 在对变量替换比较熟练后,可以不必写出新设的积分变量,而直接凑微分,例如例 1 和例 2 的解题过程可以分别写为
$$\int \cos 2x \mathrm{d}x = \frac{1}{2}\int \cos 2x \mathrm{d}(2x) = \frac{1}{2}\sin 2x + C.$$
$$\int (2x+1)^{10} \mathrm{d}x = \frac{1}{2}\int (2x+1)^{10} \mathrm{d}(2x+1)$$
$$= \frac{1}{22}(2x+1)^{11} + C.$$

由上例可以看出:一般对于 $\int f(ax+b)\mathrm{d}x$,总可以把 $\mathrm{d}x$ 凑微分为 $\mathrm{d}x = \frac{1}{a}\mathrm{d}(ax+b)$,于是 $\int f(ax+b)\mathrm{d}x = \frac{1}{a}\int f(ax+b)\mathrm{d}(ax+b)$.

实际上,所做的变换是 $t = ax+b$,只是不写出这一步而已. 第一类换元积分法又称**凑**

微分法.

例 3 求 $\int \tan x \mathrm{d}x$.

解 $\int \tan x \mathrm{d}x = \int \dfrac{\sin x}{\cos x} \mathrm{d}x = -\int \dfrac{\mathrm{d}\cos x}{\cos x}$
$= -\ln|\cos x| + C.$

类似地,可以得到 $\int \cot x \mathrm{d}x = \ln|\sin x| + C.$ 此结果和例 3 可以作为公式使用.

例 4 求 $\int \sin^4 x \cos x \mathrm{d}x$.

解 $\int \sin^4 x \cos x \mathrm{d}x = \int \sin^4 x \mathrm{d}\sin x = \dfrac{1}{5}\sin^5 x + C.$

例 5 求 $\int \cos^2 x \mathrm{d}x$.

解 $\int \cos^2 x \mathrm{d}x = \int \dfrac{1+\cos 2x}{2} \mathrm{d}x = \int \dfrac{1}{2} \mathrm{d}x + \dfrac{1}{2}\int \cos 2x \mathrm{d}x$
$= \dfrac{x}{2} + \dfrac{1}{4} \int \cos 2x \mathrm{d}(2x) = \dfrac{x}{2} + \dfrac{1}{4}\sin 2x + C.$

例 6 求 $\int \cos 2x \cos 4x \mathrm{d}x$.

解 $\int \cos 2x \cos 4x \mathrm{d}x = \dfrac{1}{2}\int (\cos 2x + \cos 6x) \mathrm{d}x$
$= \dfrac{1}{2}\left[\dfrac{1}{2}\int \cos 2x \mathrm{d}(2x) + \dfrac{1}{6}\int \cos 6x \mathrm{d}(6x)\right]$
$= \dfrac{1}{4}\sin 2x + \dfrac{1}{12}\sin 6x + C.$

例 7 求 $\int \dfrac{1}{x^2}\cos \dfrac{1}{x} \mathrm{d}x$.

解 $\int \dfrac{1}{x^2}\cos \dfrac{1}{x} \mathrm{d}x = -\int \cos \dfrac{1}{x} \mathrm{d}\left(\dfrac{1}{x}\right) = -\sin \dfrac{1}{x} + C.$

例 8 求 $\int x(1+x^2)^{100} \mathrm{d}x$.

解 $\int x(1+x^2)^{100} \mathrm{d}x = \dfrac{1}{2}\int (1+x^2)^{100} \mathrm{d}(1+x^2) = \dfrac{1}{202}(1+x^2)^{101} + C.$

例 9 求 $\int \dfrac{\sqrt{1+2\arctan x}}{1+x^2} \mathrm{d}x$.

解 $\int \dfrac{\sqrt{1+2\arctan x}}{1+x^2} \mathrm{d}x = \dfrac{1}{2}\int (1+2\arctan x)^{\frac{1}{2}} \mathrm{d}(1+2\arctan x)$
$= \dfrac{1}{3}(1+2\arctan x)^{\frac{3}{2}} + C.$

例 10 求 $\int (x-1)e^{x^2-2x}dx$.

解 $\int (x-1)e^{x^2-2x}dx = \frac{1}{2}\int e^{x^2-2x}d(x^2-2x) = \frac{1}{2}e^{x^2-2x}+C.$

例 11 求 $\int \frac{1}{x(1+3\ln x)}dx$.

解 $\int \frac{1}{x(1+3\ln x)}dx = \int \frac{1}{1+3\ln x}d\ln x = \frac{1}{3}\int \frac{1}{1+3\ln x}d(1+3\ln x)$
$$= \frac{1}{3}\ln(1+3\ln x)+C.$$

例 12 求 $\int \csc x\, dx$.

解 $\int \csc x\, dx = \int \frac{1}{\sin x}dx = \int \frac{1}{2\sin \frac{x}{2}\cos \frac{x}{2}}dx = \int \frac{1}{\tan \frac{x}{2}\cos^2 \frac{x}{2}}d\left(\frac{x}{2}\right)$

$$= \int \frac{d\tan \frac{x}{2}}{\tan \frac{x}{2}} \xlongequal{u=\tan \frac{x}{2}} \int \frac{1}{u}du = \ln|u|+C = \ln\left|\tan \frac{x}{2}\right|+C,$$

因为
$$\tan \frac{x}{2} = \frac{\sin \frac{x}{2}}{\cos \frac{x}{2}} = \frac{2\sin^2 \frac{x}{2}}{\sin x} = \frac{1-\cos x}{\sin x} = \csc x - \cot x,$$

故上述不定积分又可写为
$$\int \csc x\, dx = \ln|\csc x - \cot x|+C.$$

例 13 求 $\int \sec x\, dx$.

解 $\int \sec x\, dx = \int \frac{1}{\cos x}dx = \int \frac{d\left(x+\frac{\pi}{2}\right)}{\sin\left(x+\frac{\pi}{2}\right)}$

$$\xlongequal{u=x+\frac{\pi}{2}} \int \frac{du}{\sin u} = \ln|\csc u - \cot u|+C$$
$$= \ln\left|\csc\left(x+\frac{\pi}{2}\right)-\cot\left(x+\frac{\pi}{2}\right)\right|+C$$
$$= \ln|\sec x + \tan x|+C.$$

例 14 求 $\int \frac{1}{a^2+x^2}dx$.

解 $\int \frac{1}{a^2+x^2}dx = \int \frac{1}{a^2\left[1+\left(\frac{x}{a}\right)^2\right]}dx = \frac{1}{a}\int \frac{1}{1+\left(\frac{x}{a}\right)^2}d\left(\frac{x}{a}\right) = \frac{1}{a}\arctan \frac{x}{a}+C.$

例 15 求 $\int \dfrac{1}{\sqrt{a^2-x^2}}\mathrm{d}x$ (a 为常数, $a>0$).

解 $\int \dfrac{1}{\sqrt{a^2-x^2}}\mathrm{d}x = \int \dfrac{1}{a\sqrt{1-\left(\dfrac{x}{a}\right)^2}}\mathrm{d}x = \int \dfrac{1}{\sqrt{1-\left(\dfrac{x}{a}\right)^2}}\mathrm{d}\left(\dfrac{x}{a}\right)$

$\qquad = \arcsin \dfrac{x}{a} + C.$

例 16 求 $\int \dfrac{1}{x^2-a^2}\mathrm{d}x$.

解 $\int \dfrac{1}{x^2-a^2}\mathrm{d}x = \int \dfrac{1}{(x-a)(x+a)}\mathrm{d}x = \dfrac{1}{2a}\int \left(\dfrac{1}{x-a} - \dfrac{1}{x+a}\right)\mathrm{d}x$

$\qquad = \dfrac{1}{2a}\left[\int \dfrac{1}{x-a}\mathrm{d}x - \int \dfrac{1}{x+a}\mathrm{d}x\right]$

$\qquad = \dfrac{1}{2a}\left[\int \dfrac{1}{x-a}\mathrm{d}(x-a) - \int \dfrac{1}{x+a}\mathrm{d}(x+a)\right]$

$\qquad = \dfrac{1}{2a}\left[\ln|x-a| - \ln|x+a|\right] + C$

$\qquad = \dfrac{1}{2a}\ln\left|\dfrac{x-a}{x+a}\right| + C.$

下面给出几种常见的凑微分形式:

(1) $\int f(ax+b)\mathrm{d}x = \dfrac{1}{a}\int f(ax+b)\mathrm{d}(ax+b)$;

(2) $\int f(ax^n+b)x^{n-1}\mathrm{d}x = \dfrac{1}{na}\int f(ax^n+b)\mathrm{d}(ax^n+b)$;

(3) $\int f(\ln x)\dfrac{\mathrm{d}x}{x} = \int f(\ln x)\mathrm{d}(\ln x)$;

(4) $\int f\left(\dfrac{1}{x}\right) \cdot \dfrac{\mathrm{d}x}{x^2} = -\int f\left(\dfrac{1}{x}\right)\mathrm{d}\left(\dfrac{1}{x}\right)$;

(5) $\int f(\mathrm{e}^x)\mathrm{e}^x\mathrm{d}x = \int f(\mathrm{e}^x)\mathrm{d}(\mathrm{e}^x)$;

(6) $\int f(\sin x)\cos x\mathrm{d}x = \int f(\sin x)\mathrm{d}(\sin x)$;

(7) $\int f(\cos x)\sin x\mathrm{d}x = -\int f(\cos x)\mathrm{d}(\cos x)$;

(8) $\int f(\tan x)\sec^2 x\mathrm{d}x = \int f(\tan x)\mathrm{d}(\tan x)$;

(9) $\int f(\cot x)\csc^2 x\mathrm{d}x = -\int f(\cot x)\mathrm{d}(\cot x)$;

(10) $\int f(\arcsin x)\dfrac{\mathrm{d}x}{\sqrt{1-x^2}} = \int f(\arcsin x)\mathrm{d}(\arcsin x)$;

(11) $\int f(\arctan x)\dfrac{\mathrm{d}x}{1+x^2}=\int f(\arctan x)\mathrm{d}(\arctan x).$

4.2.2 第二类换元积分法

第一类换元积分法是将积分 $\int f[\varphi(x)]\varphi'(x)\mathrm{d}x$ 中 $\varphi(x)$ 用一个新的变量 u 替换,化为积分 $\int f(u)\mathrm{d}u$,从而使不定积分容易计算;第二类换元积分法,则是引入新积分变量 t,将 x 表示为 t 的一个连续函数 $x=\varphi(t)$,从而简化积分计算.

定理 4.4 设 $x=\varphi(t)$ 是单调可导函数,且 $\varphi'(t)\neq 0$. 如果 $f[\varphi(t)]\varphi'(t)$ 有原函数 $\Phi(t)$,即

$$\int f[\varphi(t)]\varphi'(t)\mathrm{d}t=\Phi(t)+C,$$

则

$$\int f(x)\mathrm{d}x = \left\{\int f[\varphi(t)]\varphi'(t)\mathrm{d}t\right\}_{t=\psi(x)} = \Phi[\psi(x)]+C.$$

其中 $t=\psi(x)$ 是 $x=\varphi(t)$ 的反函数.

证 由假设 $\Phi(t)$ 是 $f[\varphi(t)]\varphi'(t)$ 的原函数,有
$$\mathrm{d}\Phi(t)=f[\varphi(t)]\varphi'(t)\mathrm{d}t.$$
由于 $t=\psi(x)$ 是 $x=\varphi(t)$ 的反函数,根据复合函数微分法,有
$$\mathrm{d}\Phi[\psi(x)]=\Phi'[\psi(x)]\mathrm{d}\psi(x)=\Phi'(t)\mathrm{d}t=f[\varphi(t)]\varphi'(t)\mathrm{d}t=f(x)\mathrm{d}x,$$
所以 $\Phi[\psi(x)]$ 是 $f(x)$ 的原函数,即
$$\int f(x)\mathrm{d}x=\Phi[\psi(x)]+C.$$

第二类换元积分法是用一个新积分变量 t 的函数 $\varphi(t)$ 代换旧积分变量 x,将关于积分变量 x 的不定积分 $\int f(x)\mathrm{d}x$ 转化为关于积分变量 t 的不定积分 $\int g(t)\mathrm{d}t$(其中 $g(t)=f[\varphi(t)]\varphi'(t)$. 经过代换后,不定积分 $\int g(t)\mathrm{d}t$ 比原积分 $\int f(x)\mathrm{d}x$ 容易积出. 在应用这种换元积分法时,要注意适当地选择变量代换 $x=\varphi(t)$,否则会使积分更加复杂.

例 17 求 $\int \dfrac{x^2}{\sqrt{2x-1}}\mathrm{d}x$.

解 令 $t=\sqrt{2x-1}$,则 $x=\dfrac{1}{2}(t^2+1)$,$\mathrm{d}x=t\mathrm{d}t$,于是

$$\int \frac{x^2}{\sqrt{2x-1}}\mathrm{d}x = \int \frac{1}{t}\cdot\frac{1}{4}(t^2+1)^2 t\mathrm{d}t = \frac{1}{20}t^5+\frac{1}{6}t^3+\frac{1}{4}t+C$$

$$=\frac{1}{20}(2x-1)^{\frac{5}{2}}+\frac{1}{6}(2x-1)^{\frac{3}{2}}+\frac{1}{4}(2x-1)^{\frac{1}{2}}+C.$$

例18 求 $\int \frac{\mathrm{d}x}{\sqrt{x}(\sqrt[3]{x}+\sqrt[4]{x})}$.

解 显然,为了使 $\sqrt{x}, \sqrt[3]{x}, \sqrt[4]{x}$ 都变成有理式,应令 $t=\sqrt[12]{x}$,则 $x=t^{12}, \mathrm{d}x=12t^{11}\mathrm{d}t$,所以

$$\int \frac{\mathrm{d}x}{\sqrt{x}(\sqrt[3]{x}+\sqrt[4]{x})} = \int \frac{12t^{11}}{t^6(t^4+t^3)}\mathrm{d}t = 12\int\left(t-1+\frac{1}{t+1}\right)\mathrm{d}t$$
$$=6t^2-12t+12\ln|t+1|+C=6\sqrt[6]{x}-12\sqrt[12]{x}+12\ln(\sqrt[12]{x}+1)+C.$$

例19 求 $\int \sqrt{\mathrm{e}^x-1}\,\mathrm{d}x$.

解 令 $t=\sqrt{\mathrm{e}^x-1}$,则 $x=\ln(t^2+1), \mathrm{d}x=\frac{2t}{t^2+1}\mathrm{d}t$,所以

$$\int \sqrt{\mathrm{e}^x-1}\,\mathrm{d}x = \int t \cdot \frac{2t}{t^2+1}\mathrm{d}t = \int\left(2-\frac{2}{t^2+1}\right)\mathrm{d}t = 2t-2\arctan t+C$$
$$=2\sqrt{\mathrm{e}^x-1}-2\arctan\sqrt{\mathrm{e}^x-1}+C.$$

例20 求 $\int \frac{1}{1+\sqrt{x}}\mathrm{d}x$.

解 令 $x=t^2(t>0)$,则 $t=\sqrt{x}, \mathrm{d}x=2t\mathrm{d}t$,于是

$$\int \frac{\mathrm{d}x}{1+\sqrt{x}} = \int \frac{2t\mathrm{d}t}{1+t} = 2\int \frac{t+1-1}{1+t}\mathrm{d}t = 2\int\left(1-\frac{1}{1+t}\right)\mathrm{d}t$$
$$=2t-2\ln(t+1)+C$$
$$=2\sqrt{x}-2\ln(\sqrt{x}+1)+C.$$

例21 求 $\int \frac{1}{\sqrt{x^2+a^2}}\mathrm{d}x\,(a>0)$.

解 为了去掉根号,令 $x=a\tan t$,则 $\mathrm{d}x=a\sec^2 t\mathrm{d}t$,于是

$$\int \frac{1}{\sqrt{x^2+a^2}}\mathrm{d}x = \int \frac{a\sec^2 t}{a\sec t}\mathrm{d}t = \int \sec t\mathrm{d}t = \ln|\sec t+\tan t|+C_1. \quad (4.2.1)$$

为了把 $\sec t$ 和 $\tan t$ 换成 x 的函数,根据 $\tan t=\frac{x}{a}$ 作如图 4-1 所示的辅助三角形,于是有 $\sec t=\frac{\sqrt{a^2+x^2}}{a}$,代入 (4.2.1) 式得

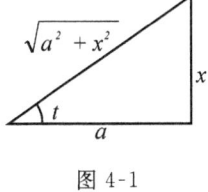

图 4-1

$$\int \frac{1}{\sqrt{x^2+a^2}}\mathrm{d}x = \ln\left|\frac{x}{a}+\frac{\sqrt{x^2+a^2}}{a}\right|+C_1$$
$$=\ln|x+\sqrt{x^2+a^2}|+C\,(C=C_1-\ln a).$$

例22 求 $\int \sqrt{a^2-x^2}\,\mathrm{d}x\,(a>0)$.

解 作三角代换 $x=a\sin t\left(-\frac{\pi}{2}<t<\frac{\pi}{2}\right)$，则 $dx=a\cos t dt$，于是

$$\int\sqrt{a^2-x^2}dx=\int a\cos t\cdot a\cos t dt=a^2\int\cos^2 t dt$$

$$=a^2\int\frac{1+\cos 2t}{2}dt=\frac{a^2}{2}\left(t+\frac{\sin 2t}{2}\right)+C. \quad (4.2.2)$$

为了把变量还原为 x，根据 $\sin t=\frac{x}{a}$ 作如图 4-2 所示的辅助三角形，于是有

$$\cos t=\frac{\sqrt{a^2-x^2}}{a}, \sin 2t=2\sin t\cos t=2\frac{x}{a}\frac{\sqrt{a^2-x^2}}{a}, t=\arcsin\frac{x}{a},$$

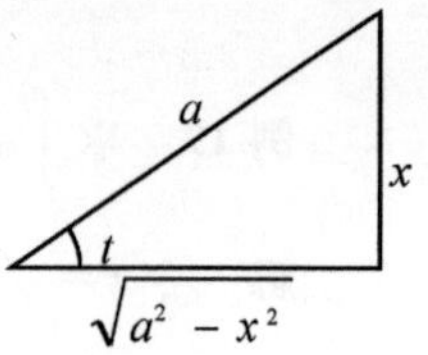

代入(4.2.2)式，得

$$\int\sqrt{a^2-x^2}dx=\frac{a^2}{2}\arcsin\frac{x}{a}+\frac{x}{2}\sqrt{a^2-x^2}+C.$$

例 23 求 $\int\frac{1}{\sqrt{x^2-a^2}}dx(a>0)$.

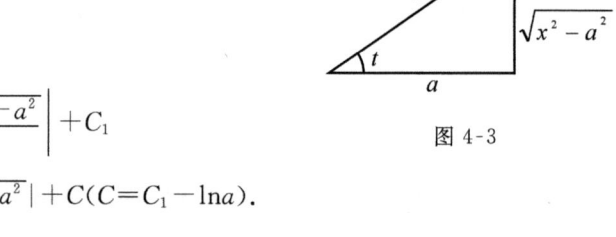

图 4-2

解 令 $x=a\sec t$，则 $dx=a\sec t\tan t dt$，于是

$$\int\frac{1}{\sqrt{x^2-a^2}}dx=\int\frac{a\sec t\tan t}{a\tan t}dt=\int\sec t dt$$

$$=\ln|\sec t+\tan t|+C. \quad (4.2.3)$$

根据 $\sec t=\frac{x}{a}$ 作如图 4-3 所示的辅助三角形，于是有

$\tan t=\frac{\sqrt{x^2-a^2}}{a}$，代入(4.2.3)式得

$$\int\frac{1}{\sqrt{x^2-a^2}}dx=\ln\left|\frac{x}{a}+\frac{\sqrt{x^2-a^2}}{a}\right|+C_1$$

$$=\ln|x+\sqrt{x^2-a^2}|+C(C=C_1-\ln a).$$

图 4-3

例 24 求 $\int\frac{x+1}{x^2\sqrt{x^2-1}}dx$.

解 这类积分可以用三角代换去掉根号，但用代换 $x=\frac{1}{t}$（倒数代换）更加简便，即

$$\int\frac{x+1}{x^2\sqrt{x^2-1}}dx\xlongequal{x=\frac{1}{t}}\int\frac{\frac{1}{t}+1}{\frac{1}{t^2}\sqrt{\frac{1}{t^2}-1}}\cdot\left(-\frac{1}{t^2}dt\right)=-\int\frac{1+t}{\sqrt{1-t^2}}dt$$

$$=-\int\frac{1}{\sqrt{1-t^2}}dt+\int\frac{1}{2}\frac{1}{\sqrt{1-t^2}}d(1-t^2)$$

$$=-\arcsin t+\sqrt{1-t^2}+C=\frac{\sqrt{x^2-1}}{x}-\arcsin\frac{1}{x}+C.$$

由上面例题可以归纳出三种常用的变量代换法：

(1) 含有根式 $\sqrt[n]{ax+b}$ 的函数的积分,可令 $\sqrt[n]{ax+b}=t$,将其转化为有理分式的积分.

(2) 三角函数代换法

如果被积函数含有 $\sqrt{a^2-x^2}$,作代换 $x=a\sin t$ 或 $x=a\cos t$;如果被积函数含有 $\sqrt{x^2+a^2}$,作代换 $x=a\tan t$;如果被积函数含有 $\sqrt{x^2-a^2}$,作代换 $x=a\sec t$. 利用三角代换,可以把根式积分化为三角有理式积分.

(3) 倒数代换 $\left(\text{即令 } x=\dfrac{1}{t}\right)$

如果被积函数的分子和分母关于积分变量 x 的最高次幂分别为 m 和 n,当 $n-m>1$ 时,用倒数代换常可以消去被积函数的分母中的变量因子 x.

在本节的例题中,有几个积分经常用到,它们通常也被当做公式使用.因此,除了基本积分公式外,再补充下面几个积分公式:

(1) $\displaystyle\int \tan x \, dx = -\ln|\cos x| + C$;

(2) $\displaystyle\int \cot x \, dx = \ln|\sin x| + C$;

(3) $\displaystyle\int \sec x \, dx = \ln|\sec x + \tan x| + C$;

(4) $\displaystyle\int \csc x \, dx = \ln|\csc x - \cot x| + C$;

(5) $\displaystyle\int \arcsin x \, dx = x\arcsin x + \sqrt{1-x^2} + C$;

(6) $\displaystyle\int \dfrac{1}{a^2+x^2} \, dx = \dfrac{1}{a}\arctan \dfrac{x}{a} + C$;

(7) $\displaystyle\int \dfrac{1}{\sqrt{a^2-x^2}} \, dx = \arcsin \dfrac{x}{a} + C$;

(8) $\displaystyle\int \sqrt{a^2-x^2} \, dx = \dfrac{x}{2}\sqrt{a^2-x^2} + \dfrac{a^2}{2}\arcsin \dfrac{x}{a} + C$;

(9) $\displaystyle\int \dfrac{1}{\sqrt{x^2+a^2}} \, dx = \ln(x+\sqrt{x^2+a^2}) + C$;

(10) $\displaystyle\int \dfrac{1}{\sqrt{x^2-a^2}} \, dx = \ln\left|x+\sqrt{x^2-a^2}\right| + C$.

例 25 求 $\displaystyle\int \dfrac{1}{\sqrt{1+x+x^2}} \, dx$.

解 $\displaystyle\int \dfrac{1}{\sqrt{1+x+x^2}} \, dx = \int \dfrac{1}{\sqrt{\left(x+\dfrac{1}{2}\right)^2 + \left(\dfrac{\sqrt{3}}{2}\right)^2}} \, dx$

$= \ln\left(x+\dfrac{1}{2}+\sqrt{1+x+x^2}\right) + C.$

例 26 求 $\int \sqrt{5-4x-x^2}\,dx$.

解 $\int \sqrt{5-4x-x^2}\,dx = \int \sqrt{3^2-(x+2)^2}\,dx$
$= \frac{1}{2}(x+2)\sqrt{5-4x-x^2} + \frac{9}{2}\arcsin\frac{x+2}{3} + C.$

4.3 分部积分法

4.3.1 分部积分公式

4.2 节我们将复合函数的微分法用于求积分,得到换元积分法,大大拓展了求积分的领域.下面我们利用两个函数乘积的微分法则,推出另一种求积分的基本方法——分部积分法.

设函数 $u=u(x),v=v(x)$ 具有连续导数,由函数乘积的微分公式有
$$d(uv)=udv+vdu,$$
移项得
$$udv=d(uv)-vdu,$$
对上式两边积分,得
$$\int u\,dv = uv - \int v\,du. \tag{4.3.1}$$

公式(4.3.1)叫做**分部积分公式**.

注 使用分部积分公式首先是把不定积分 $\int f(x)dx$ 的被积表达式 $f(x)dx$ 变成形如 $u(x)dv(x)$ 的形式,然后套用公式,这样就把求不定积分 $\int f(x)dx = \int u\,dv$ 的问题转化为求不定积分 $\int v\,du$ 的问题.如果 $\int v\,du$ 易于求出,那么分部积分公式就起到了化难为易的作用.

应用分部积分法的关键是恰当地选择 u 和 dv. 一般说来,选取 u 和 dv 的原则是
(1) v 易于求出;
(2) $\int v\,du$ 要比 $\int u\,dv$ 容易求出.

例 1 求 $\int xe^x\,dx$.

解 设 $u=x, dv=e^x dx = de^x$,则 $du=dx, v=e^x$,由分部积分公式,得

$$\int x\mathrm{e}^x\mathrm{d}x = \int u\mathrm{d}v = uv - \int v\mathrm{d}u$$
$$= x\mathrm{e}^x - \int \mathrm{e}^x\mathrm{d}x = x\mathrm{e}^x - \mathrm{e}^x + C$$
$$= (x-1)\mathrm{e}^x + C.$$

例 2 求 $\int x^2 \ln x \mathrm{d}x$.

解 设 $u = \ln x, \mathrm{d}v = x^2\mathrm{d}x = \mathrm{d}\left(\frac{1}{3}x^3\right)$，则 $\mathrm{d}u = \frac{1}{x}\mathrm{d}x, v = \frac{1}{3}x^3$，由分部积分公式得

$$\int x^2 \ln x \mathrm{d}x = \int u\mathrm{d}v = uv - \int v\mathrm{d}u$$
$$= \frac{1}{3}x^3 \ln x - \int \frac{1}{3}x^3 \cdot \frac{1}{x}\mathrm{d}x = \frac{1}{3}x^3 \ln x - \frac{1}{3}\int x^2 \mathrm{d}x$$
$$= \frac{1}{3}x^3 \ln x - \frac{1}{9}x^3 + C$$
$$= \frac{x^3}{3}\left(\ln x - \frac{1}{3}\right) + C.$$

解题熟练以后，u 和 v 可以省略不写，直接套用公式(4.3.1)计算.

例 3 求 $\int \arccos x \mathrm{d}x$.

解
$$\int \arccos x \mathrm{d}x = x\arccos x + \int \frac{x}{\sqrt{1-x^2}}\mathrm{d}x$$
$$= x\arccos x - \frac{1}{2}\int \frac{1}{\sqrt{1-x^2}}\mathrm{d}(1-x^2)$$
$$= x\arccos x - \sqrt{1-x^2} + C.$$

例 4 求 $\int x^2 \arctan x \mathrm{d}x$.

解
$$\int x^2 \arctan x \mathrm{d}x = \frac{1}{3}\int \arctan x \mathrm{d}(x^3) = \frac{1}{3}\left(x^3 \arctan x - \int x^3 \frac{1}{1+x^2}\mathrm{d}x\right)$$
$$= \frac{x^3}{3}\arctan x - \frac{x^2}{6} + \frac{1}{6}\ln(1+x^2) + C.$$

例 5 求 $\int x^2 \cos x \mathrm{d}x$.

解
$$\int x^2 \cos x \mathrm{d}x = \int x^2 \mathrm{d}(\sin x) = x^2 \sin x - \int \sin x \mathrm{d}(x^2)$$
$$= x^2 \sin x - 2\int x \sin x \mathrm{d}x = x^2 \sin x + 2\int x \mathrm{d}(\cos x)$$
$$= x^2 \sin x + 2\left(x\cos x - \int \cos x \mathrm{d}x\right)$$
$$= x^2 \sin x + 2(x\cos x - \sin x) + C$$
$$= x^2 \sin x + 2x\cos x - 2\sin x + C.$$

例 6 求 $\int e^x \sin x \, dx$.

解 $\int e^x \sin x \, dx = \int e^x d(-\cos x) = -e^x \cos x + \int \cos x \, d(e^x)$

$\qquad = -e^x \cos x + \int e^x \cos x \, dx = -e^x \cos x + \int e^x d(\sin x)$

$\qquad = -e^x \cos x + e^x \sin x - \int e^x \sin x \, dx.$

等式右端出现了原不定积分,于是移项,除以 2,得

$$\int e^x \sin x \, dx = \frac{e^x}{2}(\sin x - \cos x) + C.$$

通过上面例题可以看出,分部积分法适用于两种不同类型函数的乘积的不定积分. 当被积函数是幂函数 x^n(n 为正整数)和正(余)弦函数的乘积,或幂函数 x^n(n 为正整数)和指数函数 e^{kx} 的乘积时,设 u 为幂函数 x^n,则每用一次分部积分公式,幂函数 x^n 的幂次就降低一次. 所以,若 $n>1$,就需要连续使用分部积分法才能求出不定积分. 当被积函数是幂函数和反三角函数或幂函数和对数函数的乘积时,设 u 为反三角函数或对数函数. 下面给出常见的几类被积函数中 u, dv 的选择:

(1) $\int x^n e^{kx} dx$,设 $u = x^n, dv = e^{kx} dx$;

(2) $\int x^n \sin(ax+b) dx$,设 $u = x^n, dv = \sin(ax+b) dx$;

(3) $\int x^n \cos(ax+b) dx$,设 $u = x^n, dv = \cos(ax+b) dx$;

(4) $\int x^n \ln x \, dx$,设 $u = \ln x, dv = x^n dx$;

(5) $\int x^n \arcsin(ax+b) dx$,设 $u = \arcsin(ax+b), dv = x^n dx$;

(6) $\int x^n \arctan(ax+b) dx$,设 $u = \arctan(ax+b), dv = x^n dx$;

(7) $\int e^{kx} \sin(ax+b) dx$ 和 $\int e^{kx} \cos(ax+b) dx$, u 和 dv 随意选择.

注 求不定积分常有多种方法,比较灵活,各种方法都有自己的特点,要注意不断积累经验.

4.4 不定积分在经济上应用

对一已知经济函数 $F(x)$[如需求函数 $q(p)$,总成本函数 $C(q)$,总收入函数 $R(q)$ 和总利润函数 $L(q)$ 等],它的边际函数就是它的导函数 $F'(x)$,作为导数的逆运算,若对已知的边际函数 $F'(x)$,求不定积分 $\int F'(x)\mathrm{d}x$,可求得原经济函数

$$F(x) = \int F'(x)\mathrm{d}x,$$

其中,积分常数 C 由 $F(0)=F_0$ 的具体条件确定.

1. 需求函数

我们知道需求量 q 价格 p 的函数 $q(p)$,一般地,价格 $p=0$ 时,需求量最大,设最大需求量为 q_0,即 $q_0 = q(p)\big|_{p=0}$.

若已知边际需求函数 $q'(p)$,则总需求函数 $q(p)$ 可由下面的公式求得

$$q(p) = \int q'(p)\mathrm{d}p,$$

其中,积分常数 C 由 $q(p)\big|_{p=0} = q_0$ 确定.

例1 设某商品的需求量 q 是价格 p 的函数,该商品的最大需求量为 1000(即 $p=0$ 时,$q=1000$),已知需求量的变化率为 $q'(p) = -1000\ln 3 \cdot \left(\frac{1}{3}\right)^p$,求需求量关于价格的弹性.

解 因为 $q(p) = \int q'(p)\mathrm{d}p = -\int 1000\ln 3 \cdot \left(\frac{1}{3}\right)^p = 1000\left(\frac{1}{3}\right)^p + C$.

由 $q(0)=1000$ 得,$C=0$,

所以 $q(p) = 1000\left(\frac{1}{3}\right)^p$.

所以需求量关于价格的弹性为

$$\eta = \frac{q'(p)}{q(p)} \cdot p = \frac{-1000 \cdot \ln 3 \cdot \left(\frac{1}{3}\right)^p}{1000 \cdot \left(\frac{1}{3}\right)^p} \cdot p = -p\ln 3.$$

例2 已知边际成本函数 $MC = 3q^2 - 118q + 1315$,固定成本为 $C_0 = 2000$,求总成本函数.

解 用不定积分法,利用公式得总成本函数为

$$C(q) = \int (3q^2 - 118q + 1315)\mathrm{d}q$$

$$= q^3 - 59q^2 + 1315q + C,$$

利用固定成本 $C_0 = 2000$ 条件,确定积分常数为 $C = 2000$,所以,
$$C(q) = q^3 - 59q^2 + 1315q + 2000.$$

例 3 已知边际成本为 $C'(q) = 7 + \dfrac{25}{\sqrt{q}}$,固定成本为 1000,求总成本函数.

解 $C'(q) = 7 + \dfrac{25}{\sqrt{q}},\quad C(q) = \displaystyle\int \left(7 + \dfrac{25}{\sqrt{q}}\right) dq = 7q + 50\sqrt{q} + C,$

又 $C(0) = 1000$,所以 $C = 1000$.

所以总成本函数为
$$C(q) = 7q + 50\sqrt{q} + 1000.$$

2. 总收入函数

设销售量为 q 时的边际收入为 $R'(q)$,销售量为 q 时的总收入函数可由下面的公式求得:
$$R(q) = \int R'(q) \, dq.$$

其中,积分常数 C 由 $R(0)$ 确定(一般假定销售量为 0 时,总收入为 0).

例 4 已知边际收入 $R'(q) = a - bq$,求收入函数.

解 因为 $R(q) = \displaystyle\int (a - bq) dq = aq - \dfrac{b}{2} q^2 + C$,又 $R(0) = 0$,

所以
$$C = 0.$$

所以收入函数为
$$R(q) = aq - \dfrac{b}{2} q^2.$$

3. 利润函数

设产品的边际收入为 $R'(q)$,边际成本为 $C'(q)$,则总收入函数为
$$R(q) = \int R'(q) \, dq.$$

总成本函数为 $C(q) = \displaystyle\int C'(q) \, dq.$

利润函数为 $L(q) = R(q) - C(q) = \displaystyle\int R'(q) dq - \int C'(q) dq.$

例 5 已知某产品边际收入为 $R'(q) = 25 - 2q$,固定成本 $C_0 = 5$ 万元,边际成本为 $C'(q) = 13 - 4q$. 求该产品的利润函数.

解 由 $L'(q) = R'(q) - C'(q) = (25 - 2q) - (13 - 4q) = 12 + 2q.$

得
$$L(q) = \int L'(q) \, dq = \int (12 + 2q) \, dq = 12q + q^2 + C.$$

又因为 $L(0) = -C_0, C_0 = 5$ 万元,$C = L(0) = -C_0 = -5$,所以
$$L(q) = 12q + q^2 - 5.$$

本章小结

一、本章主要内容
本章主要介绍不定积分的概念、性质和求法,并介绍了不定积分在经济上的应用.

二、基本概念
(1)原函数:设函数 $f(x)$ 是定义在某区间上的已知函数,如果存在一个函数 $F(x)$,对于该区间上每一点都有 $F'(x)=f(x)$ 或 $\mathrm{d}F(x)=f'(x)\mathrm{d}x$,则称 $F(x)$ 是 $f(x)$ 在该区间上的一个原函数.

(2)不定积分:$f(x)$ 的不定积分就是 $f(x)$ 的全体原函数,即 $\int f(x)\mathrm{d}x=F(x)+C$.

三、主要定理
(1)原函数族定理:如果函数 $f(x)$ 在某一区间内并且对该区间的任一点,都有 $F'(x)=f(x)$ 或 $\mathrm{d}F(x)=f'(x)\mathrm{d}x$,那么函数 $F(x)$ 就称为函数 $f(x)$ 的一个原函数.

(2)原函数存在定理:如果函数 $f(x)$ 在某一区间内连续,则函数 $f(x)$ 在该区间内的原函数必定存在.

四、主要性质
(1)不定积分与求导或微分互为逆运算;
(2)两个函数之和的不定积分等于各积分的和;
(3)被积函数的非零常数因子可移到积分号外.

五、主要方法
(1)第一类换元积分法:

设 $\int f(u)\mathrm{d}u=F(u)+C, u=\varphi(x)$,则

$$\int f[\varphi(x)\varphi'(x)]\mathrm{d}x=\int f[\varphi(x)]\mathrm{d}\varphi(x)=F[\varphi(x)]+C,$$

其中 $\varphi(x)$ 可导,$\varphi'(x)$ 连续.

(2)第二类换元积分法:

设 $x=\varphi(t),\varphi(t)$ 可导,$\varphi'(t)$ 连续,则

$$\int f(x)\mathrm{d}x=\int f[\varphi(t)]\varphi'(t)\mathrm{d}t=F(t)+C=F[\varphi^{-1}(x)]+C.$$

(3)分部积分法:

$$\int u(x)\mathrm{d}v(x)=u(x)v(x)-\int v(x)\mathrm{d}u(x).$$

六、基本积分表
不定积分的计算比较灵活,计算量较大,为了方便,往往把常用的积分公式汇集在一起,称为积分表,读者应熟记基本积分表.另一些常用积分公式列表如下,计算有关积分时,可查表直接应用.

(1) $\int \tan x \, dx = -\ln|\cos x| + C$;

(2) $\int \cot x \, dx = \ln|\sin x| + C$;

(3) $\int \sec x \, dx = \ln|\sec x + \tan x| + C$;

(4) $\int \csc x \, dx = \ln|\csc x - \cot x| + C$;

(5) $\int \arcsin x \, dx = x\arcsin x + \sqrt{1-x^2} + C$;

(6) $\int \arccos x \, dx = x\arccos x - \sqrt{1-x^2} + C$;

(7) $\int \arctan x \, dx = x\arctan x - \ln\sqrt{1+x^2} + C$;

(8) $\int \text{arccot} x \, dx = x \, \text{arccot} x + \ln\sqrt{1+x^2} + C$;

(9) $\int \dfrac{1}{a^2+x^2} dx = \dfrac{1}{a}\arctan\dfrac{x}{a} + C$;

(10) $\int \dfrac{1}{x^2-a^2} dx = \dfrac{1}{2a}\ln\left|\dfrac{x-a}{x+a}\right| + C$;

(11) $\int \dfrac{1}{\sqrt{a^2-x^2}} dx = \arcsin\dfrac{x}{a} + C$;

(12) $\int \dfrac{1}{\sqrt{x^2 \pm a^2}} dx = \ln\left|x + \sqrt{x^2 \pm a^2}\right| + C$;

(13) $\int \sqrt{x^2 \pm a^2} \, dx = \dfrac{x}{2}\sqrt{x^2 \pm a} \pm \dfrac{a^2}{2}\ln(x + \sqrt{x^2 \pm a^2}) + C$.

习题 4

1. 一曲线过点 $(e,2)$，且过曲线上任意一点的切线的斜率等于该点横坐标的倒数，求该曲线的方程.

2. 验证函数 $F(x) = x(\ln x - 1)$ 是 $f(x) = \ln x$ 的一个原函数.

3. 求下列不定积分：

(1) $\int (x - 2\sqrt{x} + 3\sqrt[3]{x}) dx$; (2) $\int (x^3 + 3^x) dx$;

(3) $\int (\sqrt{x} - 1)^2 dx$; (4) $\int (\sqrt[3]{x} - \dfrac{1}{\sqrt[3]{x}}) dx$;

(5) $\int \sqrt{x}(2 - x) dx$; (6) $\int \sqrt{\sqrt{x}} \, dx$;

(7) $\int \dfrac{x^2}{1+x^2} dx$; (8) $\int \dfrac{x^2 - x + \sqrt{x} - 1}{x} dx$;

(9) $\int \dfrac{1-e^{2x}}{1+e^x}dx$;

(10) $\int \dfrac{1}{x^2(x^2+1)}dx$;

(11) $\int \tan^2 x\, dx$;

(12) $\int \cos^2 \dfrac{x}{2}dx$;

(13) $\int \dfrac{\cos 2x}{\cos x+\sin x}dx$;

(14) $\int \sin^2 x\, dx$.

4. 求下列不定积分：

(1) $\int (2-3x)^{\frac{3}{2}}dx$;

(2) $\int \dfrac{1}{\sqrt{2-3x}}dx$;

(3) $\int e^{-x}dx$;

(4) $\int \dfrac{1}{\sqrt{x}}e^{\sqrt{x}}dx$;

(5) $\int a^{3x}dx\ (a>0, a\neq 1)$;

(6) $\int \dfrac{x}{1+x^2}dx$;

(7) $\int x\sqrt{4-x^2}dx$;

(8) $\int \dfrac{e^{\frac{1}{x}}}{x^2}dx$;

(9) $\int \dfrac{\ln x}{x}dx$;

(10) $\int \dfrac{1+\ln x+\ln^2 x}{x}dx$;

(11) $\int \dfrac{1}{3+2x}dx$;

(12) $\int \dfrac{e^x}{e^x+1}dx$;

(13) $\int \dfrac{x^2}{x^2+3}dx$;

(14) $\int \dfrac{1}{\sqrt{4-x^2}}dx$;

(15) $\int \dfrac{1}{4-x^2}dx$;

(16) $\int \dfrac{1}{x^2-x-6}dx$;

(17) $\int \dfrac{1}{x^2+4x+3}dx$;

(18) $\int \cos \dfrac{\pi x}{2}dx$;

(19) $\int \sin \dfrac{x}{3}dx$;

(20) $\int \dfrac{1}{1+\cos x}dx$;

(21) $\int \cos^3 x\, dx$;

(22) $\int \sin^3 x\cos x\, dx$;

(23) $\int \dfrac{\sin\sqrt{x}}{\sqrt{x}}dx$;

(24) $\int e^{\sin x}\cos x\, dx$;

(25) $\int \dfrac{\arctan x}{1+x^2}dx$;

(26) $\int \dfrac{\sin x}{4+\cos^2 x}dx$.

5. 求下列不定积分：

(1) $\int x\sqrt{x-1}dx$;

(2) $\int \dfrac{1}{1+\sqrt{x}}dx$;

(3) $\int \dfrac{x}{\sqrt{x-3}}dx$;

(4) $\int \dfrac{dx}{\sqrt{x}+\sqrt[3]{x}}$;

(5) $\int \dfrac{\mathrm{d}x}{x^2\sqrt{a^2-x^2}}\mathrm{d}x$;

(6) $\int \dfrac{\mathrm{d}x}{x^2\sqrt{x^2+1}}\mathrm{d}x$;

(7) $\int \dfrac{\sqrt{1-x^2}}{x}\mathrm{d}x$;

(8) $\int \dfrac{\sqrt{x^2-1}}{x}\mathrm{d}x$;

(9) $\int (x-1)\mathrm{e}^{x^2-2x}\mathrm{d}x$;

(10) $\int \dfrac{1}{x\sqrt{1+x^2}}\mathrm{d}x$;

(11) $\int \dfrac{\mathrm{d}x}{\sqrt{x}(1+x)}$;

(12) $\int \dfrac{\mathrm{d}x}{x(1+\sqrt{x})}$.

6. 求下列不定积分：

(1) $\int x\ln x\,\mathrm{d}x$;

(2) $\int \ln(1+x^2)\,\mathrm{d}x$;

(3) $\int x^2\sin x\,\mathrm{d}x$;

(4) $\int x\cos 2x\,\mathrm{d}x$;

(5) $\int x\mathrm{e}^{-x}\mathrm{d}x$;

(6) $\int x^2\mathrm{e}^{-x}\mathrm{d}x$;

(7) $\int \dfrac{\ln x}{x^2}\mathrm{d}x$;

(8) $\int \arccos x\,\mathrm{d}x$;

(9) $\int \mathrm{e}^{\sqrt{2x-1}}\mathrm{d}x$;

(10) $\int \mathrm{e}^{-x}\cos x\,\mathrm{d}x$;

(11) $\int \cos\sqrt{1-x}\,\mathrm{d}x$;

(12) $\int \sin(\ln x)\,\mathrm{d}x$;

(13) $\int \dfrac{1}{x^2}\arctan x\,\mathrm{d}x$;

(14) $\int \dfrac{x}{(1+x)^2}\mathrm{e}^x\,\mathrm{d}x$;

(15) $\int \ln(x+\sqrt{1+x^2})\,\mathrm{d}x$;

(16) $\int \dfrac{1}{x}\ln(\ln x)\,\mathrm{d}x$.

7. 设过曲线上任一点的切线的斜率等于该点与坐标原点所连直线斜率的 3 倍，求此曲线方程.

疑难解析和典型例题分析

例 1 计算下列不定积分：

(1) $\int \dfrac{\ln(\ln x)}{x\ln x}\mathrm{d}x$;

(2) $\int \dfrac{\mathrm{d}x}{1+\mathrm{e}^x}$;

(3) $\int \dfrac{\ln x\,\mathrm{d}x}{\sqrt{x-1}}$;

(4) $\int \dfrac{x^3\,\mathrm{d}x}{\sqrt{1-x^2}}$;

(5) $\int \dfrac{x}{1+\cos x}\mathrm{d}x$;

(6) $\int \dfrac{x+2}{x^2+2x+3}\mathrm{d}x$;

(7) $\int \dfrac{\mathrm{d}x}{x(1+x^4)}$.

解 (1) $\int \dfrac{\ln(\ln x)}{x\ln x}\mathrm{d}x = \int \dfrac{\ln(\ln x)}{\ln x}\mathrm{d}(\ln x)$

$$= \int \ln(\ln x) \mathrm{d}[\ln(\ln x)]$$

$$= \frac{1}{2}[\ln(\ln x)]^2 + C.$$

本题进行了两次凑微分,这在综合性的题目中是常见的,第二次凑微分的理论依据是微分形式不变性.

(2) **解法一** $\int \dfrac{\mathrm{d}x}{1+\mathrm{e}^x} = \int \dfrac{(1+\mathrm{e}^x)-\mathrm{e}^x}{1+\mathrm{e}^x}\mathrm{d}x$

$$= \int \mathrm{d}x - \int \frac{\mathrm{d}(\mathrm{e}^x+1)}{1+\mathrm{e}^x}$$

$$= x - \ln(1+\mathrm{e}^x) + C.$$

解法二 $\int \dfrac{\mathrm{d}x}{1+\mathrm{e}^x} = \int \dfrac{\mathrm{e}^{-x}}{\mathrm{e}^{-x}+1}\mathrm{d}x = -\int \dfrac{\mathrm{d}(\mathrm{e}^{-x}+1)}{\mathrm{e}^{-x}+1}$

$$= -\ln(\mathrm{e}^{-x}+1) + C.$$

解法三 令 $\mathrm{e}^x = t$,则 $x = \ln t, \mathrm{d}x = \dfrac{1}{t}\mathrm{d}t$,故

$$\int \frac{\mathrm{d}x}{1+\mathrm{e}^x} = \int \frac{\mathrm{d}t}{t(1+t)} = \int \left(\frac{1}{t} - \frac{1}{1+t}\right)\mathrm{d}t$$

$$= \ln|t| - \ln|1+t| + C$$

$$= x - \ln(1+\mathrm{e}^x) + C.$$

不定积分往往能够一题多解,不同的解法有时会有不同的结果,这些差异可能仅是形式的不同或者至多相差一个常数. 在例 1(2) 中,解法二与解法一、解法三的结果就只是形式的不同,因为 $-\ln(\mathrm{e}^{-x}+1) = -\ln\left(\dfrac{1}{\mathrm{e}^x}+1\right) = -\ln\left(\dfrac{\mathrm{e}^x+1}{\mathrm{e}^x}\right) = x - \ln(\mathrm{e}^x+1)$. 验证不定积分的结果是否正确,只要对结果求导看是否等于被积函数.

(3) **解法一** 令 $\sqrt{x-1} = t$,则 $x = t^2+1, \mathrm{d}x = 2t\mathrm{d}t$,故

$$\int \frac{\ln x}{\sqrt{x-1}}\mathrm{d}x = 2\int \ln(t^2+1)\mathrm{d}t = 2t\ln(t^2+1) - \int \frac{4t^2}{t^2+1}\mathrm{d}t$$

$$= 2t\ln(t^2+1) - 4\int \mathrm{d}t + 4\int \frac{\mathrm{d}t}{t^2+1}$$

$$= 2t\ln(t^2+1) - 4t + 4\arctan t + C$$

$$= 2\sqrt{x-1}\ln x - 4\sqrt{x-1} + 4\arctan\sqrt{x-1} + C.$$

解法二 $\int \dfrac{\ln x}{\sqrt{x-1}}\mathrm{d}x = 2\int \ln x \mathrm{d}\sqrt{x-1} = 2\sqrt{x-1}\ln x - 2\int \dfrac{\sqrt{x-1}}{x}\mathrm{d}x,$

在积分 $\int \dfrac{\sqrt{x-1}}{x}\mathrm{d}x$ 中令 $\sqrt{x-1} = t$,同法一有

$$\int \frac{\sqrt{x-1}}{x}\mathrm{d}x = 2\int \frac{t^2}{t^2+1}\mathrm{d}t = 2\sqrt{x-1} - 2\arctan\sqrt{x-1} + C_1,$$

从而

$$\int \frac{\ln x}{\sqrt{x-1}} dx = 2\sqrt{x-1}\ln x - 4\sqrt{x-1} + 4\arctan\sqrt{x-1} + C \text{(其中 } C = -2C_1\text{)}.$$

由题(3)可见,换元法与分步积分法常常综合运用.

(4) **解法一**
$$\int \frac{x^3}{\sqrt{1-x^2}} dx = \frac{1}{2} \int \frac{x^2}{\sqrt{1-x^2}} dx^2 = \frac{-1}{2} \int \frac{(x^2-1)+1}{\sqrt{1-x^2}} d(1-x^2)$$
$$= \frac{1}{2} \int (1-x^2)^{\frac{1}{2}} d(1-x^2) - \frac{1}{2} \int (1-x^2)^{-\frac{1}{2}} d(1-x^2)$$
$$= \frac{1}{3}(1-x^2)^{\frac{3}{2}} - (1-x^2)^{\frac{1}{2}} + C$$
$$= -\frac{1}{3}\sqrt{1-x^2}(x^2+2) + C.$$

解法二 令 $x = \sin t \left(t \in \left(-\frac{\pi}{2}, \frac{\pi}{2}\right)\right)$, 则 $dx = \cos t dt$, 且
$$\int \frac{x^3}{\sqrt{1-x^2}} dx = \int \sin^3 t dt = \int (\cos^2 t - 1) d(\cos t)$$
$$= \frac{1}{3}\cos^3 t - \cos t + C$$
$$= -\frac{1}{3}\sqrt{1-x^2}(x^2+2) + C.$$

解法三
$$\int \frac{x^3}{\sqrt{1-x^2}} dx = -\int x^2 d\sqrt{1-x^2} = -x^2\sqrt{1-x^2} + \int \sqrt{1-x^2} d(x^2)$$
$$= -x^2\sqrt{1-x^2} - \int (1-x^2)^{\frac{1}{2}} d(1-x^2)$$
$$= -x^2\sqrt{1-x^2} - \frac{2}{3}(1-x^2)^{\frac{3}{2}} + C$$
$$= -\frac{1}{3}\sqrt{1-x^2}(x^2+2) + C.$$

该题分别用了凑微分、三角代换、分部积分法求解.

(5) $\int \frac{x}{1+\cos x} dx = \int \frac{x}{2\cos^2 \frac{x}{2}} dx$
$$= \int x d\left(\tan \frac{x}{2}\right) = x\tan \frac{x}{2} - 2\int \tan \frac{x}{2} d\left(\frac{x}{2}\right)$$
$$= x\tan \frac{x}{2} + 2\ln\left|\cos \frac{x}{2}\right| + C.$$

(6) $\int \frac{(x+2)}{x^2+2x+3} dx = \frac{1}{2} \int \frac{(2x+2)+2}{x^2+2x+3} dx$
$$= \frac{1}{2} \int \frac{d(x^2+2x+3)}{x^2+2x+3} + \int \frac{d(x+1)}{(x+1)^2+(\sqrt{2})^2}$$

$$= \frac{1}{2}\ln(x^2+2x+3)+\frac{\sqrt{2}}{2}\arctan\frac{x+1}{\sqrt{2}}+C.$$

(7) **解法一** $\displaystyle\int\frac{\mathrm{d}x}{x(1+x^4)}=\int\left(\frac{1}{x}-\frac{x^3}{1+x^4}\right)\mathrm{d}x=\int\frac{\mathrm{d}x}{x}-\frac{1}{4}\int\frac{\mathrm{d}(1+x^4)}{1+x^4}$

$$=\ln|x|-\frac{1}{4}\ln(1+x^4)+C.$$

解法二 用倒数代换,令 $x=\dfrac{1}{t}$,则 $\mathrm{d}x=-\dfrac{1}{t^2}\mathrm{d}t$,于是

$$\int\frac{\mathrm{d}x}{x(1+x^4)}=\int\frac{-t^3}{t^4+1}\mathrm{d}t=-\frac{1}{4}\ln(t^4+1)+C.$$

$$=\ln|x|-\frac{1}{4}\ln(x^4+1)+C.$$

(6)、(7)两题虽然都是有理函数的积分,这里将被积函数适当变形后使用凑微分与倒数代换法简便地求出了积分,如果采用化为部分分式的积分会麻烦得多.

例 2 求不定积分 $\displaystyle\int\frac{x^4+x^2+1}{x^3+x}\mathrm{d}x$.

解 $\dfrac{x^4+x^2+1}{x^3+x}=\dfrac{x^4+x^2}{x^3+x}+\dfrac{x}{x^2(x^2+1)}=x+\dfrac{x}{x^2(x^2+1)},$

故

$$\int\frac{x^4+x^2+1}{x^3+x}\mathrm{d}x=\int x\mathrm{d}x+\int\frac{x}{x^2(x^2+1)}\mathrm{d}x.$$

$$=\frac{x^2}{2}+\frac{1}{2}\int\left(\frac{1}{x^2}-\frac{1}{x^2+1}\right)\mathrm{d}x^2$$

$$=\frac{x^2}{2}+\ln|x|-\frac{1}{2}\ln(1+x^2)+C.$$

第五章 定积分及其应用

学习目标

1. 理解定积分的定义、定积分的基本性质、定积分与不定积分的关系.
2. 理解定积分的积分思想,理解"求总量"的数学模型.
3. 会求变上限定积分的导数.
4. 熟练掌握牛顿—莱布尼兹公式,熟练掌握定积分的换元积分法和分部积分法.
5. 掌握定积分在经济学中的应用,会利用定积分计算平面图形的面积.
6. 了解无界函数、无穷区间上的广义积分.

第四章中讨论了积分学部分的不定积分,这一章将要讨论积分学的另一个基本问题——定积分的问题.我们先从几何和物理学问题出发引进定积分的概念,然后讨论它的性质与计算方法以及定积分的应用.

5.1 定积分的概念与性质

5.1.1 两个实际问题

与定积分起源有密切关系的两个实际问题,一个是曲边梯形的面积计算,一个是变速直线运动的路程的计算.下面从这两个问题谈起.

1. 曲边梯形的面积

设 $y=f(x)$ 是区间 $[a,b]$ 上的非负连续函数,由直线 $x=a, x=b, y=0$ 及曲线 $y=f(x)$ 所围成的图形(如图 5-1),称为曲边梯形,曲线 $y=f(x)$ 称为曲边.现在求其面积 A.

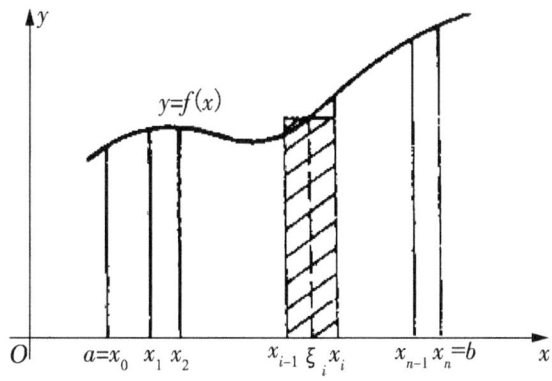

图 5-1

由于曲边梯形的高 $f(x)$ 在区间 $[a,b]$ 上是变动的,无法直接用已有的梯形面积公式去计算.但曲边梯形的高 $f(x)$ 在区间 $[a,b]$ 上是连续变化的,当区间很小时,高 $f(x)$ 的变化也很小,近似不变.因此,如果把区间 $[a,b]$ 分成许多小区间,在每个小区间上用某一点处的高度近似代替该区间上的小曲边梯形的变高,那么,每个小曲边梯形就可近似看成这样得到的小矩形,从而所有小矩形面积之和就可作为曲边梯形面积的近似值.如果将区间 $[a,b]$ 无限细分下去,即让每个小区间的长度都趋于零,这时所有小矩形面积之和的极限就可定义为曲边梯形的面积.其具体做法如下:

(1)首先在区间 $[a,b]$ 内插入 $n-1$ 个分点 $a=x_0<x_1<\cdots<x_{n-1}<x_n=b$,把区间 $[a,b]$ 分成 n 个小区间 $[x_{i-1},x_i](i=1,2,\cdots,n)$,各小区间 $[x_{i-1},x_i]$ 的长度依次记为 $\Delta x_i=x_i-x_{i-1}(i=1,2,\cdots,n)$.过各个分点作垂直于 x 轴的直线,将整个曲边梯形分成 n 个小曲边梯形(如图 5-1),小曲边梯形的面积记为 $\Delta A_i(i=1,2,\cdots,n)$.

(2)在每个小区间 $[x_{i-1},x_i]$ 上任意取一点 $\xi_i(x_{i-1}\leqslant\xi_i\leqslant x_i)$,作以 $f(\xi_i)$ 为高、底边为 Δx_i 的小矩形,其面积为 $f(\xi_i)\Delta x_i$,它可作为同底的小曲边梯形的面积近似值,即
$$\Delta A_i\approx f(\xi_i)\Delta x_i(i=1,2,\cdots,n).$$
把 n 个小矩形的面积加起来,就得到整个曲边梯形面积 A 的近似值:
$$A=\sum_{i=1}^n\Delta A_i\approx\sum_{i=1}^n f(\xi_i)\Delta x_i.$$

(3)记 $\lambda=\max\{\Delta x_1,\Delta x_2,\cdots,\Delta x_n\}$,则当 $\lambda\to 0$ 时,每个小区间 $[x_{i-1},x_i]$ 的长度 Δx_i 也趋于零,此时和式 $\sum_{i=1}^n f(\xi_i)\Delta x_i$ 的极限便是所求曲边梯形面积 A 的精确值,即
$$A=\lim_{\lambda\to 0}\sum_{i=1}^n f(\xi_i)\Delta x_i.$$

2. 变速直线运动的路程

设质点做直线运动,速度 v 是时间 t 的函数,如何计算在时间间隔 $[T_1,T_2]$ 中质点所走过的路程 s 呢?如果质点是匀速运动,则

路程=速度×时间间隔.

如果质点是变速运动，可在$[T_1,T_2]$内任意插入$n-1$个分点：
$$T_1=t_0<t_1<\cdots<t_{n-1}<t_n=T_2,$$

将$[T_1,T_2]$分为n个时间段$[t_{i-1},t_i](i=1,2,\cdots,n)$，每个小时间段的时间间隔依次为$\Delta t_i=t_i-t_{i-1}(i=1,2,\cdots,n)$. 质点在各个小时间段内所走过的路程相应记为$\Delta s_i(i=1,2,\cdots,n)$.

当Δt_i很小，取任意$\tau_i\in[t_{i-1},t_i](i=1,2,\cdots,n)$. 由于速度变化不大，以$v(\tau_i)$代替质点在$[t_{i-1},t_i]$中的运动速度，则有
$$\Delta s_i\approx v(\tau_i)\Delta t_i(i=1,2,\cdots,n),$$
于是
$$s\approx\sum_{i=1}^n v(\tau_i)\Delta t_i.$$
记$\lambda=\max\{\Delta t_1,\Delta t_2,\cdots,\Delta t_n\}$，得
$$s=\lim_{\lambda\to 0}\sum_{i=1}^n v(\tau_i)\Delta t_i.$$

5.1.2 定积分的定义

我们看到，虽然曲边梯形面积和变速直线运动路程的实际意义不同，但解决问题的方法却完全相同. 概括起来就是：分割、近似求和、取极限. 抛开它们各自所代表的实际意义，抓住共同本质与特点加以概括，就可得到下述定积分的定义.

定义 5.1 设函数$y=f(x)$在区间$[a,b]$上有界，在$[a,b]$上插入若干个分点：$a=x_0<x_1<\cdots<x_{n-1}<x_n=b$，将区间$[a,b]$分成$n$个小区间$[x_0,x_1],[x_1,x_2],\cdots,[x_{n-1},x_n]$，各小区间的长度依次记为$\Delta x_i=x_i-x_{i-1}(i=1,2,\cdots,n)$，在每个小区间上任取一点$\xi_i(x_{i-1}\leqslant\xi_i\leqslant x_i)$，作乘积$f(\xi_i)\Delta x_i(i=1,2,\cdots,n)$，并做出和式$\sum_{i=1}^n f(\xi_i)\Delta x_i$，记$\lambda=\max_{1\leqslant i\leqslant n}\{\Delta x_i\}$. 如果不论对区间$[a,b]$怎样分法，也不论在小区间$[x_{i-1},x_i]$上点$\xi_i$怎样取法，只要当$\lambda\to 0$时，和式$\sum_{i=1}^n f(\xi_i)\Delta x_i$总趋于确定的值$I$，则称$f(x)$在$[a,b]$上可积，称此极限值$I$为**函数**$f(x)$**在**$[a,b]$**上的定积分**，记作$\int_a^b f(x)\mathrm{d}x$，即
$$\int_a^b f(x)\mathrm{d}x=\lim_{\lambda\to 0}\sum_{i=1}^n f(\xi_i)\Delta x_i,$$

其中$f(x)$叫做**被积函数**，$f(x)\mathrm{d}x$叫做**被积表达式**，x叫做**积分变量**，a叫做**积分下限**，b叫做**积分上限**，$[a,b]$叫做**积分区间**.

注 1 定积分是一个依赖于被积函数$f(x)$及积分区间$[a,b]$的常量，与积分变量采用什么字母无关，即
$$\int_a^b f(x)\mathrm{d}x=\int_a^b f(t)\mathrm{d}t=\int_a^b f(u)\mathrm{d}u.$$

注 2 定义中要求 $a<b$,为方便起见,允许 $b\leqslant a$,并规定

$$\int_a^b f(x)\mathrm{d}x = -\int_b^a f(x)\mathrm{d}x \text{ 及 } \int_a^a f(x)\mathrm{d}x = 0.$$

函数 $f(x)$ 在 $[a,b]$ 上满足什么条件一定可积？这个问题我们不作深入讨论,仅给出以下两个充分条件.

定理 5.1 若 $f(x)$ 在区间 $[a,b]$ 上连续,则 $f(x)$ 在 $[a,b]$ 上可积;若 $f(x)$ 在区间 $[a,b]$ 上有界,且仅有有限个第一类间断点,则 $f(x)$ 在 $[a,b]$ 上可积.

例 1 利用定义计算定积分 $\int_0^1 x^2 \mathrm{d}x$.

解 因为被积函数 $f(x)=x^2$ 在积分区间 $[0,1]$ 上连续,而连续函数是可积的,所以定积分与区间 $[0,1]$ 的分法及点 ξ_i 的取法无关.因此,为了便于计算,不妨把区间 $[0,1]$ 分成 n 等份,分点为 $x_i = \dfrac{i}{n}(i=1,2,\cdots,n)$. 这样每个小区间 $[x_{i-1}, x_i]$ 的长度 $\Delta x_i = \dfrac{1}{n}(i=1,2,\cdots,n)$. 取 $\xi_i = x_i = \dfrac{i}{n}(i=1,2,\cdots,n)$,于是得和式

$$\sum_{i=1}^n f(\xi_i)\Delta x_i$$
$$= \sum_{i=1}^n \xi_i^2 \Delta x_i = \sum_{i=1}^n \left(\frac{i}{n}\right)^2 \frac{1}{n} = \frac{1}{n^3}\sum_{i=1}^n i^2$$
$$= \frac{1}{n^3} \cdot \frac{n(n+1)(2n+1)}{6} = \frac{2n^2+3n+1}{6n^2}.$$

当 $\lambda \to 0$,即 $n \to \infty$ 时,由定积分的定义即得所要计算的定积分值为

$$\int_0^1 x^2 \mathrm{d}x = \lim_{n\to\infty}\sum_{i=1}^n f(\xi_i)\Delta x_i = \lim_{n\to\infty}\frac{2n^2+3n+1}{6n^2} = \frac{1}{3}.$$

5.1.3 定积分的几何意义

(1) 若在 $[a,b]$ 上 $f(x)\geqslant 0$,则由曲边梯形的面积问题知,定积分 $\int_a^b f(x)\mathrm{d}x$ 等于以 $y=f(x)$ 为曲边在 $[a,b]$ 上的曲边梯形的面积 A,即

$$\int_a^b f(x)\mathrm{d}x = A.$$

由此可知图 5-2 中阴影部分的面积可分别归结为

$$\int_a^b x\,\mathrm{d}x = \frac{1}{2}(b^2 - a^2), \qquad \int_{-R}^{+R}\sqrt{R^2-x^2}\,\mathrm{d}x = \frac{\pi}{2}R^2.$$

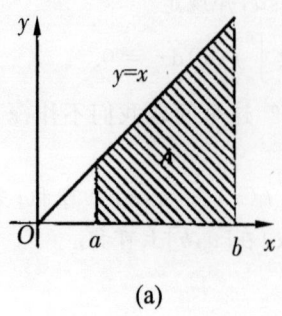
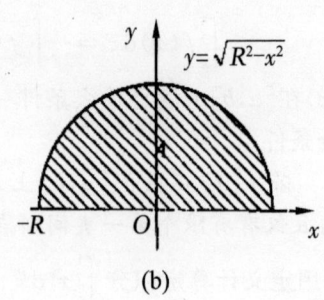

(a)   (b)

图 5-2

(2) 若在 $[a,b]$ 上 $f(x) \leqslant 0$，因 $f(\xi_i) \leqslant 0$，从而 $\sum_{i=1}^{n} f(\xi_i) \Delta x_i \leqslant 0$，$\int_a^b f(x) \mathrm{d}x \leqslant 0$. 此时 $\int_a^b f(x) \mathrm{d}x$ 的绝对值与由直线 $x=a, x=b, y=0$ 及曲线 $y=f(x)$ 所围成的曲边梯形的面积 A 相等（如图 5-3），即

$$\int_a^b f(x) \mathrm{d}x = -A.$$

(3) 若在 $[a,b]$ 上 $f(x)$ 有正有负，则 $\int_a^b f(x) \mathrm{d}x$ 等于 $[a,b]$ 上位于 x 轴上方的图形面积减去 x 轴下方的图形面积. 如对图 5-4 有

$$\int_a^b f(x) \mathrm{d}x = \int_a^{x_1} f(x) \mathrm{d}x + \int_{x_1}^{x_2} f(x) \mathrm{d}x + \int_{x_2}^b f(x) \mathrm{d}x = -A_1 + A_2 - A_3.$$

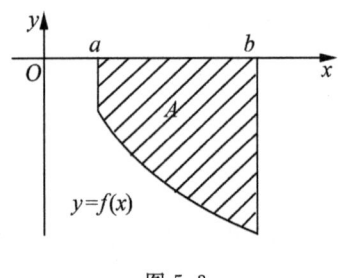
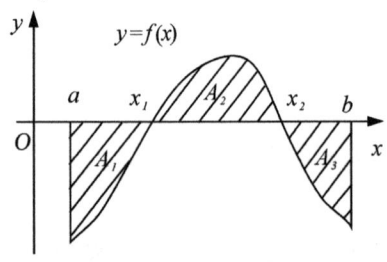

图 5-3   图 5-4

5.1.4 定积分的性质

性质 1 $\int_a^b k f(x) \mathrm{d}x = k \int_a^b f(x) \mathrm{d}x$（$k$ 为常数）.

证 $\int_a^b k f(x) \mathrm{d}x = \lim_{\lambda \to 0} \sum_{i=1}^{n} k f(\xi_i) \Delta x_i = k \lim_{\lambda \to 0} \sum_{i=1}^{n} f(\xi_i) \Delta x = k \int_a^b f(x) \mathrm{d}x.$

这条性质表明被积函数中的常数因子可以提到积分号外面.

性质 2   函数的和（差）的定积分于它们定积分的和（差），即

$$\int_a^b [f(x) \pm g(x)] \mathrm{d}x = \int_a^b f(x) \mathrm{d}x \pm \int_a^b g(x) \mathrm{d}x.$$

证
$$\int_a^b [f(x) \pm g(x)] \mathrm{d}x = \lim_{\lambda \to 0} \sum_{i=1}^n [f(\xi_i) \pm g(\xi_i)] \Delta x_i$$
$$= \lim_{\lambda \to 0} \sum_{i=1}^n f(\xi_i) \Delta x_i \pm \lim_{\lambda \to 0} \sum_{i=1}^n g(\xi_i) \Delta x_i$$
$$= \int_a^b f(x) \mathrm{d}x \pm \int_a^b g(x) \mathrm{d}x.$$

此性质对有限多个函数的代数和也成立.

性质 3 对于任意三个数 a, b, c, 恒有
$$\int_a^b f(x) \mathrm{d}x = \int_a^c f(x) \mathrm{d}x + \int_c^b f(x) \mathrm{d}x.$$

证 当 $a < c < b$ 时,因为函数 $f(x)$ 在 $[a,b]$ 上可积,所以无论对 $[a,b]$ 怎样划分,和式的极限总是不变的. 因此在划分区间时,可以使 c 是一个分点,那么 $[a,b]$ 上的积分和等于 $[a,c]$ 上的积分和加上 $[c,b]$ 上的积分和,即

$$\sum_{[a,b]} f(\xi_i) \Delta x_i = \sum_{[a,c]} f(\xi_i) \Delta x_i + \sum_{[c,b]} f(\xi_i) \Delta x_i,$$

令 $\lambda \to 0$, 上式两端取极限,得
$$\int_a^b f(x) \mathrm{d}x = \int_a^c f(x) \mathrm{d}x + \int_c^b f(x) \mathrm{d}x,$$

同理,当 $c < a < b$ 时,
$$\int_c^b f(x) \mathrm{d}x = \int_c^a f(x) \mathrm{d}x + \int_a^b f(x) \mathrm{d}x,$$

所以
$$\int_a^b f(x) \mathrm{d}x = \int_c^b f(x) \mathrm{d}x - \int_c^a f(x) \mathrm{d}x = \int_a^c f(x) \mathrm{d}x + \int_c^b f(x) \mathrm{d}x.$$

其他情形仿此可证.

性质 4 如果在 $[a,b]$ 上 $f(x) \geqslant 0$, 则 $\int_a^b f(x) \mathrm{d}x \geqslant 0$.

证 因为 $f(x) \geqslant 0$, 所以 $f(\xi_i) \geqslant 0 (i=1,2,\cdots,n)$, 又 $\Delta x_i \geqslant 0$, 所以
$$\sum_{i=1}^n f(\xi_i) \Delta x_i \geqslant 0,$$

于是
$$\int_a^b f(x) \mathrm{d}x = \lim_{\lambda \to 0} \sum_{i=1}^n f(\xi_i) \Delta x_i \geqslant 0.$$

同理可证,如果在 $[a,b]$ 上 $f(x) \leqslant 0$, 则
$$\int_a^b f(x) \mathrm{d}x \leqslant 0.$$

性质 5 如果在 $[a,b]$ 上 $f(x) \leqslant g(x)$, 则

$$\int_a^b f(x)\mathrm{d}x \leqslant \int_a^b g(x)\mathrm{d}x.$$

证 因为在 $[a,b]$ 上 $f(x) \leqslant g(x)$，则 $f(x)-g(x) \leqslant 0$，即
$$\int_a^b [f(x)-g(x)]\mathrm{d}x \leqslant 0,$$
于是
$$\int_a^b f(x)\mathrm{d}x \leqslant \int_a^b g(x)\mathrm{d}x.$$

性质 6 如果在 $[a,b]$ 上，$f(x)=1$，则 $\int_a^b f(x)\mathrm{d}x = \int_a^b 1\mathrm{d}x = b-a$.

性质 7 设 M,m 是函数 $f(x)$ 在区间 $[a,b]$ 上的最大值与最小值，则
$$m(b-a) \leqslant \int_a^b f(x)\mathrm{d}x \leqslant M(b-a).$$

证 因为 $m \leqslant f(x) \leqslant M$，由性质 5，得
$$\int_a^b m\mathrm{d}x \leqslant \int_a^b f(x)\mathrm{d}x \leqslant \int_a^b M\mathrm{d}x,$$
所以
$$m(b-a) \leqslant \int_a^b f(x)\mathrm{d}x \leqslant M(b-a).$$

性质 8（积分中值定理） 设函数 $f(x)$ 在 $[a,b]$ 上连续，则在 $[a,b]$ 上至少存在一点 ξ 使得
$$\int_a^b f(x)\mathrm{d}x = f(\xi)(b-a) \quad (a \leqslant \xi \leqslant b).$$

该公式叫做积分中值公式.

证 因为 $f(x)$ 在 $[a,b]$ 上连续，所以 $f(x)$ 在 $[a,b]$ 上一定有最小值 m 和最大值 M，由性质 7，
$$m(b-a) \leqslant \int_a^b f(x)\mathrm{d}x \leqslant M(b-a),$$
即
$$m \leqslant \frac{1}{b-a}\int_a^b f(x)\mathrm{d}x \leqslant M.$$

$\frac{1}{b-a}\int_a^b f(x)\mathrm{d}x$ 是介于 $f(x)$ 的最小值与最大值之间的一个数，根据闭区间连续函数的介值定理，至少存在一点 $\xi \in [a,b]$，使得 $f(\xi) = \frac{1}{b-a}\int_a^b f(x)\mathrm{d}x$ 成立，即
$$\int_a^b f(x)\mathrm{d}x = f(\xi)(b-a).$$

积分中值公式有以下几何解释：在区间 $[a,b]$ 上至少存在一点 ξ，使得以区间 $[a,b]$ 为底边、以曲线 $y=f(x)$ 为曲边的曲边梯形面积，等于与之同一底边而高为 $f(\xi)$ 的一个矩形的面积（如图 5-5）.

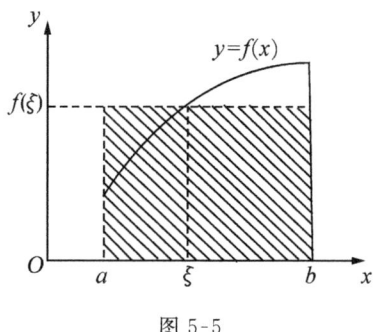

图 5-5

例 2 估计定积分 $\int_0^1 (e^{x^2} - \arctan x^2) dx$ 的值.

解 令 $f(x) = e^{x^2} - \arctan x^2$,则

$$f'(x) = 2x\left(e^{x^2} - \frac{1}{1+x^4}\right),$$

在 $[0,1]$ 上,$f'(x) \geqslant 0$,即 $f(x)$ 在 $[0,1]$ 上单调增加,故

$$1 = f(0) \leqslant f(x) \leqslant f(1) = e - \frac{\pi}{4},$$

从而

$$\int_0^1 dx \leqslant \int_0^1 f(x) dx \leqslant \int_0^1 \left(e - \frac{\pi}{4}\right) dx,$$

即

$$1 \leqslant \int_0^1 (e^{x^2} - \arctan x^2) dx \leqslant e - \frac{\pi}{4}.$$

5.2 微积分基本公式

5.2.1 引例

按定积分的定义来计算一个函数的定积分是困难的,如果被积函数比较复杂,其难度更大,因此,必须寻求计算定积分的新方法.

由第一节我们知道,如果一物体做变速直线运动,其速度 $v = v(t)$,它从时刻 $t=a$ 到时刻 $t=b$ 所经过的路程等于定积分 $S = \int_a^b v(t) dt$. 另一方面,若已知物体运动时的路程函数 $S = S(t)$,则它从时刻 $t=a$ 到时刻 $t=b$ 所经过的路程为 $S = S(b) - S(a)$,故有

$$\int_a^b v(t) dt = S(b) - S(a). \tag{5.2.1}$$

因为 $S'(t)=v(t)$，即路程函数 $S(t)$ 是速度函数 $v(t)$ 的原函数，所以(5.2.1)式表示速度函数 $v(t)$ 在区间 $[a,b]$ 上的定积分等于 $v(t)$ 的原函数 $S(t)$ 在区间 $[a,b]$ 上的增量 $S(b)-S(a)$，所以(5.2.1)式又可写为

$$\int_a^b S'(t)dt = S(b) - S(a). \tag{5.2.2}$$

一般地，对于任意 $x \in [a,b]$，则有

$$\int_a^x S'(t)dt = S(x) - S(a). \tag{5.2.3}$$

(5.2.3)式两边都是 x 的函数，从而有

$$\frac{d}{dx}\int_a^x v(t)dt = v(x).$$

该式表明了积分与微分的互逆运算关系. 下面我们从理论上给出证明.

5.2.2 积分上限的函数

设 $f(x)$ 在 $[a,b]$ 上连续，x 为 $[a,b]$ 上任一点，现在考察 $f(x)$ 在部分区间上的定积分 $\int_a^x f(t)dt$. 由于 $f(t)$ 在 $[a,x]$ 上连续，所以定积分 $\int_a^x f(t)dt$ 一定存在，并且它是积分上限 x 的函数，记为 $\Phi(x)$，即

$$\Phi(x) = \int_a^x f(t)dt.$$

从几何上看，这个函数 $\Phi(x)$ 表示区间 $[a,x]$ 上曲边梯形的面积(图 5-6 中阴影部分). 关于这个函数有以下定理.

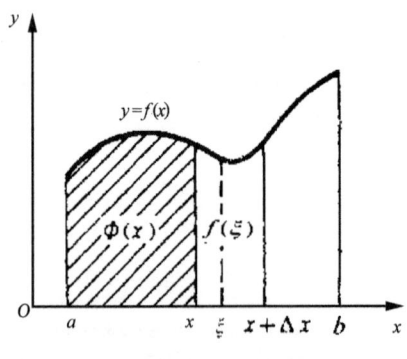

图 5-6

定理 5.2 如果函数 $f(x)$ 在 $[a,b]$ 上连续，则函数 $\Phi(x) = \int_a^x f(t)dt$ 是函数 $f(x)$ 的一个原函数，即有

$$\Phi'(x) = \frac{d}{dx}\int_a^x f(t)dt = f(x),$$

或
$$\mathrm{d}\Phi(x) = \mathrm{d}\int_a^x f(t)\mathrm{d}t = f(x)\mathrm{d}x.$$

证 设给 x 以增量 Δx，则函数 $\Phi(x)$ 的相应增量为
$$\Delta\Phi(x) = \Phi(x+\Delta x) - \Phi(x) = \int_a^{x+\Delta x} f(t)\mathrm{d}t - \int_a^x f(t)\mathrm{d}t$$
$$= \int_a^x f(t)\mathrm{d}t + \int_x^{x+\Delta x} f(t)\mathrm{d}t - \int_a^x f(t)\mathrm{d}t = \int_x^{x+\Delta x} f(t)\mathrm{d}t.$$

由定积分中值定理有
$$\Delta\Phi(x) = \int_x^{x+\Delta x} f(t)\mathrm{d}t = f(\xi)\Delta x,$$

其中 ξ 在 x 和 $x+\Delta x$ 之间，用 Δx 除上式两端，得
$$\frac{\Delta\Phi(x)}{\Delta x} = f(\xi).$$

由于假设 $y=f(x)$ 在 $[a,b]$ 上连续，而 $\Delta x \to 0$，即 $\xi \to x$，此时 $f(\xi) \to f(x)$. 令 $\Delta x \to 0$，对上式两端取极限便得到 $\Phi'(x) = f(x)$.

此定理表明：如果函数 $f(x)$ 在 $[a,b]$ 上连续，则它的原函数必定存在，并且它的一个原函数可以用定积分的形式表达为
$$\Phi(x) = \int_a^x f(t)\mathrm{d}t.$$

由此还可推出：

(1) 如果 $f(x)$ 在 $[a,b]$ 上连续，则有 $\int f(x)\mathrm{d}x = \int_a^x f(t)\mathrm{d}t + C$. 这说明 $f(x)$ 的不定积分可以通过可变上限的定积分来表示.

(2) 如果 $f(x)$ 在 $[a,b]$ 上连续，那么定积分 $\int_a^b f(x)\mathrm{d}x$ 中被积表达式不仅表示定积分和式的代表项，而且也表示函数 $\Phi(x) = \int_a^x f(t)\mathrm{d}t$ 的微分，即
$$\mathrm{d}\int_a^x f(t)\mathrm{d}t = f(x)\mathrm{d}x.$$

5.2.3 牛顿—莱布尼茨公式

定理 5.3 如果函数 $F(x)$ 是连续函数 $f(x)$ 在 $[a,b]$ 上的一个原函数，则
$$\int_a^b f(x)\mathrm{d}x = F(b) - F(a).$$

这个公式叫做**牛顿—莱布尼茨公式**，它是计算定积分的基本公式.

证 由定理 5.2，$\Phi(x) = \int_a^x f(t)\mathrm{d}t$ 是 $f(x)$ 的一个原函数，又知 $F(x)$ 也是 $f(x)$ 的一个原函数，因为两个原函数之间仅相差一个常数，所以

$$\int_a^x f(t)\,\mathrm{d}t = F(x) + C \,(a \leqslant x \leqslant b),$$

在上式中,令 $x=a$ 得 $C=-F(a)$,代入上式得

$$\int_a^x f(t)\,\mathrm{d}t = F(x) - F(a),$$

再令 $x=b$,并把积分变量 t 换成 x,便得到

$$\int_a^b f(x)\,\mathrm{d}x = F(b) - F(a).$$

通常把 $F(b)-F(a)$ 记为 $[F(x)]_a^b$ 或 $F(x)\Big|_a^b$,于是牛顿-莱布尼茨公式可写成

$$\int_a^b f(x)\,\mathrm{d}x = F(x)\Big|_a^b,$$

或

$$\int_a^b f(x)\,\mathrm{d}x = F(x)\Big|_a^b,$$

即

$$\int_a^b f(x)\,\mathrm{d}x = \int f(x)\,\mathrm{d}x \Big|_a^b.$$

此式表明了定积分与不定积分的关系.

定理 5.2 和定理 5.3 揭示了微分与积分以及定积分与不定积分之间的内在联系,因此统称为**微积分基本定理**.

例 1 计算定积分 $\int_0^1 x^2\,\mathrm{d}x$.

解 $\int_0^1 x^2\,\mathrm{d}x = \dfrac{x^3}{3}\Big|_0^1 = \dfrac{1}{3}(1^3 - 0^3) = \dfrac{1}{3}.$

例 2 计算 $\int_{-1}^{\sqrt{3}} \dfrac{\mathrm{d}x}{1+x^2}$.

解 $\int_{-1}^{\sqrt{3}} \dfrac{\mathrm{d}x}{1+x^2} = \arctan x \Big|_{-1}^{\sqrt{3}} = \arctan\sqrt{3} - \arctan(-1)$

$\qquad = \dfrac{\pi}{3} - \left(-\dfrac{\pi}{4}\right) = \dfrac{7}{12}\pi.$

例 3 计算 $\int_{-2}^{-1} \dfrac{\mathrm{d}x}{x}$.

解 $\int_{-2}^{-1} \dfrac{\mathrm{d}x}{x} = \ln|x|\Big|_{-2}^{-1} = \ln 1 - \ln 2 = -\ln 2.$

例 4 计算正弦曲线 $y=\sin x$ 在 $[0,\pi]$ 上与 x 轴所围成的平面图形的面积.

解 由定积分几何意义,所求平面图形的面积为

$$A = \int_0^\pi \sin x\,\mathrm{d}x = -\cos x \Big|_0^\pi = -(\cos\pi - \cos 0) = 2.$$

例 5 求 $\int_0^\pi \sqrt{1+\cos 2x}\,\mathrm{d}x$.

解 $\int_0^\pi \sqrt{1+\cos 2x}\,\mathrm{d}x = \int_0^\pi \sqrt{2\cos^2 x}\,\mathrm{d}x = \sqrt{2}\int_0^\pi |\cos x|\,\mathrm{d}x$

$$= \sqrt{2}\int_0^{\frac{\pi}{2}} \cos x\,\mathrm{d}x + \sqrt{2}\int_{\frac{\pi}{2}}^\pi (-\cos x)\,\mathrm{d}x$$

$$= \sqrt{2}\sin x \Big|_0^{\frac{\pi}{2}} - \sqrt{2}\sin x \Big|_{\frac{\pi}{2}}^\pi$$

$$= 2\sqrt{2}.$$

例 6 设 $f(x) = \begin{cases} x+1, & x \geqslant 1; \\ \dfrac{1}{2}x^2, & x < 1. \end{cases}$ 求 $\int_0^2 f(x)\,\mathrm{d}x$.

解 $\int_0^2 f(x)\,\mathrm{d}x = \int_0^1 \dfrac{1}{2}x^2\,\mathrm{d}x + \int_1^2 (x+1)\,\mathrm{d}x = \dfrac{1}{6}x^3\Big|_0^1 + \left(\dfrac{1}{2}x^2+x\right)\Big|_1^2 = \dfrac{8}{3}$.

例 7 证明:若 $f(x)$ 连续,且 $u(x), v(x)$ 可导,则

$$\frac{\mathrm{d}}{\mathrm{d}x}\int_{v(x)}^{u(x)} f(t)\,\mathrm{d}t = f[u(x)]u'(x) - f[v(x)]v'(x).$$

证 设 $F(x)$ 为 $f(x)$ 的一个原函数,即 $F'(x) = f(x)$,则有

$$\int_{v(x)}^{u(x)} f(t)\,\mathrm{d}t = F(t)\Big|_{v(x)}^{u(x)} = F[u(x)] - F[v(x)],$$

故

$$\frac{\mathrm{d}}{\mathrm{d}x}\int_{v(x)}^{u(x)} f(t)\,\mathrm{d}t = \frac{\mathrm{d}F[u(x)]}{\mathrm{d}x} - \frac{\mathrm{d}F[v(x)]}{\mathrm{d}x}$$

$$= \frac{\mathrm{d}F[u(x)]}{\mathrm{d}u(x)}\frac{\mathrm{d}u(x)}{\mathrm{d}x} - \frac{\mathrm{d}F[v(x)]}{\mathrm{d}v(x)}\frac{\mathrm{d}v(x)}{\mathrm{d}x}$$

$$= F'[u(x)]u'(x) - F'[v(x)]v'(x)$$

$$= f[u(x)]u'(x) - f[v(x)]v'(x).$$

例 8 求 $\lim\limits_{x \to 0} \dfrac{\int_{\cos x}^1 \mathrm{e}^{-t^2}\,\mathrm{d}t}{x^2}$.

解 这是一个 $\dfrac{0}{0}$ 型的未定式,应用洛必达法则,得

$$\lim_{x \to 0} \frac{\int_{\cos x}^1 \mathrm{e}^{-t^2}\,\mathrm{d}t}{x^2} = \lim_{x \to 0} \frac{-\mathrm{e}^{-\cos^2 x}(\cos x)'}{2x} = \lim_{x \to 0} \frac{\mathrm{e}^{-\cos^2 x}\sin x}{2x} = \frac{1}{2\mathrm{e}}.$$

5.3 定积分的换元积分法与分部积分法

在不定积分中,换元积分法和分部积分法对寻求原函数起了重要作用. 根据牛顿—莱

布尼茨公式,定积分的计算可化为求 $f(x)$ 的原函数在积分区间 $[a,b]$ 上的增量,因此不定积分中的换元积分法和分部积分法对定积分仍然适用.

5.3.1 换元积分法

定理5.4 设函数 $f(x)$ 在 $[a,b]$ 上连续,函数 $x=\varphi(t)$ 在 $[\alpha,\beta]$ 或 $[\beta,\alpha]$ 上有连续导数,且 $\varphi(\alpha)=a,\varphi(\beta)=b$,则

$$\int_a^b f(x)\mathrm{d}x = \int_\alpha^\beta f(\varphi(t))\varphi'(t)\mathrm{d}t.$$

证 假设 $F(x)$ 是 $f(x)$ 的一个原函数,则

$$\int f(x)\mathrm{d}x = F(x)+C,$$

即

$$\int f[\varphi(t)]\varphi'(t)\mathrm{d}t = F[\varphi(t)]+C,$$

于是

$$\int_a^b f(x)\mathrm{d}x = F(b)-F(a) = F[\varphi(\beta)]-F[\varphi(\alpha)] = \int_\alpha^\beta f[\varphi(t)]\varphi'(t)\mathrm{d}t.$$

应用换元积分公式时应注意以下两点:

(1)用 $x=\varphi(t)$ 把原来变量 x 代换成新变量 t 时,积分限也要换成相应于新变量 t 的积分限.

(2)求出 $f[\varphi(t)]\varphi'(t)$ 的一个原函数 $\Phi(t)$ 后,不必像计算不定积分那样再把 $\Phi(t)$ 变换成原来变量 x 的函数,而只要把相应于新变量 t 的积分上、下限分别代入 $\Phi(t)$,然后相减即可.

例1 求 $\int_0^a \sqrt{a^2-x^2}\mathrm{d}x (a>0)$.

解 设 $x=a\sin t \left(0\leqslant t\leqslant \frac{\pi}{2}\right)$,则

$$\mathrm{d}x = a\cos t\mathrm{d}t,$$

当 x 从 0 变到 a 时,t 从 0 变到 $\frac{\pi}{2}$,因此有

$$\int_0^a \sqrt{a^2-x^2}\mathrm{d}x = a^2\int_0^{\frac{\pi}{2}} \cos^2 t\mathrm{d}t = \frac{a^2}{2}\int_0^{\frac{\pi}{2}}(1+\cos 2t)\mathrm{d}t$$

$$= \frac{a^2}{2}\left(t+\frac{1}{2}\sin 2t\right)\bigg|_0^{\frac{\pi}{2}} = \frac{\pi}{4}a^2.$$

例2 求 $\int_0^a \frac{1}{\sqrt{x^2+a^2}}\mathrm{d}x (a>0)$.

解 设 $x=a\tan t \left(0\leqslant t\leqslant \frac{\pi}{4}\right)$,则 $\mathrm{d}x=a\sec^2 t\mathrm{d}t$,当 x 从 0 变到 a 时,t 从 0 变到 $\frac{\pi}{4}$,于

是

$$\int_0^a \frac{1}{\sqrt{x^2+a^2}} dx = \int_0^{\frac{\pi}{4}} \frac{a\sec^2 t}{a\sec t} dt = \int_0^{\frac{\pi}{4}} \sec t\, dt$$

$$= \ln|\sec t + \tan t|\Big|_0^{\frac{\pi}{4}} = \ln(1+\sqrt{2}).$$

例 3 求 $\int_1^4 \frac{1}{x+\sqrt{x}} dx$.

解 设 $\sqrt{x}=t(t>0)$,则 $x=t^2$, $dx=2t\,dt$,当 x 从 1 变到 4 时,t 从 1 变到 2,于是

$$\int_1^4 \frac{1}{x+\sqrt{x}} dx = \int_1^2 \frac{2t}{t^2+t} dt = 2\int_1^2 \frac{1}{t+1} dt$$

$$= 2\ln|t+1|\Big|_1^2 = 2\ln\frac{3}{2}.$$

应用定积分的换元积分法时,可以不引进新变量而利用"凑微分"法积分,这时积分上、下限就不需要改变.

例 4 计算 $\int_0^{\ln 2} e^x \sqrt{e^x-1}\, dx$.

解 $\int_0^{\ln 2} e^x \sqrt{e^x-1}\, dx = \int_0^{\ln 2} \sqrt{e^x-1}\, d(e^x-1)$

$$= \frac{2}{3}(e^x-1)^{\frac{3}{2}}\Big|_0^{\ln 2} = \frac{2}{3}.$$

例 5 求 $\int_1^{e^2} \frac{1}{x(1+3\ln x)} dx$.

解 $\int_1^{e^2} \frac{1}{x(1+3\ln x)} dx = \frac{1}{3}\int_1^{e^2} \frac{1}{(1+3\ln x)} d(1+3\ln x)$

$$= \frac{1}{3}\ln|1+3\ln x|\Big|_1^{e^2} = \frac{1}{3}\ln 7.$$

例 6 设 $f(x)$ 在 $[-a,a]$ 上连续,证明:
(1)如果 $f(x)$ 是 $[-a,a]$ 上的偶函数,则

$$\int_{-a}^a f(x) dx = 2\int_0^a f(x) dx;$$

(2)如果 $f(x)$ 是 $[-a,a]$ 上的奇函数,则 $\int_{-a}^a f(x) dx = 0$.

证 因为

$$\int_{-a}^a f(x) dx = \int_{-a}^0 f(x) dx + \int_0^a f(x) dx,$$

对积分 $\int_{-a}^0 f(x) dx$ 作变量代换 $x=-t$,则

$$\int_{-a}^0 f(x) dx = -\int_a^0 f(-t) dt = \int_0^a f(-t) dt = \int_0^a f(-x) dx,$$

于是

$$\int_{-a}^{a} f(x)\mathrm{d}x = \int_{0}^{a} f(-x)\mathrm{d}x + \int_{0}^{a} f(x)\mathrm{d}x = \int_{0}^{a} [f(-x)+f(x)]\mathrm{d}x.$$

(1) 当 $f(x)$ 为偶函数时，即 $f(-x)=f(x)$，则
$$f(x)+f(-x)=2f(x),$$
所以
$$\int_{-a}^{a} f(x)\mathrm{d}x = 2\int_{0}^{a} f(x)\mathrm{d}x.$$

(2) 当 $f(x)$ 为奇函数，即 $f(-x)=-f(x)$，则
$$f(x)+f(-x)=0,$$
所以
$$\int_{-a}^{a} f(x)\mathrm{d}x = 0.$$

由例 6 可知：关于原点对称的区间上的奇函数或偶函数的定积分计算可以简化，如
$$\int_{-3}^{3} x^5 \cos x \mathrm{d}x = 0,$$
$$\int_{-2}^{2} x^2 \mathrm{d}x = 2\int_{0}^{2} x^2 \mathrm{d}x = 2 \cdot \frac{x^3}{3}\bigg|_{0}^{2} = \frac{16}{3}.$$

5.3.2 分部积分法

定理 5.5 如果 $u=u(x),v=v(x)$，在 $[a,b]$ 上具有连续导数，则
$$\int_{a}^{b} u\mathrm{d}v = uv\bigg|_{a}^{b} - \int_{a}^{b} v\mathrm{d}u.$$

证 由不定积分的分部积分公式 $\int u\mathrm{d}v = uv - \int v\mathrm{d}u$，则
$$\int_{a}^{b} u\mathrm{d}v = \int u\mathrm{d}v \bigg|_{a}^{b} = \left(uv - \int u\mathrm{d}v\right)\bigg|_{a}^{b} = uv\bigg|_{a}^{b} - \int_{a}^{b} v\mathrm{d}u.$$

例 7 求 $\int_{0}^{\pi} x\cos x\mathrm{d}x$.

解 设 $u=x, \mathrm{d}v=\cos x\mathrm{d}x$，则 $\mathrm{d}u=\mathrm{d}x, v=\sin x$，于是
$$\int_{0}^{\pi} x\cos x\mathrm{d}x = x\sin x\bigg|_{0}^{\pi} - \int_{0}^{\pi} \sin x\mathrm{d}x = -\int_{0}^{\pi} \sin x\mathrm{d}x = \cos x\bigg|_{0}^{\pi} = -2.$$

例 8 求 $\int_{0}^{1} \arctan x\mathrm{d}x$.

解
$$\int_{0}^{1} \arctan x\mathrm{d}x = x\arctan x\bigg|_{0}^{1} - \int_{0}^{1} x\frac{1}{1+x^2}\mathrm{d}x$$
$$= \frac{\pi}{4} - \frac{1}{2}\int_{0}^{1} \frac{1}{1+x^2}\mathrm{d}(x^2+1)$$
$$= \frac{\pi}{4} - \frac{1}{2}\ln(x^2+1)\bigg|_{0}^{1}$$

$$= \frac{\pi}{4} - \frac{1}{2}\ln 2$$

$$= \frac{\pi}{4} - \ln\sqrt{2}.$$

例 9 计算 $\int_0^{\frac{1}{2}} \arcsin x \, dx$.

解 $\int_0^{\frac{1}{2}} \arcsin x \, dx = x \arcsin x \Big|_0^{\frac{1}{2}} - \int_0^{\frac{1}{2}} \frac{x}{\sqrt{1-x^2}} dx$

$$= \frac{1}{2} \cdot \frac{\pi}{6} + \sqrt{1-x^2} \Big|_0^{\frac{1}{2}}$$

$$= \frac{\pi}{12} + \frac{\sqrt{3}}{2} - 1.$$

例 10 $\int_0^1 e^{\sqrt{x}} dx$.

解 令 $t = \sqrt{x} (t > 0)$,则 $x = t^2$, $dx = 2t dt$. 当 x 从 0 变到 1 时, t 从 0 变到 1, 因此有

$$\int_0^1 e^{\sqrt{x}} dx = 2\int_0^1 t e^t dt = 2t e^t \Big|_0^1 - 2\int_0^1 e^t dt$$

$$= 2e - 2e^t \Big|_0^1 = 2.$$

例 11 求 $I_n = \int_0^{\frac{\pi}{2}} \cos^n x \, dx$ (n 为大于 1 的正整数).

解 $I_n = \int_0^{\frac{\pi}{2}} \cos^n x \, dx = \int_0^{\frac{\pi}{2}} \cos^{n-1} x \cos x \, dx$

$$= \sin x \cos^{n-1} x \Big|_0^{\frac{\pi}{2}} + (n-1) \int_0^{\frac{\pi}{2}} \sin^2 x \cos^{n-2} x \, dx$$

$$= (n-1) \int_0^{\frac{\pi}{2}} (1 - \cos^2 x) \cos^{n-2} x \, dx$$

$$= (n-1) \int_0^{\frac{\pi}{2}} \cos^{n-2} x \, dx - (n-1) \int_0^{\frac{\pi}{2}} \cos^n x \, dx,$$

即

$$I_n = (n-1) I_{n-2} - (n-1) I_n,$$

移项得

$$I_n = \frac{n-1}{n} I_{n-2}.$$

这个等式叫做积分 I_n **关于下标的递推公式**.

连续使用此公式可使 $\cos^n x$ 的幂次 n 逐渐降低,当 n 为奇数时,可降到 1,当 n 为偶数时,可降到 0,再由

$$I_0 = \int_0^{\frac{\pi}{2}} dx = \frac{\pi}{2}, I_1 = \int_0^{\frac{\pi}{2}} \cos x \, dx = 1,$$

则得

$$I_n = \int_0^{\frac{\pi}{2}} \cos^n x\,\mathrm{d}x = \begin{cases} \dfrac{n-1}{n}\dfrac{n-3}{n-2}\dfrac{n-5}{n-4}\cdots\dfrac{4}{5}\dfrac{2}{3}, & (n\text{ 为奇数}); \\ \dfrac{n-1}{n}\dfrac{n-3}{n-2}\dfrac{n-5}{n-4}\cdots\dfrac{3}{4}\dfrac{1}{2}\dfrac{\pi}{2}, & (n\text{ 为偶数}). \end{cases} \quad (5.3.1)$$

对例 11 中的 $\int_0^{\frac{\pi}{2}} \cos^n x\,\mathrm{d}x$ 作变量代换 $x = \dfrac{\pi}{2} - t$,则有

$$\int_0^{\frac{\pi}{2}} \cos^n x\,\mathrm{d}x = \int_{\frac{\pi}{2}}^0 \cos^n\left(\frac{\pi}{2}-t\right)(-\mathrm{d}t) = \int_0^{\frac{\pi}{2}} \sin^n t\,\mathrm{d}t = \int_0^{\frac{\pi}{2}} \sin^n x\,\mathrm{d}x,$$

因此 $\int_0^{\frac{\pi}{2}} \cos^n x\,\mathrm{d}x$ 与 $\int_0^{\frac{\pi}{2}} \sin^n x\,\mathrm{d}x$ 有相同的计算结果.

例 12 求 $\int_0^{\frac{\pi}{2}} \cos^5 x\,\mathrm{d}x$.

解 由(5.3.1)式得 $\int_0^{\frac{\pi}{2}} \cos^5 x\,\mathrm{d}x = \dfrac{4}{5}\cdot\dfrac{2}{3} = \dfrac{8}{15}$.

*5.4 广义积分

在前面几节所研究的定积分中,我们都假定积分区间为有限区间且被积函数在积分区间上连续或有有限个第一类间断点. 但在许多实际问题中,我们常常会遇到积分区间为无穷区间或被积函数为无界函数的积分,我们称这样的积分为**广义积分**,以前定义的积分为**常义积分**.

5.4.1 积分区间为无穷区间的广义积分

定义 5.2 设函数 $f(x)$ 在 $[a, +\infty)$ 上有定义,且对任意的 $b > a$,$f(x)$ 在 $[a, b]$ 上可积,称极限

$$\lim_{b \to +\infty} \int_a^b f(x)\,\mathrm{d}x \quad (5.4.1)$$

为函数 $f(x)$ 在 $[a, +\infty)$ 上的**广义积分**,记作 $\int_a^{+\infty} f(x)\,\mathrm{d}x$,即

$$\int_a^{+\infty} f(x)\,\mathrm{d}x = \lim_{b \to +\infty} \int_a^b f(x)\,\mathrm{d}x. \quad (5.4.2)$$

若(5.4.1)的极限存在,则称此**广义积分收敛**,否则称此**广义积分发散**.

类似的,可定义函数 $f(x)$ 在 $(-\infty, b]$ 上的广义积分为

$$\int_{-\infty}^b f(x)\,\mathrm{d}x = \lim_{a \to -\infty} \int_a^b f(x)\,\mathrm{d}x. \quad (5.4.3)$$

函数 $f(x)$ 在 $(-\infty,+\infty)$ 上的广义积分为

$$\int_{-\infty}^{+\infty} f(x)\mathrm{d}x = \int_{-\infty}^{c} f(x)\mathrm{d}x + \int_{c}^{+\infty} f(x)\mathrm{d}x$$
$$= \lim_{a\to-\infty}\int_{a}^{c} f(x)\mathrm{d}x + \lim_{b\to+\infty}\int_{c}^{b} f(x)\mathrm{d}x, \qquad (5.4.4)$$

其中 c 为任意常数.

若 (5.4.4) 式右端广义积分 $\int_{-\infty}^{c} f(x)\mathrm{d}x$ 及 $\int_{c}^{+\infty} f(x)\mathrm{d}x$ 均收敛,则称 $\int_{-\infty}^{+\infty} f(x)\mathrm{d}x$ **收敛**;若二者至少有一个发散,则称 $\int_{-\infty}^{+\infty} f(x)\mathrm{d}x$ **发散**.

例 1 计算广义积分 $\int_{-\infty}^{+\infty} \dfrac{1}{1+x^2}\mathrm{d}x$.

解
$$\int_{-\infty}^{+\infty} \dfrac{1}{1+x^2}\mathrm{d}x = \int_{-\infty}^{0} \dfrac{1}{1+x^2}\mathrm{d}x + \int_{0}^{+\infty} \dfrac{1}{1+x^2}\mathrm{d}x$$
$$= \lim_{a\to-\infty}\int_{a}^{0} \dfrac{1}{1+x^2}\mathrm{d}x + \lim_{b\to+\infty}\int_{0}^{b} \dfrac{1}{1+x^2}\mathrm{d}x$$
$$= \lim_{a\to-\infty}\arctan x\Big|_{a}^{0} + \lim_{b\to+\infty}\arctan x\Big|_{0}^{b}$$
$$= -\lim_{a\to-\infty}\arctan a + \lim_{b\to+\infty}\arctan b = \dfrac{\pi}{2}+\dfrac{\pi}{2}=\pi.$$

设 $F(x)$ 为 $f(x)$ 的原函数,如果 $\lim\limits_{b\to+\infty} F(b)$ 存在,记此极限为 $F(+\infty)$,此时广义积分可记为

$$\int_{a}^{+\infty} f(x)\mathrm{d}x = \lim_{b\to+\infty}\int_{a}^{b} f(x)\mathrm{d}x = \lim_{b\to+\infty} F(x)\Big|_{a}^{b} = F(+\infty)-F(a) = F(x)\Big|_{a}^{+\infty}.$$

对于无穷区间 $(-\infty,b]$ 及 $(-\infty,+\infty)$ 上的广义积分也可采用类似记号,如例 1 的计算可写为

$$\int_{-\infty}^{+\infty} \dfrac{1}{1+x^2}\mathrm{d}x = \arctan x\Big|_{-\infty}^{+\infty} = \dfrac{\pi}{2}+\dfrac{\pi}{2}=\pi.$$

例 2 计算广义积分 $\int_{0}^{+\infty} t\mathrm{e}^{-t}\mathrm{d}t$.

解 $\int_{0}^{+\infty} t\mathrm{e}^{-t}\mathrm{d}t = \int_{0}^{+\infty}(-t)\mathrm{d}\mathrm{e}^{-t} = -t\mathrm{e}^{-t}\Big|_{0}^{+\infty} + \int_{0}^{+\infty}\mathrm{e}^{-t}\mathrm{d}t = -\mathrm{e}^{-t}\Big|_{0}^{+\infty} = 1.$

例 3 证明广义积分 $\int_{1}^{+\infty} \dfrac{1}{x^p}\mathrm{d}x$ 当 $p>1$ 时收敛,当 $p\leqslant 1$ 时发散.

证 当 $p=1$ 时,$\int_{1}^{+\infty} \dfrac{1}{x^p}\mathrm{d}x = \ln x\Big|_{1}^{+\infty} = +\infty$;

当 $p\neq 1$ 时,$\int_{1}^{+\infty} \dfrac{1}{x^p}\mathrm{d}x = \dfrac{x^{1-p}}{1-p}\Big|_{1}^{+\infty} = \begin{cases} +\infty, & p<1; \\ \dfrac{1}{p-1}, & p>1. \end{cases}$

因此,当 $p>1$ 时,广义积分收敛,其值等于 $\dfrac{1}{p-1}$;当 $p\leqslant 1$ 时,广义积分发散.

5.4.2 被积函数具有无穷间断点的广义积分

定义 5.3 设函数 $f(x)$ 在 $(a,b]$ 上连续,$\lim\limits_{x\to a^+}f(x)=\infty$,取 $\varepsilon>0$,称极限

$$\lim_{\varepsilon\to 0^+}\int_{a+\varepsilon}^{b}f(x)\mathrm{d}x \quad (a+\varepsilon<b) \tag{5.4.5}$$

为函数 $f(x)$ 在 $(a,b]$ 上的**广义积分**,仍记为 $\int_a^b f(x)\mathrm{d}x$,即

$$\int_a^b f(x)\mathrm{d}x=\lim_{\varepsilon\to 0^+}\int_{a+\varepsilon}^b f(x)\mathrm{d}x. \tag{5.4.6}$$

若(5.4.5)的极限存在,则称此**广义积分收敛**,否则称此**广义积分发散**.

类似地,若 $f(x)$ 在 $[a,b)$ 上连续,$\lim\limits_{x\to b^-}f(x)=\infty$,则定义广义积分

$$\int_a^b f(x)\mathrm{d}x=\lim_{\varepsilon\to 0^+}\int_a^{b-\varepsilon}f(x)\mathrm{d}x\,(\varepsilon>0,a<b-\varepsilon). \tag{5.4.7}$$

若 $f(x)$ 在 $[a,b]$ 上除点 $x=c(a<c<b)$ 外连续,$\lim\limits_{x\to c}f(x)=\infty$,则定义广义积分

$$\int_a^b f(x)\mathrm{d}x=\int_a^c f(x)\mathrm{d}x+\int_c^b f(x)\mathrm{d}x.$$

若 $\int_a^c f(x)\mathrm{d}x$ 与 $\int_c^b f(x)\mathrm{d}x$ 都收敛,则称广义积分 $\int_a^b f(x)\mathrm{d}x$ **收敛**. 若 $\int_a^c f(x)\mathrm{d}x$ 或 $\int_c^b f(x)\mathrm{d}x$ 中至少有一个发散,则称 $\int_a^b f(x)\mathrm{d}x$ **发散**.

例 4 计算广义积分 $\int_0^a \dfrac{1}{\sqrt{a^2-x^2}}\mathrm{d}x\,(a>0)$.

解 因为 $\lim\limits_{x\to a^-}\dfrac{1}{\sqrt{a^2-x^2}}=+\infty$,所以 $x=a$ 为被积函数的无穷间断点,于是

$$\int_0^a \frac{1}{\sqrt{a^2-x^2}}\mathrm{d}x=\lim_{\varepsilon\to 0^+}\int_0^{a-\varepsilon}\frac{1}{\sqrt{a^2-x^2}}\mathrm{d}x=\lim_{\varepsilon\to 0^+}\arcsin\frac{x}{a}\Big|_0^{a-\varepsilon}$$
$$=\lim_{\varepsilon\to 0^+}\arcsin\frac{a-\varepsilon}{a}=\arcsin 1=\frac{\pi}{2}.$$

例 5 证明广义积分 $\int_0^1 \dfrac{1}{x^p}\mathrm{d}x$ 当 $p<1$ 时收敛,当 $p\geq 1$ 时发散.

证 当 $p=1$ 时,$\int_0^1 \dfrac{1}{x}\mathrm{d}x=\lim\limits_{\varepsilon\to 0^+}\int_\varepsilon^1 \dfrac{1}{x}\mathrm{d}x=\lim\limits_{\varepsilon\to 0^+}\ln x\Big|_\varepsilon^1=\lim\limits_{\varepsilon\to 0^+}(-\ln\varepsilon)=+\infty$;

当 $p\neq 1$ 时,$\int_0^1 \dfrac{1}{x^p}\mathrm{d}x=\lim\limits_{\varepsilon\to 0^+}\int_\varepsilon^1 \dfrac{\mathrm{d}x}{x^p}=\lim\limits_{\varepsilon\to 0^+}\dfrac{x^{1-p}}{1-p}\Big|_\varepsilon^1=\begin{cases}+\infty, & p>1;\\ \dfrac{1}{1-p}, & p<1.\end{cases}$

即当 $p<1$ 时收敛,$p\geq 1$ 时发散.

5.5 定积分的应用

本节我们将应用前面学过的定积分理论来分析和解决一些经济方面、几何方面的问题.

5.5.1 经济应用问题举例——已知边际函数求总函数

已知总成本函数 $C=C(q)$,总收益函数 $R=R(q)$,由微积分可得到边际成本函数 $C'=C'(q)$,边际收益函数 $R'=R'(q)$(统称为边际函数),由于积分法是微分法的逆运算,因此,积分法能使我们由边际函数推得总函数.

由于变上限的定积分是被积函数的一个原函数,因此,已知边际成本函数 $C'=C'(q)$,边际收益函数 $R'=R'(q)$,可用变上限的定积分来表示总成本函数 $C=C(q)$,总收益函数 $R=R(q)$:

$$C(q)=\int_0^q C'(q)\mathrm{d}q+C_0, \tag{5.5.1}$$

$$R(q)=\int_0^q R'(q)\mathrm{d}q, \tag{5.5.2}$$

其中,公式(5.5.1)中的 $C_0=C(0)$ 是固定成本.由(5.5.1)(5.5.2)可得到总利润函数

$$L(q)=\int_0^q (R'(q)-C'(q))\mathrm{d}q-C_0. \tag{5.5.3}$$

总成本函数 $C=C(q)$,总收益函数 $R=R(q)$ 也可用不定积分来表示:

$$C(q)=\int C'(q)\mathrm{d}q, \tag{5.5.4}$$

$$R(q)=\int R'(q)\mathrm{d}q. \tag{5.5.5}$$

因不定积分中含有一个任意常数,为了得到所要求的总函数,用公式(5.5.3)或公式(5.5.4)时,尚需要知道一个确定积分常数的条件.一般情况求总成本函数时,题设中会给出固定成本 C_0,即 $C_0=C(0)$;求总收益函数时,确定任意常数的条件是 $R(0)=0$,即还没有销售产品时,总收益为 0,不过一般情况下这个条件往往题设中不给出.

容易理解,产量由 a 个单位改变到 b 个单位时,总成本的改变量,总收益的改变量分别用下面式子计算:

$$\int_a^b C'(q)\mathrm{d}q, \tag{5.5.6}$$

$$\int_a^b R'(q)\mathrm{d}q. \tag{5.5.7}$$

例1 已知某产品总产量的变化率是时间 t(单位:年)的函数,$f(t)=3t+6\geqslant 0(t\geqslant 0)$,求第一个五年和第二个五年的总产量各为多少?

解 因为总产量 $P(t)$ 是它的变化率 $f(t)$ 的原函数,所以第一个五年的总产量为

$$\int_0^5 f(t)\mathrm{d}t = \int_0^5 (3t+6)\mathrm{d}t = \left(\frac{3}{2}t^2+6t\right)\Big|_0^5 = 67.5(单位);$$

第二个五年的总产量为 $\int_5^{10} f(t)\mathrm{d}t = \int_5^{10}(3t+6)\mathrm{d}t = \left(\frac{3}{2}t^2+6t\right)\Big|_5^{10} = 142.5(单位).$

例2 设某产品的总成本 C(单位:万元)的变化率是产量 x(单位:百台)的函数 $C'(x)=4+\frac{x}{4}$.总收益 R(单位:万元)的变化率是产量 x 的函数 $R'(x)=8-x$.

(1)求产量由 1 百台增加到 5 百台时总成本与总收益各增加多少?

(2)求产量为多少时,总利润 L 最大.

(3)已知固定成本 $C(0)=1$(万元),分别求出总成本、总利润与总产量的函数关系式.

(4)求总利润最大时的总利润、总成本与总收益.

解 (1)产量由 1 百台增加到 5 百台时总成本与总收益分别为

$$C=\int_1^5 \left(4+\frac{x}{4}\right)\mathrm{d}x = \left(4x+\frac{x^2}{8}\right)\Big|_1^5 = 19(万元);$$

$$R=\int_1^5 (8-x)\mathrm{d}x = \left(8x-\frac{1}{2}x^2\right)\Big|_1^5 = 20(万元).$$

(2)由于总利润 $L(x)=R(x)-C(x)$,故

$$L'(x)=R'(x)-C'(x)=(8-x)-\left(4+\frac{x}{4}\right)=4-\frac{5}{4}x,$$

令 $L'(x)=0$,得 $x=3.2$(百台),由 $L''(x)=-\frac{5}{4}<0$,所以产量为 3.2 百台时总利润最大.

(3)因为总成本是固定成本与可变成本之和,故

$$C(x)=C(0)+\int_0^x C'(x)\mathrm{d}x = C(0)+\int_0^x C'(t)\mathrm{d}t,$$

所以总成本函数为

$$C(x)=1+\int_0^x \left(4+\frac{t}{4}\right)\mathrm{d}t = 1+4x+\frac{x^2}{8},$$

由 $L(x)=R(x)-C(x)$ 及 $R(x)=\int_0^x (8-t)\mathrm{d}t = 8x-\frac{1}{2}x^2$,得总利润函数为

$$L(x)=\left(8x-\frac{x^2}{2}\right)-\left(1+4x+\frac{x^2}{8}\right)=-1+4x-\frac{5}{8}x^2.$$

(4)$L(3.2)=-1+4\cdot 3.2-\frac{5}{8}\cdot 3.2^2=5.4$(万元);

$C(3.2)=1+4\cdot 3.2+\frac{1}{8}3.2^2=15.08$(万元);

$R(3.2)=8\cdot 3.2-\frac{1}{2}\cdot 3.2^2=20.48$(万元).

例3 已知生产某种商品 q 单位的总收入的变化率(边际收入)为 $R'(q)=80-\dfrac{q}{20}$，试求生产 q 单位时的总收入 $R(q)$ 及平均收入 $\overline{R(q)}$. 生产该商品 1000 单位时的平均收入与生产 1000 到 2000 单位时的平均收入各是多少(假定生产的商品全部销售出去).

解 因总收入函数是边际收入的原函数，所以总收入为
$$R(q)=\int_0^q R'(q)\mathrm{d}q=\int_0^q\left(80-\dfrac{q}{20}\right)\mathrm{d}q=80q-\dfrac{q^2}{40},$$
此时，平均成本为
$$\overline{R(q)}=\dfrac{R(q)}{q}=80-\dfrac{q}{40},$$
生产该商品 1000 单位时的平均收入为 $\overline{R}(1000)=\left(80-\dfrac{q}{40}\right)\bigg|_{q=1000}=55$.

下面计算生产 1000 到 2000 单位该商品的平均收入. 先计算产量从 1000 到 2000 单位的总收入，即
$$R(2000)-R(1000)=\int_{1000}^{2000}R'(q)\mathrm{d}q=\int_{1000}^{2000}\left(80-\dfrac{q}{20}\right)\mathrm{d}q$$
$$=\left(80q-\dfrac{q^2}{40}\right)\bigg|_{1000}^{2000}=5000,$$
故此时平均收入为
$$\overline{R}=\dfrac{R(2000)-R(1000)}{2000-1000}=\dfrac{5000}{1000}=5.$$
易看出生产 1000 单位时的平均收入远比生产 1000 到 2000 单位时的平均收入为高.

例4 某产品的总成本 $C=C(q)$(单位：万元)的边际成本为 $MC=1$(万元/百台)，总收益 $R=R(q)$(单位：万元)的边际收益 $MR=5-q$(万元/百台)，其中 q 为产量，固定成本为 1 万元. 求：

(1) 产量为多少时总利润 $L(q)$ 最大？

(2) 从利润最大时再生产出 1 百台，总利润增加多少？

解 (1) 求总成本函数：

因为 $MC=1$，利用积分公式得
$$C(q)=\int 1\mathrm{d}q=q+C,$$
由条件固定成本为 1 万元，即 $C(0)=1$ 得总成本函数为
$$C(q)=q+1.$$
求总收益函数：

边际收入 $MR=5-q$，利用定积分公式得总收益函数为
$$R(q)=\int_0^q(5-q)\mathrm{d}q=5q-\dfrac{1}{2}q^2,$$
因此，总利润函数为

$$L(q)=R(q)-C(q)=4q-\frac{1}{2}q^2-1.$$

求最大利润:

$L'(q)=4-q$,令 $L'(q)=0$ 解得 $q=4$(百台).

因为本例是一个实际问题,最大利润是存在的,而 $q=4$ 是极大值点且唯一,所以 $q=4$(百台)时,有最大利润,其值为

$$L(4)=4\times 4-\frac{1}{2}\times 4^2-1=7(万元).$$

(2)从 $q=4$ 百台增加到 $q=5$ 百台时,总利润的增加量为

$$L(5)-L(4)=\int_4^5 L'(q)\mathrm{d}q$$
$$=\int_4^5(4-q)\mathrm{d}q=\left(4q-\frac{1}{2}q^2\right)\Big|_4^5=-0.5,$$

即从利润最大时的产量又多生产出 100 台时总利润减少了 0.5 万元.

例 5 已知生产某产品的边际成本是产量 q 的函数,
$$C'(q)=0.6q+3.2$$
试问:当产量由 2 百件增加到 7 百件时,总成本增加了多少万元?

解 由上面讨论易知,当产量由 2 百件增加到 7 百件时,总成本增加的数额应是边际成本的定积分,即

$$C=\int_2^7 C'(q)\mathrm{d}q=\int_2^7(0.6q+3.2)\mathrm{d}q$$
$$=(0.3q^2+3.2q)\Big|_2^7=22.4+14.7-1.2-6.4=29.5(万元).$$

例 6 已知生产某产品的边际成本 $C'(q)=21.2+0.8q$,固定成本为 100. 又知需求函数为

$$q(p)=100-\frac{1}{3}p.$$

问:产量为多少时(假定产品可全部售出),获利最大?最大利润是多少?

解 由需求函数易得出
$$p=300-3q,$$
从而总收入函数为
$$R(q)=p\cdot q=q(300-3q)=300q-3q^2,$$
于是利润函数的导数(即边际利润)为
$$L'(q)=R'(q)-C'(q)=(300q-3q^2)'-(21.2+0.8q)$$
$$=300-6q-21.2-0.8q=278.8-6.8q,$$
令 $L'(q)=0$,得 $q=41$,又 $L''(41)=-6.8<0$,

故产量为 41 单位时利润最大,这时最大利润为

$$L=\int_0^{41}L'(q)\mathrm{d}q-C_0=\int_0^{41}(278.8-6.8q)\mathrm{d}q-C_0$$

$$= (278.8q - 3.4q^2)\Big|_0^{41} - 100 = 571.5 - 100 = 5615.4.$$

例7 设某茶叶生产企业,生产某种出口茶叶的边际成本和边际收入是日产量 x(单位:包,每包 1kg)的函数.
$$C'(x) = x + 10, R'(x) = 210 - 4x (\text{美元}/\text{包}),$$
其固定成本为 3000 美元,求:

(1) 日产量为多少时,利润达到最大?

(2) 在获得最大利润生产水平上的总收入、总成本和总利润各是多少?

解 (1) 因为 $L'(x) = R'(x) - C'(x)$,

令 $L'(x) = 0$,得 $x = 40$(包),又 $L''(40) = -5 < 0$,

故日产量为 40 包时,企业获利润最大.

(2) 此时的总收入、总成本、总利润分别为
$$R(40) = \int_0^{40} R'(x)\,dx = \int_0^{40}(210 - 4x)\,dx$$
$$= (210x - 2x^2)\Big|_0^{40} = 5200 (\text{美元});$$
$$C(40) = \int_0^{40} C'(x)\,dx + C_0 = \int_0^{10}(x + 10)\,dx + C_0$$
$$= \left(\frac{1}{2}x^2 + 10x\right)\Big|_0^{40} + 3000 = 4200 (\text{美元});$$
$$L(40) = R(40) - C(40) = 5200 - 4200 = 1000 (\text{美元}).$$

因此,在获利最高的生产水平上的获利额为 1000 美元,此时的总收入和总成本分别是 5200 美元和 4200 美元.

5.5.2 平面图形的面积

根据定积分的几何意义,可以求出下面几种类型的平面图形的面积.

1. 由曲线 $y = f(x)$,直线 $x = a, x = b(a < b)$ 及 x 轴所围平面图形的面积.

(1) 若在 $[a,b]$ 上 $f(x) \geqslant 0$,则曲边梯形的面积问题为
$$\int_a^b f(x)\,dx = A.$$

(2) 若在 $[a,b]$ 上 $f(x) \leqslant 0$,则曲边梯形的面积问题为
$$\int_a^b f(x)\,dx = -A,$$

即
$$\int_a^b |f(x)|\,dx = A.$$

(3) 若在 $[a,b]$ 上 $f(x)$ 有正有负,则 $\int_a^b f(x)\,dx$ 等于 $[a,b]$ 上位于 x 轴上方的图形面积

减去 x 轴下方的图形面积.

综上所述,由曲线 $y=f(x)$,直线 $x=a,x=b(a<b)$ 及 x 轴所围平面图形的面积为
$$\int_a^b |f(x)|\,dx = A.$$

2. (X 型平面区域)设平面图形由连续曲线 $y=f_1(x), y=f_2(x)$ 及直线 $x=a, x=b$ 所围成,并且在 $[a,b]$ 上 $f_1(x) \geqslant f_2(x)$(如图 5-7、图 5-8),那么这块图形的面积为
$$A = \int_a^b |f_1(x)-f_2(x)|\,dx = \int_a^b [f_1(x)-f_2(x)]\,dx. \tag{5.5.8}$$

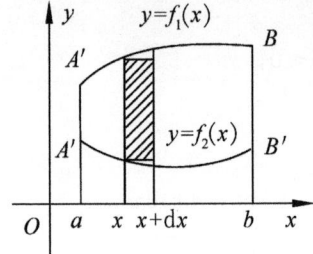
图 5-7

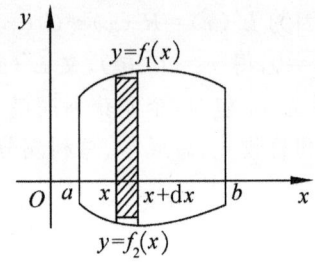
图 5-8

3. (Y 型平面区域)设平面图形由连续曲线 $x=g_1(y), x=g_2(y)$ 及直线 $y=c, y=d$ 所围成,并且在 $[c,d]$ 上 $g_1(y) \geqslant g_2(y)$(如图 5-9),那么这块图形的面积为
$$A = \int_c^d |g_1(y)-g_2(y)|\,dy = \int_c^d [g_1(y)-g_2(y)]\,dy. \tag{5.5.9}$$

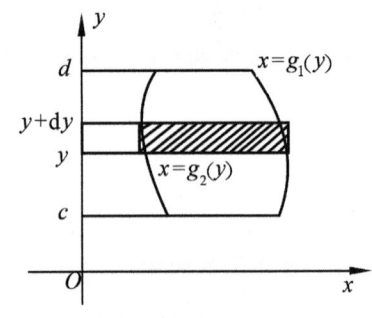
图 5-9

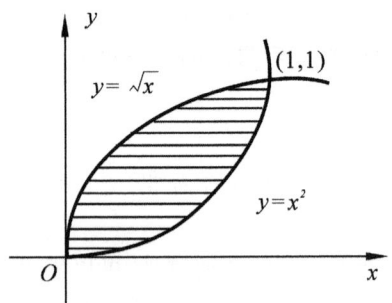
图 5-10

例 8 计算由两条抛物线 $y^2=x$ 和 $y=x^2$ 所围平面图形的面积.

解法一 (1)画出图形(如图 5-10).

(2)为了确定积分的上、下限,先求出这两条曲线的交点.

由方程组 $\begin{cases} y^2=x, \\ y=x^2, \end{cases}$ 求出两曲线的交点为 $(0,0)$ 和 $(1,1)$.

(3)选 x 为积分变量. 在区间 $[0,1]$ 上 $\sqrt{x} > x^2$.

(4)代入公式(5.5.8)得所求面积为
$$A = \int_0^1 [\sqrt{x} - x^2]\,dx = \left(\frac{2}{3}x^{\frac{3}{2}} - \frac{1}{3}x^3\right)\Big|_0^1 = \frac{1}{3}.$$

解法二 先求出两曲线的交点 $(0,0)$ 和 $(1,1)$，在区间 $[0,1]$ 上 $\sqrt{y} \geqslant y^2$，代入公式 (5.5.9) 得所求面积

$$A = \int_0^1 (\sqrt{y} - y^2) \mathrm{d}y = \frac{1}{3}.$$

由上面例题得到求平面图形面积的步骤为：

(1) 画出图形；

(2) 联立方程组，求出曲线的交点；

(3) 确定积分变量及上下限；

(4) 应用积分面积公式计算所求区域面积.

例 9 计算抛物线 $y^2 = 2x$ 与直线 $x - y = 4$ 所围成平面图形的面积.

解法一 (1) 画出图形(如图 5-11).

(2) 解联立方程组 $\begin{cases} y^2 = 2x, \\ y = x - 4, \end{cases}$ 求出两条曲线的交点 $(2, -2)$ 和 $(8, 4)$.

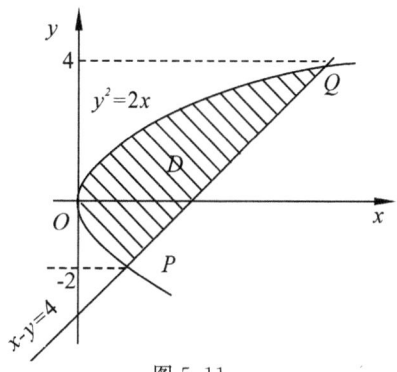

图 5-11

(3) 选 y 为积分变量，在区间 $[-2, 4]$ 上，$y + 4 > \frac{1}{2} y^2$.

(4) 所求面积为

$$A = \int_{-2}^{4} \left(y + 4 - \frac{1}{2} y^2 \right) \mathrm{d}y = \left(\frac{y^2}{2} + 4y - \frac{y^3}{6} \right) \bigg|_{-2}^{4} = 18.$$

解法二 用直线 $x = 2$ 将图形分成两部分，左侧图形的面积为

$$A_1 = \int_0^2 [\sqrt{2x} - (-\sqrt{2x})] \mathrm{d}x = 2\sqrt{2} \frac{2}{3} x^{\frac{3}{2}} \bigg|_0^2 = \frac{16}{3},$$

右侧图形的面积为

$$A_2 = \int_2^8 [\sqrt{2x} - (x - 4)] \mathrm{d}x = \left(\frac{2\sqrt{2}}{3} x^{\frac{3}{2}} - \frac{1}{2} x^2 + 4x \right) \bigg|_2^8 = \frac{38}{3}.$$

所求图形的面积为

$$A = A_1 + A_2 = \frac{16}{3} + \frac{38}{3} = 18.$$

注 由例 2 可知，对同一问题，有时可选取不同的积分变量进行计算，计算的难易程度往往不同，因此在实际计算时，应选取合适的积分变量，使计算简化.

例 10 求椭圆 $\dfrac{x^2}{a^2} + \dfrac{y^2}{b^2} = 1$ 所围成的图形的面积.

解 由对称性 $A = 4A_1$，A_1 是椭圆在第一象限部分面积，在这一部分 $x \in [0, a]$ 上边界为 $y = b\sqrt{1 - \dfrac{x^2}{a^2}}$，下边界为 $y = 0$，则

$$A = 4 \int_0^a b \sqrt{1 - \frac{x^2}{a^2}} \mathrm{d}x,$$

令 $x=a\sin t$，则

$$\sqrt{1-\frac{x^2}{a^2}}=\cos t,\ \mathrm{d}x=a\cos t\mathrm{d}t,$$

$$A=4\int_0^{\frac{\pi}{2}}b\cos t\cdot a\cos t\mathrm{d}t=4ab\left(\frac{t}{2}+\frac{1}{4}\sin 2t\right)\Big|_0^{\frac{\pi}{2}}=\pi ab.$$

5.5.3 旋转体的体积

1. 若平面图形由连续曲线 $y=f(x)$，x 轴及直线 $x=a$，$x=b$ 所围成，则该图形绕 x 轴旋转一周所形成的旋转体（如图 5-12）的体积为

$$V=\pi\int_a^b y^2\mathrm{d}x=\pi\int_a^b[f(x)]^2\mathrm{d}x. \quad (5.5.10)$$

例 11 将抛物线 $y=x^2$，x 轴及直线 $x=0$，$x=2$ 所围成的平面图形绕 x 轴旋转，求所形成的旋转体的体积.

解 根据公式 (5.5.10) 得

$$V=\pi\int_0^2 y^2\mathrm{d}x=\pi\int_0^2 x^4\mathrm{d}x=\frac{32}{5}\pi.$$

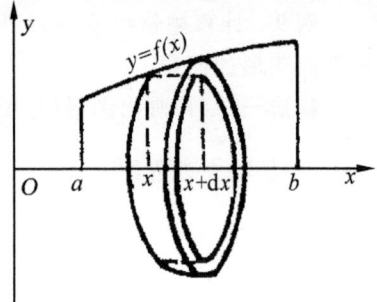

图 5-12

2. 若平面图形是由连续曲线 $y=f_1(x)$，$y=f_2(x)$（不妨设 $0\leqslant f_1(x)\leqslant f_2(x)$）及 $x=a$，$x=b$ 所围成的平面图形，则该图形绕 x 轴旋转一周所形成的旋转体的体积

$$V=\pi\int_0^2[f_2^2(x)-f_1^2(x)]\mathrm{d}x. \quad (5.5.11)$$

例 12 求圆 $x^2+(y-b)^2=a^2(0<a<b)$ 绕 x 轴旋转所形成的立体体积.

解 由图 5-13 知，该立体是由 $y_1=b+\sqrt{a^2-x^2}$，$y_2=b-\sqrt{a^2-x^2}$ 以及 $x=a$，$x=-a$ 围成的平面图形绕 x 轴旋转所生成的立体. 由公式 (5.5.11) 知

$$V=\pi\int_{-a}^a[(b+\sqrt{a^2-x^2})^2-(b-\sqrt{a^2-x^2})^2]\mathrm{d}x$$

$$=\pi\int_{-a}^a 4b\sqrt{a^2-x^2}\mathrm{d}x$$

$$=4b\pi\left(\frac{a^2}{2}\arcsin\frac{x}{a}+\frac{x}{2}\sqrt{a^2-x^2}\right)\Big|_{-a}^a=2\pi^2a^2b.$$

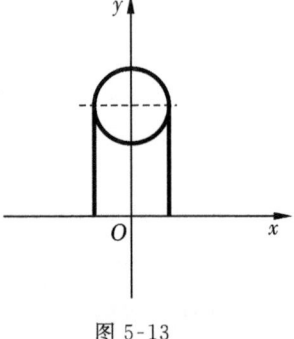

图 5-13

3. 若平面图形由曲线 $x=g_1(y)$，$x=g_2(y)$（不妨设 $0\leqslant g_1(y)\leqslant g_2(y)$）及直线 $y=c$，$y=d(c<d)$，则该图形绕 y 轴旋转一周而生成的旋转体的体积

$$V=\pi\int_c^d[g_2^2(y)-g_1^2(y)]\mathrm{d}y. \quad (5.5.12)$$

例 13 求椭圆 $\dfrac{x^2}{a^2}+\dfrac{y^2}{b^2}=1$ 绕 y 轴旋转一周而生成的旋转体的体积.

解 由于该平面图形关于 y 轴对称,只需求出 y 轴右边的半个椭圆绕 y 轴旋转一周而生成的旋转体的体积.

在 y 轴右边的半个椭圆的方程为
$$x=\dfrac{a}{b}\sqrt{b^2-y^2}, -b\leqslant y\leqslant b.$$

由公式(5.5.12)得
$$V=\int_{-b}^{b}\pi\left(\dfrac{a}{b}\sqrt{b^2-y^2}\right)^2\mathrm{d}y=\dfrac{4}{3}\pi a^2 b.$$

特别地,当圆绕一条直径旋转时,旋转体称为球体,其体积为 $V=\dfrac{4}{3}\pi a^3$.

本章小结

一、本章主要内容

本章介绍了定积分的概念,讨论了定积分的性质、求法以及广义积分、定积分在几何上、经济学中的应用.

二、定积分的概念

函数 $f(x)$ 在区间 $[a,b]$ 上的定积分是一个和式的极限,即
$$\int_{a}^{b}f(x)\mathrm{d}x=\lim_{\lambda\to 0}\sum_{i=1}^{n}f(\xi_i)\cdot\Delta x_i.$$

若 $f(x)$ 在区间 $[a,b]$ 上有界且连续,则 $f(x)$ 在 $[a,b]$ 上可积. 函数有界是可积的必要条件. 若在 $[a,b]$ 上有 $f(x)\geqslant 0$,且 $f(x)$ 可积,则 $\int_{a}^{b}f(x)\mathrm{d}x$ 就是由 $x=a, x=b, x$ 轴及 $y=f(x)$ 围成的平面图形的面积.

定积分与不定积分的概念有着本质的不同. 通过牛顿—莱布尼兹公式,可以利用不定积分来计算定积分,从而建立了两个概念间的联系.

三、定积分的性质

1. 定积分的性质在积分的理论和计算中具有重要的应用. 定积分主要有以下性质:

(1)常数因子可提到积分号的前面去.

(2)定积分对其被积函数和积分区间都具有可加性.

(3)交换积分的上、下限,积分前面加负号.

(4)若积分的上、下限相等,则此积分值为零.

(5)积分区间相同的两个定积分,被积函数值大的积分值也大.

(6)积分中值定理.

2. 除了上述性质外,以下结论在积分计算中也有重要应用:

(1) 定积分的值仅依赖于被积函数和积分区间,与积分变量的选取无关,即
$$\int_a^b f(x)\mathrm{d}x = \int_a^b f(t)\mathrm{d}t.$$

(2) 设 $f(x)$ 是定义在 $[-a,a]$ 上的奇(偶)函数,则
$$\int_{-a}^a f(x)\mathrm{d}x = \begin{cases} 0, & \text{当 } f(x) \text{ 为奇函数}; \\ 2\int_0^a f(x)\mathrm{d}x, & \text{当 } f(x) \text{ 为偶函数}. \end{cases}$$

四、变上限的定积分

建立定积分和不定积分联系的是变上限的定积分. 如果函数 $f(x)$ 在区间 $[a,b]$ 上连续,则函数
$$\Phi(x) = \int_a^x f(t)\mathrm{d}t \quad (x \in [a,b])$$
称为定义在区间 $[a,b]$ 上的变上限积分,且有
$$\Phi'(x) = \left[\int_a^x f(t)\mathrm{d}t\right]' = f(x).$$

一般地,若 $g(x)$ 可导,则
$$\left(\int_a^{g(x)} f(t)\mathrm{d}t\right)' = f[g(x)] \cdot g'(x).$$

由变上限的定积分可导出计算定积分的牛顿—莱布尼兹公式,此公式奠定了计算定积分的基础.

五、牛顿—莱布尼兹公式

设函数 $f(x)$ 在区间 $[a,b]$ 上连续,且 $F(x)$ 是 $f(x)$ 的一个原函数,则
$$\int_a^b f(x)\mathrm{d}x = F(x)\Big|_a^b = F(b) - F(a).$$

该公式说明:定积分的计算可以先用不定积分的积分法求出被积函数的原函数,然后再用此公式求之. 但对较复杂的定积分用这种方法求解过程较繁琐,因此,本章又介绍了定积分的其他积分方法.

六、定积分的计算

(1) 直接积分法

(2) 换元积分法

定积分的换元积分法选择变量替换方法与不定积分的换元法相同. 所不同的是:定积分的换元法除对被积表达式作变换外,还要对积分限作相应的变换;此外,它没有不定积分换元过程中的变量回代.

(3) 分部积分法

定积分的分部积分法和不定积分的分部积分法相同,所不同的是:定积分的分部积分公式中每一项都带有积分上、下限.

七、广义积分

广义积分是定积分(积分区间为有限区间且被积函数有界的情形)的推广,它解决了

积分区间为无限或无界函数的积分问题.广义积分是通过极限来定义的,因而掌握了求定积分和求极限的方法,就可求得一些基本的广义积分.

八、定积分的应用

定积分可应用于已知某经济函数的变化率或边际函数时,求总量函数或总量函数在一定范围内的增量.还可应用于求平面图形的面积、旋转体体积计算.

习题 5

1. 根据定积分的几何意义,求下列积分:

(1) $\int_0^1 x \mathrm{d}x$; (2) $\int_0^4 \sqrt{16-x^2} \mathrm{d}x$.

2. 不求积分值,比较下列各对定积分大小:

(1) $\int_0^1 x \mathrm{d}x$ 与 $\int_0^1 x^2 \mathrm{d}x$; (2) $\int_0^1 \mathrm{e}^x \mathrm{d}x$ 与 $\int_0^1 \mathrm{e}^{2x} \mathrm{d}x$;

(3) $\int_1^\mathrm{e} \ln x \mathrm{d}x$ 与 $\int_1^\mathrm{e} \ln^2 x \mathrm{d}x$; (4) $\int_0^{\frac{\pi}{2}} \sin x \mathrm{d}x$ 与 $\int_0^{\frac{\pi}{2}} \sin^3 x \mathrm{d}x$.

3. 计算下列函数的导数:

(1) $\Phi(x) = \int_0^x \frac{1}{\sqrt{1+t}} \mathrm{d}t$; (2) $\Phi(x) = \int_x^{-1} t^2 \sin t \mathrm{d}t$;

(3) $\Phi(x) = \int_1^{x^2} t \mathrm{e}^t \mathrm{d}t$; (4) $\Phi(x) = \int_{\cos x}^{\sin x} (1-t^2) \mathrm{d}t$.

4. 求下列极限:

(1) $\lim\limits_{x \to 0} \dfrac{\int_0^x \sin t \mathrm{d}t}{x^2}$; (2) $\lim\limits_{x \to \frac{\pi}{2}} \dfrac{\int_{\frac{\pi}{2}}^x \sin^2 t \mathrm{d}t}{x - \frac{\pi}{2}}$;

(3) $\lim\limits_{x \to 0} \dfrac{\int_0^x \arctan t \mathrm{d}t}{x^2}$; (4) $\lim\limits_{x \to \infty} \dfrac{\int_1^x \sqrt{t + \frac{1}{t}} \mathrm{d}t}{x \sqrt{x}}$.

5. 计算下列定积分:

(1) $\int_0^1 (2^x + x^2) \mathrm{d}x$; (2) $\int_1^2 \left(x^2 + \frac{1}{x^4}\right) \mathrm{d}x$;

(3) $\int_1^{27} \frac{1}{\sqrt[3]{x}} \mathrm{d}x$; (4) $\int_0^a (\sqrt{x} - \sqrt{a})^2 \mathrm{d}x$;

(5) $\int_1^2 \frac{x^2}{x^2+1} \mathrm{d}x$; (6) $\int_0^\pi \cos^2 \frac{x}{2} \mathrm{d}x$;

(7) $\int_0^\pi |\cos x| \mathrm{d}x$; (8) $\int_{-1}^1 (2x + |x| + 1)^2 \mathrm{d}x$.

6. 计算下列定积分：

(1) $\int_0^3 e^{\frac{x}{3}} dx$;

(2) $\int_0^4 xe^{x^2} dx$;

(3) $\int_0^{\frac{\pi}{2}} \cos^5 x \cdot \sin 2x \, dx$;

(4) $\int_1^e \frac{1+\ln x}{x} dx$;

(5) $\int_{-1}^0 \frac{1}{\sqrt{1-x}} dx$;

(6) $\int_0^{\ln 2} \frac{e^x}{1+e^{2x}} dx$;

(7) $\int_0^5 \frac{x^3}{x^2+1} dx$;

(8) $\int_0^1 \frac{1}{1+e^x} dx$;

(9) $\int_1^2 \frac{e^{\frac{1}{x}}}{x^2} dx$;

(10) $\int_0^1 \frac{1}{e^x + e^{-x}} dx$;

(11) $\int_1^{\sqrt{3}} \frac{1}{\sqrt{4-x^2}} dx$;

(12) $\int_\pi^{2\pi} \frac{x+\cos x}{x^2+2\sin x} dx$.

7. 计算下列定积分：

(1) 已知 $f(x) = \begin{cases} x^2, & -1 \leqslant x < 1; \\ e^{-x}, & 1 \leqslant x \leqslant 2, \end{cases}$ 求 $\int_0^{\frac{3}{2}} f(x) dx$;

(2) 已知 $f(x) = \begin{cases} 2x+1, & |x| \leqslant 2; \\ 1+x^2, & 2 < x \leqslant 4. \end{cases}$ 求 $\int_0^3 f(x) dx$.

8. 计算下列定积分：

(1) $\int_0^4 \frac{1}{1+\sqrt{x}} dx$;

(2) $\int_0^8 \frac{1}{1+\sqrt[3]{x}} dx$;

(3) $\int_0^{\ln 2} \sqrt{e^x - 1} \, dx$;

(4) $\int_0^2 \sqrt{4-x^2} \, dx$;

(5) $\int_0^2 x^2 \sqrt{4-x^2} \, dx$;

(6) $\int_0^4 e^{\sqrt{x}} dx$;

(7) $\int_0^3 \frac{1}{\sqrt{x}(1+x)} dx$;

(8) $\int_1^2 \frac{\sqrt{x^2-1}}{x} dx$;

(9) $\int_0^{\frac{\pi}{4}} \tan x \cdot \ln(\cos x) dx$;

(10) $\int_{-2}^2 (x-3)\sqrt{4-x^2} \, dx$.

9. 计算下列定积分：

(1) $\int_0^1 xe^x dx$;

(2) $\int_0^1 xe^{-x} dx$;

(3) $\int_0^{\frac{\pi}{2}} x \sin x \, dx$;

(4) $\int_0^\pi x^3 \sin x \, dx$;

(5) $\int_1^e x^2 \ln x \, dx$;

(6) $\int_0^{e-1} \ln(x+1) dx$;

(7) $\int_0^{\frac{\sqrt{3}}{2}} \arccos x \, dx$;

(8) $\int_0^1 x \arctan x \, dx$;

(9) $\int_0^{\frac{\pi}{2}} e^x \sin x \, dx$; (10) $\int_{\frac{1}{e}}^{e} |\ln x| \, dx$;

(11) $\int_0^{\ln 2} \sqrt{1 - e^{-2x}} \, dx$; (12) $\int_0^1 \frac{\ln(1+x)}{(2-x)^2} \, dx$.

10. 已知 $f(2x+1) = x \cdot e^x$，求 $\int_3^5 f(t) \, dt$.

*11. 判断下列广义积分的敛散性；若该积分收敛，求其值.

(1) $\int_1^{+\infty} x e^{-x^2} \, dx$; (2) $\int_0^{+\infty} x^2 e^{-x} \, dx$;

(3) $\int_0^{+\infty} e^{-x} \, dx$; (4) $\int_e^{+\infty} \frac{1}{x \ln^2 x} \, dx$;

(5) $\int_1^{+\infty} \frac{1}{\sqrt{x}} \, dx$; (6) $\int_0^{+\infty} e^{-\sqrt{x}} \, dx$;

(7) $\int_0^{+\infty} \sin x \, dx$; (8) $\int_a^{+\infty} \frac{1}{x^a} \, dx (a > 1)$.

12. 已知某产品在时刻 t 总产量的变化率为 $f(t) = (100 + 12t - 0.6t^2)$ 单位 /h，求从 $t=2$ 到 $t=4$ 这两个小时的总产量.

13. 已知生产某商品 x 单位时，边际收益函数为 $R'(x) = 200 - \frac{x}{50}$（元/单位），试求生产 x 单位时总收益 $R(x)$ 以及平均单位收益 $\overline{R}(x)$，并求生产这种产品 2000 单位时的总收益和平均单位收益.

14. 已知某种商品每天生产 x 单位时固定成本为 20 元，边际成本函数为 $C'(x) = 0.4x = 2$（元/单位），求总成本函数 $C(x)$. 若此种商品的销售单价为 18 元，并且该商品可全部售出，求总利润函数 $L(x)$，并求每天生产多少单位时才能获得最大利润.

15. 假设某产品的边际收入函数为 $R'(q) = 9 - q$（万元/万台），边际成本函数为 $C'(q) = 4 + \frac{q}{4}$（万元/万台），其中产量 q 以万台为单位.

(1) 试求当产量由 4 万台增加到 5 万台利润的变化量.

(2) 当产量为多大时利润最大？

(3) 已知固定成本为 1 万元，求总成本函数和利润函数.

16. 某工厂生产一种产品，每天生产 xt 时的总成本为 $C(x)$（单位：百元）. 已知它的边际成本为 $C'(x) = 100 + 6x - 0.6x^2$，试求产量由 2t 增加到 4t 时的总成本及平均成本.

17. 已知某产品的边际成本为 $C'(x) = 2$（元/件），固定成本为 0，边际收入为 $R'(x) = 20 - 0.02x$（元），求：在最大利润产量基础上再生产 40 件，利润会发生什么变化.

18. 求下列平面图形的面积：

(1) 曲线 $y = x^2$ 与直线 $y = x, y = 2x$ 所围成的平面图形；

(2) 曲线 $y = x^3$ 与 $y = \sqrt[3]{x}$ 所围成的平面图形；

(3) 抛物线 $y = x^2$ 与直线 $y = 2x$ 所围成的平面图形；

(4) 抛物线 $y^2 = 2x$ 与直线 $y = x - 4$ 所围成的平面图形；

(5) 曲线 $y = e^x$ 和该曲线过原点的切线及 $x = 0$ 所围成的平面图形；

(6) $y = 1 - e^x, y = 1 - e^{-x}$ 和 $x = 1$ 围成的平面图形；

(7) 椭圆 $\dfrac{x^2}{4} + \dfrac{y^2}{9} = 1$；

(8) 由曲线 $y = xe^{-x^2}$ 以及直线 $y = 0, x = 0, x = 1$ 所围成的平面图形.

疑难解析和典型例题分析

例 1 计算下列定积分：

(1) $\displaystyle\int_0^{\frac{\pi}{2}} \dfrac{\sin x}{3 + \sin^2 x} dx$；

(2) $\displaystyle\int_0^{\frac{\pi}{2}} \dfrac{dx}{2 + \sin x}$；

(3) $\displaystyle\int_0^4 \cos(\sqrt{x} - 1) dx$；

(4) $\displaystyle\int_{-2}^{-\sqrt{2}} \dfrac{dx}{x\sqrt{x^2 - 1}}$；

(5) $\displaystyle\int_0^{\pi} \sqrt{1 - \sin x} dx$；

(6) $\displaystyle\int_{-1}^{1} \dfrac{2 + \sin x}{\sqrt{4 - x^2}} dx$.

解 (1) $\displaystyle\int_0^{\frac{\pi}{2}} \dfrac{\sin x}{3 + \sin^2 x} dx = \int_0^{\frac{\pi}{2}} \dfrac{d(\cos x)}{\cos^2 x - 2^2} = \dfrac{1}{4} \ln \left| \dfrac{\cos x - 2}{\cos x + 2} \right| \bigg|_0^{\frac{\pi}{2}} = \dfrac{1}{4} \ln 3$.

(2) 令 $\tan \dfrac{x}{2} = t$，则 $dx = \dfrac{2}{1 + t^2} dt, \sin x = \dfrac{2t}{1 + t^2}$，且 $x : 0 \to \dfrac{\pi}{2}$ 时，$t : 0 \to 1$，于是

$$\int_0^{\frac{\pi}{2}} \dfrac{dx}{2 + \sin x} = \int_0^1 \dfrac{dt}{t^2 + t + 1} = \int_0^1 \dfrac{d\left(t + \dfrac{1}{2}\right)}{\left(t + \dfrac{1}{2}\right)^2 + \dfrac{3}{4}}$$

$$= \dfrac{2\sqrt{3}}{3} \arctan \dfrac{2t + 1}{\sqrt{3}} \bigg|_0^1 = \dfrac{\sqrt{3}}{9} \pi.$$

(3) 令 $\sqrt{x} - 1 = t$，则 $x = (t + 1)^2, dx = 2(t + 1) dt$，当 $x : 0 \to 4$ 时，$t : -1 \to 1$，故

$$\int_0^4 \cos(\sqrt{x} - 1) dx = 2 \int_{-1}^1 (t + 1) \cos t \, dt = 2 \int_{-1}^1 (t \cos t + \cos t) dt$$

$$= 4 \int_0^1 \cos t \, dt = 4 \sin 1.$$

以上应用了 $t \cos t$、$\cos t$ 分别是 $[-1, 1]$ 上的奇、偶函数的性质. 本题的积分 $\displaystyle\int_{-1}^1 (t + 1) \cos t \, dt$ 也可用分部积分法.

(4) 令 $x = -\sec t$，则 $dx = -\sec t \tan t \, dt$，当 $x : -2 \to -\sqrt{2}$ 时，$t : \dfrac{\pi}{3} \to \dfrac{\pi}{4}$，于是

$$\int_{-2}^{-\sqrt{2}} \dfrac{dx}{x\sqrt{x^2 - 1}} = \int_{\frac{\pi}{3}}^{\frac{\pi}{4}} \dfrac{-\sec t \cdot \tan t}{-\sec t \cdot \tan t} dt = -\dfrac{\pi}{12}.$$

(5) $\int_0^\pi \sqrt{1-\sin x}\,dx = \int_0^\pi \sqrt{\left(\sin\dfrac{x}{2}-\cos\dfrac{x}{2}\right)^2}\,dx = \int_0^\pi \left|\sin\dfrac{x}{2}-\cos\dfrac{x}{2}\right|dx$

$= \int_0^{\frac{\pi}{2}}\left(\cos\dfrac{x}{2}-\sin\dfrac{x}{2}\right)dx + \int_{\frac{\pi}{2}}^{\pi}\left(\sin\dfrac{x}{2}-\cos\dfrac{x}{2}\right)dx$

$= 2\left(\sin\dfrac{x}{2}+\cos\dfrac{x}{2}\right)\Big|_0^{\frac{\pi}{2}} - 2\left(\cos\dfrac{x}{2}+\sin\dfrac{x}{2}\right)\Big|_{\frac{\pi}{2}}^{\pi} = 4(\sqrt{2}-1).$

必须注意,当被积函数中出现 $\sqrt{[f(x)]^2}$ 时,由 $\sqrt{[f(x)]^2}=|f(x)|$,再根据积分区间中 $f(x)$ 的符号化去绝对值符号.

(6) $\dfrac{\sin x}{\sqrt{4-x^2}}$,$\dfrac{2}{\sqrt{4-x^2}}$ 在区间 $[-1,1]$ 上分别是奇、偶函数,因此

$$\int_{-1}^{1}\dfrac{2+\sin x}{\sqrt{4-x^2}}dx = 2\int_0^1 \dfrac{2dx}{\sqrt{4-x^2}} = 4\arcsin\dfrac{x}{2}\Big|_0^{\frac{\pi}{2}} = \dfrac{2\pi}{3}.$$

例 2 $f(x)\in[0,1]$,证明 $\int_0^\pi xf(\sin x)dx = \dfrac{\pi}{2}\int_0^\pi f(\sin x)dx$,并求 $\int_0^\pi x\sin 2x\,dx$.

证 对于 $\int_0^\pi xf(\sin x)dx$,令 $x=\pi-t$,则 $dx=-dt$,且

$$\int_0^\pi xf(\sin x)dx = \int_\pi^0 (\pi-t)f[\sin(\pi-t)](-dt)$$

$$= \pi\int_0^\pi f(\sin t)dt - \int_0^\pi tf(\sin t)dt$$

$$= \pi\int_0^\pi f(\sin x)dx - \int_0^\pi xf(\sin x)dx,$$

移项解得

$$\int_0^\pi xf(\sin x)dx = \dfrac{\pi}{2}\int_0^\pi f(\sin x)dx.$$

以上等式可作为公式使用,从而

$$\int_0^\pi x\sin 2x\,dx = \dfrac{\pi}{2}\int_0^\pi \sin 2x\,dx = -\dfrac{\pi}{4}\cos 2x\Big|_0^\pi = 0.$$

第六章　多元函数微分学基础

学习目标

1. 了解空间直角坐标系的概念.
2. 理解二元函数的概念,了解二元函数的极限、连续的概念、性质.
3. 理解二元函数的偏导数、全微分的概念,掌握求二元函数偏导数和全微分的方法.
4. 掌握求二元隐函数和复合函数的微分的方法.
5. 了解二元函数的极值的概念,会求二元函数的极值,会用拉格朗日乘数法求解简单的条件极值问题.

在前面讨论了一元函数的微积分,但在自然科学和工程技术中,很多问题都与多种因素有关,反映到数学上就是多元函数的问题.本章主要介绍空间解析几何的基本知识,并在一元函数微分学的基础上讨论多元函数的微分及一些简单的应用.

6.1　空间解析几何简介

6.1.1　空间直角坐标系

过空间一定点 O,作三条两两互相垂直的数轴(一般取它们的单位长度相同),就构成了一个空间直角坐标系,点 O 叫做**坐标原点**,这三条数轴统称为**坐标轴**,分别叫 x 轴、y 轴和 z 轴,通常 x 轴、y 轴在水平平面上,z 轴是铅垂线.它们的正向一般符合**右手法则**,即以右手握住 z 轴,当四指从 x 轴的正向以不大于 $90°$ 的角度转到 y 轴的正向时,伸直的大拇指的指向就是 z 轴的正向(如图 6-1).

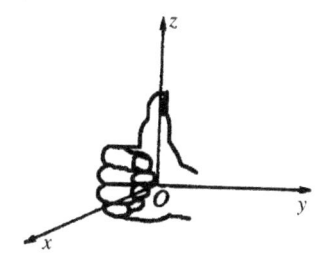

图 6-1

三条坐标轴中任两条可确定一个平面,称为**坐标面**,共三个,由 x 轴和 y 轴、y 轴和 z 轴、z 轴和 x 轴所确定的坐标面分别叫做 xOy 面、yOz 面和 zOx 面.

建立了空间直角坐标系后,就可以讨论空间的点与三个有序数之间的对应关系.

设 P 为空间一点,过点 P 分别作与三条坐标轴垂直的平面,它们分别交 x 轴于 A 点,交 y 轴与 B 点,交 z 轴于 C 点(如图 6-2),这三点在 x 轴、y 轴、z 轴上的坐标依次为 x,y,z. 这样,空间的一点 P 就唯一地确定了一个有序数组 x,y,z. 反之,给定有序数组 x,y,z,在 x 轴上取坐标为 x 的点 A,在 y 轴上取坐标为 y 的点 B,在 z 轴上取坐标为 z 的点 C,再过这三点分别做垂直于三条坐标轴的平面,则这三个平面必然交于点 P. 这样就建立了空间的点 P 和有序数组 x,y,z 之间的一一对应关系. 有序数组 x,y,z 称为点 P 的坐标,记作 $P(x,y,z)$,它们分别称为**横坐标**、**纵坐标**和**竖坐标**.

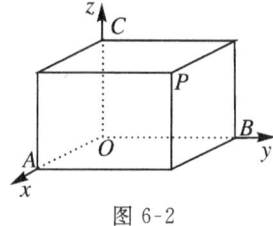

图 6-2

显然,原点的坐标为 $(0,0,0)$,xOy 面上点的坐标为 $(x,y,0)$,yOz 面上点的坐标为 $(0,y,z)$,zOx 面上点的坐标为 $(x,0,z)$.

三个坐标面把空间分成了八部分,每一部分叫做一个**卦限**(如图 6-3),这八个卦限的次序规定如下:

第一卦限: $\{(x,y,z)|x>0,y>0,z>0\}$;
第二卦限: $\{(x,y,z)|x<0,y>0,z>0\}$;
第三卦限: $\{(x,y,z)|x<0,y<0,z>0\}$;
第四卦限: $\{(x,y,z)|x>0,y<0,z>0)\}$;
第五卦限: $\{(x,y,z)|x>0,y>0,z<0\}$;
第六卦限: $\{(x,y,z)|x<0,y>0,z<0\}$;
第七卦限: $\{(x,y,z)|x<0,y<0,z<0\}$;
第八卦限: $\{(x,y,z)|x>0,y<0,z<0\}$.

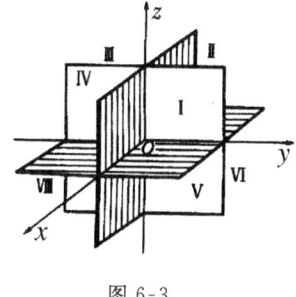

图 6-3

下面将平面上两点间的距离公式推广到空间(证明从略).

定理 6.1 设 $M_1(x_1,y_1,z_1)$ 和 $M_2(x_2,y_2,z_2)$ 为空间两点,则点 M_1 与 M_2 间的距离为

$$|M_1M_2|=\sqrt{(x_2-x_1)^2+(y_2-y_1)^2+(z_2-z_1)^2}. \tag{6.1.1}$$

例 1 在 x 轴上求一点 P,使它到点 $A(-3,2,-2)$ 的距离为 3.

解 因为所求的点在 x 轴上,故可设它为 $P(x,0,0)$.由题意得 $|PA|=3$,由公式(6.1.1)得

$$\sqrt{(x+3)^2+(0-2)^2+(0+2)^2}=3,$$

解得

$$x_1=-2, x_2=-4,$$

因此,所求的点为 $(-2,0,0)$ 或 $(-4,0,0)$.

6.1.2 曲面及其方程

1. 曲面方程的概念

建立曲面方程的方法与平面解析几何中建立平面曲线方程的方法相似,在空间直角坐标系中,把曲面看成是空间一动点 $M(x,y,z)$ 的运动轨迹,根据运动规律可以得到一个 x,y,z 的三元方程 $F(x,y,z)=0$.这样,在曲面上的点,其坐标满足这个方程,并且坐标满足这个方程的点都在曲面上,因此,称此方程 $F(x,y,z)=0$ 为**曲面方程**,称该曲面为**方程** $F(x,y,z)=0$ **的图形**(或**轨迹**)(如图 6-4).这样,就把曲面图形与三元方程一一对应起来.

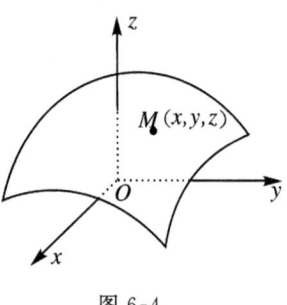

图 6-4

一般的,把由三元一次方程表示的曲面叫做**一次曲面**,也称为**平面**;由三元二次方程表示的曲面叫做**二次曲面**.下面简单介绍平面方程和一些常见的二次曲面方程.

2. 平面方程

一动点 $M(x,y,z)$ 到两定点 $M_1(a_1,b_1,c_1),M_2(a_2,b_2,c_2)$ 距离相等,该动点 M 的运动轨迹是一个平面,下面建立该平面方程.

由两点间距离公式知

$$|M_1M|=\sqrt{(x-a_1)^2+(y-b_1)^2+(z-c_1)^2},$$
$$|M_2M|=\sqrt{(x-a_2)^2+(y-b_2)^2+(z-c_2)^2}.$$

因为 $|M_1M|=|M_2M|$,故

$$\sqrt{(x-a_1)^2+(y-b_1)^2+(z-c_1)^2}=\sqrt{(x-a_2)^2+(y-b_2)^2+(z-c_2)^2},$$

两边平方并整理,得

$$2(a_1-a_2)x+2(b_1-b_2)y+2(c_1-c_2)z-a_1^2-b_1^2-c_1^2+a_2^2+b_2^2+c_2^2=0,$$

令
$$A=2(a_1-a_2), B=2(b_1-b_2), C=2(c_1-c_2),$$
$$D=-a_1^2-b_1^2-c_1^2+a_2^2+b_2^2+c_2^2,$$
则上式变成
$$Ax+By+Cz+D=0. \qquad (6.1.2)$$
称式(6.1.2)为**平面的一般方程**,其中 A,B,C 分别为变量 x,y,z 的系数,D 为常数项.

例 2 求过点 $P_1(a,0,0), P_2(0,b,0), P_3(0,0,c)$ 的平面方程(其中 $a,b,c\neq 0$)(如图 6-5).

解 由式(6.1.2)设所求平面方程为
$$Ax+By+Cz+D=0 \quad (D\neq 0),$$
因为点 P_1,P_2,P_3 在所求平面上,所以它们的坐标都满足所设方程,于是有
$$\begin{cases} Aa+D=0, \\ Bb+D=0, \\ Cc+D=0, \end{cases}$$

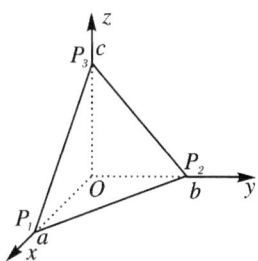

图 6-5

解此方程组得
$$A=-\frac{D}{a}, B=-\frac{D}{b}, C=-\frac{D}{c},$$
将其代入所设方程中,有
$$-\frac{D}{a}x-\frac{D}{b}y-\frac{D}{c}z+D=0,$$
消去 D 并整理得
$$\frac{x}{a}+\frac{y}{b}+\frac{z}{c}=1. \qquad (6.1.3)$$
称式(6.1.3)为平面的**截距式方程**,其中,a,b,c 分别为平面在 x,y,z 轴上的**截距**.

例 3 求三个坐标平面的方程.

解 显然在 xOy 平面上所有点的坐标无论 x 和 y 取何值,总有 $z=0$,而满足 $z=0$ 的点必然在 xOy 平面上,所以 xOy 平面方程为 $z=0$.同理,yOz 平面方程为 $x=0$,zOx 平面方程为 $y=0$.

例 4 作 $z=z_1$(z_1 为常数)的图像.

解 观察发现在方程 $z=z_1$ 中无变量 x 和 y,这表明在 $z=z_1$ 表示的图像上点的坐标无论 x 和 y 取何值,总有 $z=z_1$.因此,该图形是一个与 xOy 平面平行的平面(如图 6-6).

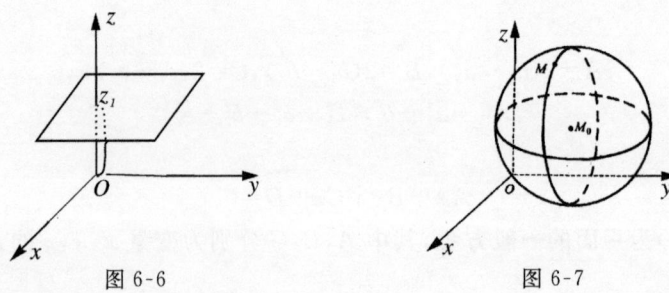

图 6-6　　　　　　　图 6-7

3. 球面方程

空间一动点 M 到定点 M_0 的距离为一定值 R,该动点的运动轨迹叫做**球面**,定点 M_0 叫**球心**,定值 R 叫做**球面半径**(如图 6-7).

下面建立该球面方程.

设球心 M_0 的坐标为 (x_0,y_0,z_0),在球面上任取一点 $M(x,y,z)$,由两点间距离公式知

$$|M_0M|=\sqrt{(x-x_0)^2+(y-y_0)^2+(z-z_0)^2},$$

得

$$(x-x_0)^2+(y-y_0)^2+(z-z_0)^2=R^2. \qquad (6.1.4)$$

式(6.1.4)就是以 M_0 为球心、以 R 为半径的球面方程,它是关于变量 x,y,z 的三元二次方程.显然,球心在原点、半径为 R 的球面方程为 $x^2+y^2+z^2=R^2$.

6.2　多元函数的概念

在前面讨论了含有一个自变量的函数,但在实际问题中,还会遇到含有两个或两个以上自变量的函数,这就是本节所要讨论的多元函数.在这里重点介绍二元函数.

6.2.1　二元函数的定义

先看下面的例子.

例 1　圆柱体的体积 V 和它的底面半径 r 及高 h 之间的关系为 $V=\pi r^2 h$,这里,V 是随着 r,h 的变化而变化的,当 r,h 在一定范围内 $(r>0,h>0)$ 内取定一对数值 (r,h) 时,V 的对应值就随之确定.

例 2　三角形面积(如图 6-8)为 $S=\dfrac{1}{2}bc\sin A$.其面积 S 依赖于三角形的两边 b,c 及其夹角 A.

一般地,二元函数的定义如下.

定义 6.1 设有变量 x,y,z,如果当变量 x,y 在一定范围内任意取定一对数值时,变量 z 按照一定的法则,总有唯一确定的数值与之对应,则称 z 是 x,y 的**二元函数**,记作 $z=f(x,y)$,其中,x,y 叫做**自变量**,z 叫做**因变量**,x,y 的取值范围叫做二元函数的**定义域**.

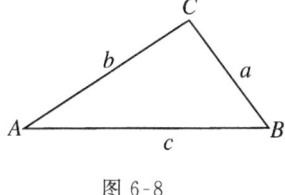

图 6-8

类似可定义三元函数 $w=f(x,y,z)$ 及三元以上的函数. 二元及二元以上的函数统称为**多元函数**. 用数轴上的点 x,y 来表示数值 x,y,也可以用 xOy 平面上的点 $P(x,y)$ 来表示一对有序实数 x,y,于是函数 $z=f(x,y)$ 可简记为 $z=f(P)$,而 z 也可称为点 P 的函数.

二元函数 $z=f(x,y)$ 在点 (x_0,y_0) 处的函数值记作

$$f(x_0,y_0) \text{ 或 } z\Big|_{(x_0,y_0)} \text{ 或 } z\Big|_{\substack{x=x_0\\y=y_0}}.$$

例 3 设 $z=x^3-2xy+3y^2$,求 $z\Big|_{(-2,3)}$.

解 $z\Big|_{(-2,3)}=(-2)^3-2\times(-2)\times 3+3\times 3^2=31.$

对于一元函数,一般假定在某个区间上有定义进行讨论;对于二元函数,类似地假定它在某平面区域内有定义进行讨论.

所谓**区域**(平面的)是指由一条或几条曲线所围成具有连通性的平面的一部分(如图 6-9),**连通性**是指一部分平面内任意两点均可用完全属于此部分平面的折线连结起来.

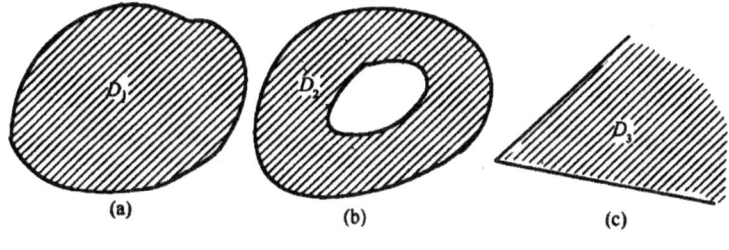

图 6-9

若区域能延伸到无限远处,就称这区域是**无界**的(如图 6-9(c));否则,它总可以被包含在一个以原点 O 为中心、半径适当大的圆内,这样的区域称为**有界**的(如图 6-9(a)、(b)),围成区域的曲线叫区域的**边界**.

闭区域:连同边界在内的区域叫**闭区域**.

开区域:不包括边界的区域叫**开区域**.

一般在没有必要区分开或闭时,通称为**区域**,用字母 D 表示.

例如,由 $x+y>0$ 所确定的区域是无界开区域(如图 6-10),而由 $\dfrac{x^2}{4}+y^2\leqslant 1$ 所确定的区域是有界闭区域(如图 6-11).

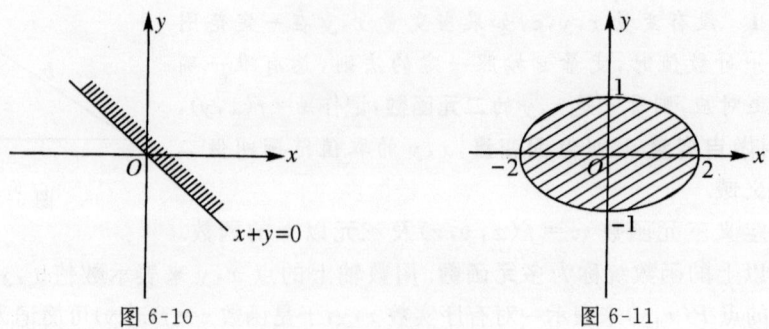

图 6-10　　　　　　　　　图 6-11

某点的邻域是指以该点为中心的一个圆形开区域. 如点 $P_0(x_0,y_0)$ 的一个 $\delta(\delta>0)$ 邻域是指满足以下条件的区域：

$$\{(x,y)\mid (x-x_0)^2+(y-y_0)^2<\delta^2\},$$

记为 $U(P_0;\delta)$，在不需要强调邻域的半径 δ 的场合，也可简记为 $U(P_0)$. 为方便，将开区域内的点称为**内点**，将区域边界上的点称为**边界点**.

例 4　求函数 $z=\ln(x+y)$ 的定义域.

解　为使函数有意义，只需 $x+y>0$，即函数 $z=\ln(x+y)$ 的定义域是平面点集（如图 6-10）

$$D=\{(x,y)\mid x+y>0\}.$$

例 5　求函数 $z=\arcsin(x^2+y^2)$ 的定义域.

解　根据反正弦函数的定义，x,y 只需满足 $x^2+y^2\leqslant 1$，即函数 $z=\arcsin(x^2+y^2)$ 的定义域为平面点集

$$D=\{(x,y)\mid x^2+y^2\leqslant 1\}.$$

6.2.2　二元函数的几何意义

已经知道，一元函数 $y=f(x)$ 的图形是平面上的一条曲线，二元函数 $z=f(x,y)$ 的图形则为空间的一个曲面，在前面讲过的平面和曲面，都可以作为二元函数图形的例子.

例 6　函数 $z=\sqrt{R^2-x^2-y^2}$ 的图形是以原点为中心、R 为半径、在 xOy 平面上方的半个球面（如图 6-12）.

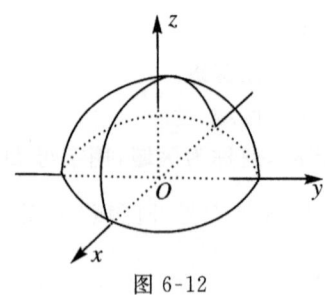

图 6-12

6.2.3 二元函数的极限和连续性

1. 二元函数的极限

函数的极限是研究当自变量变化时函数的变化趋势,但是二元函数的自变量有两个,所以自变量的变化过程比一元函数要复杂得多.

现在把一元函数的极限概念推广到二元函数上,考虑当点 (x,y) 趋于点 (x_0,y_0) 时函数 $z=f(x,y)$ 的变化趋势. 虽然点 $P(x,y)$ 趋近于点 $P_0(x_0,y_0)$ 的方式是多种多样的,如果用 ρ 表示点 $P(x,y)$ 与点 $P_0(x_0,y_0)$ 之间的距离

$$\rho=\sqrt{(x-x_0)^2+(y-y_0)^2},$$

那么 $(x,y)\to(x_0,y_0)$ 的过程不论多么复杂,总可以用 $x\to x_0, y\to y_0$ 或 $\rho\to 0$ 来表示自变量的变化过程 $(x,y)\to(x_0,y_0)$,这样,可以给出二元函数极限的定义如下.

定义 6.2 设 $z=f(x,y)$ 在点 $P_0(x_0,y_0)$ 附近有定义(在点 $P_0(x_0,y_0)$ 可以没有定义). 如果当点 $P(x,y)$ 趋向点 $P_0(x_0,y_0)$ 时,对应的函数值 $f(x,y)$ 总是趋向于一个确定的常数 A,则称 A 为函数 $f(x,y)$ **当 $x\to x_0, y\to y_0$ 时的极限**,记作

$$\lim_{\substack{x\to x_0\\y\to y_0}}f(x,y)=A \quad 或 \quad \lim_{\rho\to 0}f(x,y)=A.$$

二元函数的极限是一元函数极限的推广,有关一元函数极限的运算法则和定理,都可以推广到二元函数,下面举例说明.

例 7 求极限 $\lim\limits_{\substack{x\to 0\\y\to 0}}\dfrac{x^2+y^2}{\sqrt{x^2+y^2+1}-1}$.

解法一 原式 $=\lim\limits_{\substack{x\to 0\\y\to 0}}\dfrac{(x^2+y^2)(\sqrt{x^2+y^2+1}+1)}{(\sqrt{x^2+y^2+1}-1)(\sqrt{x^2+y^2+1}+1)}$

$=\lim\limits_{\substack{x\to 0\\y\to 0}}(\sqrt{x^2+y^2+1}+1)=1+1=2.$

解法二 令 $\sqrt{x^2+y^2+1}=u$,则

$$x^2+y^2=u^2-1,$$

且当 $x\to 0, y\to 0$ 时,$u\to 1$,于是

$$原式=\lim_{u\to 1}\frac{u^2-1}{u-1}=\lim_{u\to 1}(u+1)=2.$$

这说明,二元函数的极限问题有时可以转化为一元函数的极限问题,再求解.

例 8 讨论极限 $\lim\limits_{\substack{x\to 0\\y\to 0}}\dfrac{xy}{x^2+y^2}$ 是否存在.

解 由极限定义知,当 $P(x,y)$ 以任何方式趋于 $P_0(0,0)$ 时,如果极限 $\lim\limits_{\substack{x\to 0\\y\to 0}}\dfrac{xy}{x^2+y^2}$ 存在,其极限值应该是唯一的;反之,如果选择沿两条特殊的路径让 $P(x,y)$ 趋于 $P_0(0,0)$

时,只要有一个极限不存在或极限值不同,就可断定函数在 $P_0(0,0)$ 的极限不存在. 现在取两条特殊的路径来考察上述极限, 例如, 令 $P(x,y)$ 沿直线 $y=kx$ 趋于点 $P_0(0,0)$, 如果取 $k=0$ 时, 则

$$\frac{k}{1+k^2}=0;$$

如果取 $k=1$ 时, 则

$$\frac{k}{1+k^2}=\frac{1}{2},$$

所以 $\lim\limits_{\substack{x\to 0\\y\to 0}}\dfrac{xy}{x^2+y^2}$ 不存在.

2. 二元函数的连续性

定义 6.3 设函数 $f(x,y)$ 在点 $P_0(x_0,y_0)$ 的某个邻域内有定义, $P(x,y)$ 是该邻域内的任意一点. 如果 $\lim\limits_{\substack{x\to x_0\\y\to y_0}}f(x,y)=f(x_0,y_0)$, 那么称函数 $f(x,y)$ **在点** $P_0(x_0,y_0)$ **连续**. 如果函数 $f(x,y)$ 在区域 D 内各点都连续, 那么称 $f(x,y)$ **在区域** D **上连续**. 函数的不连续点称为函数的**间断点**.

例 9 函数 $z=\dfrac{1}{y-x}$ 在直线 $y=x$ 上无定义, 所以此直线上的点都是函数的间断点.

和一元函数类似, 连续函数经过四则运算所形成的函数仍然是连续的, 连续函数经过复合运算所形成的函数也是连续的. 由此得到: 二元初等函数在其定义区域(包含在定义域内的区域)内是连续的. 与闭区间上一元连续函数的性质相类似, 在有界闭区域上连续的二元函数, 有以下定理.

定理 6.2 在有界闭区域上连续的二元函数在该区域上一定能取到最大值和最小值.

定理 6.3 在有界闭区域上连续的二元函数必能取得介于它的两个不同函数值之间的任何值至少一次.

6.3 偏导数与全微分

6.3.1 偏导数的定义及求法

对于二元函数 $z=f(x,y)$, 若固定 y, 只让 x 变化, 则 z 就成为 x 的一元函数, 比如说, $z=f(x,y_0)$. 这样的一元函数对 x 的导数就称为二元函数 z 对 x 的偏导数.

定义 6.4 设函数 $z=f(x,y)$ 在点 (x_0,y_0) 的某一个邻域内有定义, 固定 $y=y_0$, 如果

极限 $\lim\limits_{\Delta x \to 0} \dfrac{f(x_0+\Delta x, y_0)-f(x_0,y_0)}{\Delta x}$ 存在,则称此极限值为**函数** $z=f(x,y)$ **在点** (x_0,y_0) **处对** x **的偏导数**,记作

$$\dfrac{\partial z}{\partial x}\bigg|_{(x_0,y_0)},\ \dfrac{\partial f}{\partial x}\bigg|_{(x_0,y_0)},\ z_x(x_0,y_0)\ 或\ f_x(x_0,y_0)\ 等.$$

同样,函数 $z=f(x,y)$ 在点 (x_0,y_0) 处对 y 的偏导数定义为

$$\lim_{\Delta y \to 0}\dfrac{f(x_0,y_0+\Delta y)-f(x_0,y_0)}{\Delta y},$$

记作

$$\dfrac{\partial z}{\partial y}\bigg|_{(x_0,y_0)},\ \dfrac{\partial f}{\partial y}\bigg|_{(x_0,y_0)},\ z_y(x_0,y_0)\ 或\ f_y(x_0,y_0)\ 等.$$

如果函数 $z=f(x,y)$ 在区域 D 内每一点 (x,y) 处对 x 的偏导数都存在,那么这个偏导数就是关于 x,y 的函数,称为**函数** $z=f(x,y)$ **对自变量** x **的偏导函数**,记作

$$\dfrac{\partial z}{\partial x},\dfrac{\partial f}{\partial x},z_x\ 或\ f_x(x,y).$$

同样,函数 $z=f(x,y)$ 对自变量 y 的偏导函数,记作

$$\dfrac{\partial z}{\partial y},\dfrac{\partial f}{\partial y},z_y\ 或\ f_y(x,y).$$

偏导函数也简称为**偏导数**.

由二元函数的偏导数定义可知,对某一个变量求偏导,其实就是将另一个变量看做常数,所以不需要建立新的运算方法.

例 1 求函数 $z=x^3+3x^2y+y^4+2$ 在 $(1,2)$ 处的两个偏导数.

解 因为

$$\dfrac{\partial z}{\partial x}=3x^2+6xy,\quad \dfrac{\partial z}{\partial y}=3x^2+4y^3,$$

所以

$$\dfrac{\partial z}{\partial x}\bigg|_{(1,2)}=3\times 1^2+6\times 1\times 2=15,$$

$$\dfrac{\partial z}{\partial y}\bigg|_{(1,2)}=3\times 1^2+4\times 2^3=35.$$

例 2 设 $z=x\sin(x+y)$,求 $\dfrac{\partial z}{\partial x},\dfrac{\partial z}{\partial y}$.

解 $\dfrac{\partial z}{\partial x}=\sin(x+y)+x\cos(x+y),\quad \dfrac{\partial z}{\partial y}=x\cos(x+y).$

例 3 已知理想气体的状态方程为 $PV=RT$(R 为常数),求证:$\dfrac{\partial P}{\partial V}\times\dfrac{\partial V}{\partial T}\times\dfrac{\partial T}{\partial P}=-1.$

证 将原方程变形为 $P=\dfrac{RT}{V}$,则

$$\dfrac{\partial P}{\partial V}=-\dfrac{RT}{V^2},$$

同理,对于 $V=\dfrac{RT}{P}$,有

$$\frac{\partial V}{\partial T}=\frac{R}{P},$$

对于 $T=\dfrac{1}{R}PV$,有

$$\frac{\partial T}{\partial P}=\frac{V}{R},$$

于是

$$\frac{\partial P}{\partial V}\times\frac{\partial V}{\partial T}\times\frac{\partial T}{\partial P}=-\frac{RT}{V^2}\times\frac{R}{P}\times\frac{V}{R}=-\frac{RT}{PV}=-1.$$

例 4 求三元函数 $u=x^2y+y^2z+z^2x$ 的偏导数.

解 $\dfrac{\partial u}{\partial x}=2xy+z^2$(将 y,z 看成常数), $\dfrac{\partial u}{\partial y}=2zy+x^2$, $\dfrac{\partial u}{\partial z}=2zx+y^2$.

6.3.2 高阶偏导数

函数 $z=f(x,y)$ 的两个偏导数 $\dfrac{\partial z}{\partial x},\dfrac{\partial z}{\partial y}$,一般说来仍是 x,y 的函数. 如果这两个函数关于 x,y 的偏导数也存在,则称它们的偏导数是函数 $z=f(x,y)$ 的**二阶偏导数**. 依照变量不同的求导次序,其二阶偏导数分别为

$$\frac{\partial}{\partial x}\left(\frac{\partial z}{\partial x}\right)=\frac{\partial^2 z}{\partial x^2}=f_{xx}(x,y)=z_{xx};$$

$$\frac{\partial}{\partial y}\left(\frac{\partial z}{\partial y}\right)=\frac{\partial^2 z}{\partial y^2}=f_{yy}(x,y)=z_{yy};$$

$$\frac{\partial}{\partial y}\left(\frac{\partial z}{\partial x}\right)=\frac{\partial^2 z}{\partial x\partial y}=f_{xy}(x,y)=z_{xy};$$

$$\frac{\partial}{\partial x}\left(\frac{\partial z}{\partial y}\right)=\frac{\partial^2 z}{\partial y\partial x}=f_{yx}(x,y)=z_{yx}.$$

其中 $f_{xy}(x,y),f_{yx}(x,y)$ 称为**二阶混合偏导数**. 类似可给出更高阶偏导数的概念和记号. 二阶及二阶以上的偏导数称为**高阶偏导数**.

例 5 求 $z=x\ln(xy)$ 的所有二阶偏导数.

解 因为

$$\frac{\partial z}{\partial x}=\ln(xy)+x\cdot\frac{y}{xy}=\ln(xy)+1,\quad \frac{\partial z}{\partial y}=x\cdot\frac{x}{xy},$$

所以

$$\frac{\partial^2 z}{\partial x^2}=\frac{\partial}{\partial x}[\ln(xy)+1]=\frac{y}{xy}=\frac{1}{x},\quad \frac{\partial^2 z}{\partial y^2}=\frac{\partial}{\partial y}\left(\frac{x}{y}\right)=-\frac{x}{y^2},$$

$$\frac{\partial^2 z}{\partial x\partial y}=\frac{\partial}{\partial y}[\ln(xy)+1]=\frac{x}{xy}=\frac{1}{y},\quad \frac{\partial^2 z}{\partial y\partial x}=\frac{\partial}{\partial x}\left(\frac{x}{y}\right)=\frac{1}{y}.$$

在本例中,$\dfrac{\partial^2 z}{\partial x \partial y} = \dfrac{\partial^2 z}{\partial y \partial x}$,这不是偶然的,一般地,有下述定理.

定理 6.4　如果函数 $z=f(x,y)$ 的两个混合偏导数在区域 D 内连续,则在该区域 D 上有 $f_{xy}(x,y) = f_{yx}(x,y)$.(证明从略)

6.3.3　全微分

1. 全微分的定义

一元函数 $y=f(x)$ 在点 x_0 处的微分是指:如果函数在 x_0 处的增量 Δy 可以表示成 $\Delta y = f(x_0)\Delta x + o(\Delta x)$,其中 $o(\Delta x)$ 是 Δx 高阶的无穷小,则 $\mathrm{d}y = f'(x_0)\Delta x$ 为函数 $y=f(x)$ 在点 x_0 处的微分.

类似地,二元函数全微分的定义如下.

定义 6.5　如果二元函数 $z=f(x,y)$ 在点 (x_0,y_0) 处的全增量 $\Delta z = f(x_0+\Delta x, y_0+\Delta y) - f(x_0,y_0)$ 可表示成 $\Delta z = \dfrac{\partial z}{\partial x}\Big|_{(x_0,y_0)}\Delta x + \dfrac{\partial z}{\partial y}\Big|_{(x_0,y_0)}\Delta y + o(\rho)$,其中 $\rho = \sqrt{(\Delta x)^2 + (\Delta y)^2}$,那么称 $\dfrac{\partial z}{\partial x}\Big|_{(x_0,y_0)}\Delta x + \dfrac{\partial z}{\partial y}\Big|_{(x_0,y_0)}\Delta y$ 为函数 $z=f(x,y)$ **在点** (x_0,y_0) **处的全微分**,记为 $\mathrm{d}z\Big|_{(x_0,y_0)}$,即

$$\mathrm{d}z\Big|_{(x_0,y_0)} = \dfrac{\partial z}{\partial x}\Big|_{(x_0,y_0)}\Delta x + \dfrac{\partial z}{\partial y}\Big|_{(x_0,y_0)}\Delta y, \tag{6.3.1}$$

这时也称函数 $z=f(x,y)$ **在点** (x_0,y_0) **处可微**.

如果函数 $z=f(x,y)$ 在区域 D 内每一点都可微,那么称它**在区域** D **内可微**. 设 $z=f(x,y)$ 在区域 D 内可微,则在 D 内任一点 (x,y) 处的全微分为

$$\mathrm{d}z = \dfrac{\partial z}{\partial x}\Delta x + \dfrac{\partial z}{\partial y}\Delta y. \tag{6.3.2}$$

定理 6.5　如果 $z=f(x,y)$ 在点 (x_0,y_0) 处可微,那么它在点 (x_0,y_0) 处连续.

证　由函数 $z=f(x,y)$ 在点 (x_0,y_0) 处可微,可得

$$\Delta z = \dfrac{\partial z}{\partial x}\Big|_{(x_0,y_0)}\Delta x + \dfrac{\partial z}{\partial y}\Big|_{(x_0,y_0)}\Delta y + o(\rho),$$

所以

$$\lim_{\substack{\Delta x \to 0 \\ \Delta y \to 0}} \Delta z = 0,$$

即

$$\lim_{\substack{\Delta x \to 0 \\ \Delta y \to 0}} f(x_0+\Delta x, y_0+\Delta y) = f(x_0,y_0).$$

因此,函数 $z=f(x,y)$ 在点 (x_0,y_0) 处连续.

定理 6.6　如果函数 $z=f(x,y)$ 的两个偏导数在点 (x,y) 处都存在且连续,那么函数 $z=f(x,y)$ 在该点可微.(证明从略)

常见的二元函数一般都满足定理 6.6 的条件，从而它们都是可微函数. 和一元函数类似，习惯上将自变量的增量 Δx 和 Δy 分别记作 dx 和 dy，则式(6.3.2)又可写为

$$dz=\frac{\partial z}{\partial x}dx+\frac{\partial z}{\partial y}dy.$$

例 6 求函数 $z=x^2y^3$ 在点 $(2,-1)$ 处当 $\Delta x=0.02, \Delta y=-0.01$ 时的全微分.

解 因为

$$\left.\frac{\partial z}{\partial x}\right|_{(2,-1)}=2xy^3\Big|_{(2,-1)}=-4,\quad \left.\frac{\partial z}{\partial y}\right|_{(2,-1)}=3x^2y^2\Big|_{(2,-1)}=12,$$

所以全微分

$$dz\Big|_{(2,-1)}=-4\Delta x+12\Delta y=-4\times 0.02+12\times(-0.01)=-0.2.$$

例 7 求函数 $z=e^{2x}\sin y$ 的全微分.

解 因为

$$\frac{\partial z}{\partial x}=2e^{2x}\sin y,\quad \frac{\partial z}{\partial y}=e^{2x}\cos y,$$

所以

$$dz=2e^{2x}\sin y\,dx+e^{2x}\cos y\,dy=e^{2x}(2\sin y\,dx+\cos y\,dy).$$

应该指出，二元函数全微分的概念可以推广到三元函数及更多元的函数.

例 8 求函数 $u=x^{yz}$ 的全微分.

解 因为

$$\frac{\partial u}{\partial x}=yzx^{yz-1},\quad \frac{\partial u}{\partial y}=x^{yz}z\ln x,\quad \frac{\partial u}{\partial z}=x^{yz}y\ln x,$$

所以

$$du=yzx^{yz-1}dx+x^{yz}z\ln x\,dy+x^{yz}y\ln x\,dz.$$

2. 全微分在近似计算中的应用

由全微分的定义知，函数 $z=f(x,y)$ 在点 (x_0,y_0) 的全增量与全微分之差是一个比 ρ 高阶的无穷小，因此，当 $|\Delta x|$ 与 $|\Delta y|$ 都很小时，全增量可以近似地用全微分代替，即

$$\Delta z\approx dz.$$

在应用上式时，常换成如下形式：

$$f(x_0+\Delta x,y_0+\Delta y)-f(x_0,y_0)\approx f_x(x_0,y_0)\Delta x+f_y(x_0,y_0)\Delta y,$$

即

$$f(x_0+\Delta x,y_0+\Delta y)\approx f(x_0,y_0)+f_x(x_0,y_0)\Delta x+f_y(x_0,y_0)\Delta y. \qquad (6.3.3)$$

例 9 计算 $1.04^{2.02}$ 的近似值.

解 设 $f(x,y)=x^y$，取 $x_0=1, \Delta x=0.04, y_0=2, \Delta y=0.02$，则

$$f(1,2)=1^2=1,$$

$$f_x(1,2)=yx^{y-1}\Big|_{(1,2)}=2,$$

$$f_y(1,2) = x^y \ln x \Big|_{(1,2)} = 0.$$

所以由式(6.3.3)得
$$1.04^{2.02} \approx f(1,2) + f_x(1,2)\Delta x + f_y(1,2)\Delta y$$
$$= 1 + 2 \times 0.04 + 0 \times 0.02 = 1.08.$$

6.4 复合函数与隐函数微分法

6.4.1 复合函数的求导法则

多元函数的复合函数求导问题比较复杂,下面分情况进行讨论.

1. 复合函数的中间变量均是二元函数的情形

定理 6.7 如果函数 $z=f(u,v)$ 在点 (u,v) 可微,而函数 $u=\varphi(x,y)$, $v=\psi(x,y)$ 在点 (x,y) 都存在偏导数,则复合函数 $z=f[\varphi(x,y),\psi(x,y)]$ 在点 (x,y) 的两个偏导数存在,且有求导公式

$$\frac{\partial z}{\partial x} = \frac{\partial z}{\partial u}\frac{\partial u}{\partial x} + \frac{\partial z}{\partial v}\frac{\partial v}{\partial x}, \tag{6.4.1}$$

$$\frac{\partial z}{\partial y} = \frac{\partial z}{\partial u}\frac{\partial u}{\partial y} + \frac{\partial z}{\partial v}\frac{\partial v}{\partial y}. \tag{6.4.2}$$

(证明略).

上述公式也称为**链锁法则**,初学者可用函数的结构图来帮助记忆. 如复合函数 $z=f[\varphi(x,y),\psi(x,y)]$ 的结构图为 .

从函数的结构图看到,由 z 通过中间变量 u,v 到达 x 的路径有两条,公式(6.4.1)中恰是两项的和,路径 $z-u-x$ 表示 $\frac{\partial z}{\partial u}\frac{\partial u}{\partial x}$,路径 $z-v-x$ 则表示 $\frac{\partial z}{\partial v}\frac{\partial v}{\partial x}$.

复合函数的求导法则可以推广到自变量或中间变量多于两个的情形,例如:$z=f(u,v,w)$,其中 $u=u(x,y)$, $v=v(x,y)$, $w=w(x,y)$,则有

$$\frac{\partial z}{\partial x} = \frac{\partial z}{\partial u}\frac{\partial u}{\partial x} + \frac{\partial z}{\partial v}\frac{\partial v}{\partial x} + \frac{\partial z}{\partial w}\frac{\partial w}{\partial x},$$

$$\frac{\partial z}{\partial y} = \frac{\partial z}{\partial u}\frac{\partial u}{\partial y} + \frac{\partial z}{\partial v}\frac{\partial v}{\partial y} + \frac{\partial z}{\partial w}\frac{\partial w}{\partial y}.$$

例1 设 $z=e^{xy}\sin(x+y)$,求 $\dfrac{\partial z}{\partial x}$,$\dfrac{\partial z}{\partial y}$.

解 设 $u=xy,v=x+y$,则 $z=e^u\sin v$,所以由公式(6.4.1)和(6.4.2)得

$$\dfrac{\partial z}{\partial x}=e^u\sin v\cdot y+e^u\cos v=e^u(y\sin v+\cos v)=e^{xy}[y\sin(x+y)+\cos(x+y)],$$

$$\dfrac{\partial z}{\partial y}=e^u\sin v\cdot x+e^u\cos v=e^u(x\sin v+\cos v)=e^{xy}[x\sin(x+y)+\cos(x+y)].$$

2. 复合函数的中间变量均为一元函数的情形

设 $z=f(u,v)$,而 $u=\varphi(t),v=\psi(t)$,于是 $z=f[\varphi(t),\psi(t)]$ 是 t 的一元函数. 由函数

的结构图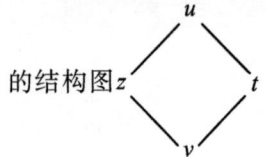

不难得出

$$\dfrac{dz}{dt}=\dfrac{\partial z}{\partial u}\dfrac{du}{dt}+\dfrac{\partial z}{\partial v}\dfrac{dv}{dt}. \tag{6.4.3}$$

$\dfrac{dz}{dt}$ 称为**全导数**.

例2 设 $z=e^{x-2y}$,而 $x=\sin t,y=t^3$,求 $\dfrac{dz}{dt}$.

解 由公式(6.4.3)得

$$\dfrac{dz}{dt}=\dfrac{\partial z}{\partial x}\dfrac{dx}{dt}+\dfrac{\partial z}{\partial y}\dfrac{dy}{dt}=e^{x-2y}\cos t-2e^{x-2y}\cdot 3t^2$$
$$=e^{x-2y}(\cos t-6t^2)=e^{\sin t-2t^3}(\cos t-6t^2).$$

例3 设 $z=uv+\sin t$,其中 $u=e^t,v=\cos t$,求 $\dfrac{dz}{dt}$.

解 复合函数的结构图为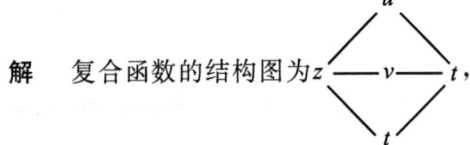

所以

$$\dfrac{dz}{dt}=\dfrac{\partial z}{\partial u}\dfrac{du}{dt}+\dfrac{\partial z}{\partial v}\dfrac{dv}{dt}+\dfrac{\partial z}{\partial t}\dfrac{dt}{dt}=ve^t-u\sin t+\cos t$$
$$=e^t\cos t-e^t\sin t+\cos t=e^t(\cos t-\sin t)+\cos t.$$

3. 复合函数的中间变量既有一元函数又有多元函数的情形

例4 设 $w=f(x,y,z)=e^{x^2+y^2+z^2}$,而 $z=y\sin x$,求 $\dfrac{\partial w}{\partial x}$.

解 复合函数的结构图为 $w \begin{array}{c} x \\ y \\ z \end{array} \begin{array}{c} x \\ y \end{array}$,

所以(注意 x,y 既是中间变量,也是自变量).

$$\frac{\partial w}{\partial x}=\frac{\partial w}{\partial x}\frac{\mathrm{d}x}{\mathrm{d}x}+\frac{\partial w}{\partial z}\frac{\partial z}{\partial x}=2x\mathrm{e}^{x^2+y^2+z^2}+2z\mathrm{e}^{x^2+y^2+z^2}y\cos x$$
$$=2\mathrm{e}^{x^2+y^2+z^2}(x+yz\cos x).$$

应该指出:实质上 w 是两个变量 x,y 的函数,这里的 $\frac{\partial w}{\partial x}$ 是将 y 看做常数对 x 求导,而 $\frac{\partial w}{\partial x}$ 是把 $w=f(x,y,z)$ 中的 y,z 看做常数对 x 的求导.

4. 复合函数是抽象函数的情形

例 5 设 $z=f(x^2+y^2,\mathrm{e}^{xy})$, f 具有一阶连续偏导数,求 $\frac{\partial z}{\partial x}$, $\frac{\partial z}{\partial y}$.

解 设 $u=x^2+y^2$, $v=\mathrm{e}^{xy}$,则 $z=f(u,v)$,所以

$$\frac{\partial z}{\partial x}=\frac{\partial f}{\partial u}\frac{\partial u}{\partial x}+\frac{\partial f}{\partial v}\frac{\partial v}{\partial x}=2x\frac{\partial f}{\partial u}+y\mathrm{e}^{xy}\frac{\partial f}{\partial v},$$

$$\frac{\partial z}{\partial y}=\frac{\partial f}{\partial u}\frac{\partial u}{\partial y}+\frac{\partial f}{\partial v}\frac{\partial v}{\partial y}=2y\frac{\partial f}{\partial u}+x\mathrm{e}^{xy}\frac{\partial f}{\partial v}.$$

为表达方便起见,引入以下记号:

$$f_1=\frac{\partial f}{\partial u},\ f_2=\frac{\partial f}{\partial v},\ f_{12}=\frac{\partial^2 f}{\partial u\partial v},\ \cdots$$

有了以上记号,今后做这类题可不设 u,v,直接求出

$$\frac{\partial z}{\partial x}=2xf_1+y\mathrm{e}^{xy}f_2,\quad \frac{\partial z}{\partial y}=2yf_1+x\mathrm{e}^{xy}f_2.$$

例 6 设 $f(u,v)$ 可微,$z=f\left(\frac{x}{y},xy\right)$,求 $\mathrm{d}z$.

解 因为

$$\frac{\partial z}{\partial x}=\frac{1}{y}f_1+yf_2,\quad \frac{\partial z}{\partial y}=-\frac{x}{y^2}f_1+xf_2,$$

所以

$$\mathrm{d}z=\left(\frac{1}{y}f_1+yf_2\right)\mathrm{d}x+\left(-\frac{x}{y^2}f_1+xf_2\right)\mathrm{d}y.$$

6.4.2 全微分形式不变性

利用一元函数微分形式不变性,可以给微分运算带来方便,多元函数的全微分形式也有类似性质,下面以二元函数为例说明.

设 $z=f(u,v)$ 可微,其中 u,v 是自变量,则有全微分

$$dz=\frac{\partial z}{\partial u}du+\frac{\partial z}{\partial v}dv,$$

如果 u,v 又分别是 x,y 的函数,且 $u=\varphi(x,y),v=\psi(x,y)$ 为两个可微函数,则复合函数 $z=f[\varphi(x,y),\psi(x,y)]$ 的全微分为

$$dz=\frac{\partial z}{\partial x}dx+\frac{\partial z}{\partial y}dy=\left(\frac{\partial z}{\partial u}\frac{\partial u}{\partial x}+\frac{\partial z}{\partial v}\frac{\partial v}{\partial x}\right)dx+\left(\frac{\partial z}{\partial u}\frac{\partial u}{\partial y}+\frac{\partial z}{\partial v}\frac{\partial v}{\partial y}\right)dy$$

$$=\frac{\partial z}{\partial u}\left(\frac{\partial u}{\partial x}dx+\frac{\partial u}{\partial y}dy\right)+\frac{\partial z}{\partial v}\left(\frac{\partial v}{\partial x}dx+\frac{\partial v}{\partial y}dy\right)=\frac{\partial z}{\partial u}du+\frac{\partial z}{\partial v}dv.$$

这说明,无论 u,v 是自变量还是中间变量,它的全微分形式是一样的,这个性质叫做**全微分形式不变性**.

例7 利用微分形式不变性解本节的例5.

解 设 $u=x^2+y^2,v=e^{xy}$,则

$$dz=df(u,v)=\frac{\partial f}{\partial u}du+\frac{\partial f}{\partial v}dv,$$

而

$$du=d(x^2+y^2)=2xdx+2ydy,$$

$$dv=d(e^{xy})=e^{xy}d(xy)=e^{xy}(ydx+xdy)=ye^{xy}dx+xe^{xy}dy,$$

将 du,dv 代入并整理,得

$$dz=\left(2x\frac{\partial f}{\partial u}+ye^{xy}\frac{\partial f}{\partial v}\right)dx+\left(2y\frac{\partial f}{\partial u}+xe^{xy}\frac{\partial f}{\partial v}\right)dy,$$

即

$$\frac{\partial z}{\partial x}dx+\frac{\partial z}{\partial y}dy=\left(2x\frac{\partial f}{\partial u}+ye^{xy}\frac{\partial f}{\partial v}\right)dx+\left(2y\frac{\partial f}{\partial u}+xe^{xy}\frac{\partial f}{\partial v}\right)dy.$$

比较上式两边的 dx,dy 的系数,就同时得到两个偏导数 $\frac{\partial z}{\partial x},\frac{\partial z}{\partial y}$,它们与例5的结果一样.

6.4.3 隐函数的求导法

设 $z=f(x,y)$ 是由方程 $F(x,y,z)=0$ 唯一确定的隐函数,如果 F_x,F_y,F_z 连续,且 $F_z\neq 0$,则不难得出隐函数的两个求导公式:

$$\frac{\partial z}{\partial x}=-\frac{F_x}{F_z}, \tag{6.4.4}$$

$$\frac{\partial z}{\partial y}=-\frac{F_y}{F_z}. \tag{6.4.5}$$

例8 设 $x^2+y^2+z^2=4z$,求 $\frac{\partial z}{\partial x},\frac{\partial z}{\partial y},\frac{\partial^2 z}{\partial x\partial y}$.

解 令

$$F(x,y,z)=x^2+y^2+z^2-4z,$$

则
$$F_x=2x, F_y=2y, F_z=2(z-2),$$

所以
$$\frac{\partial z}{\partial x}=-\frac{2x}{2(z-2)}=-\frac{x}{z-2},$$

$$\frac{\partial z}{\partial y}=-\frac{2y}{2(z-2)}=-\frac{y}{z-2},$$

$$\frac{\partial^2 z}{\partial x \partial y}=\frac{\partial}{\partial y}\left(-\frac{x}{z-2}\right)=-x\left(\frac{1}{z-2}\right)_y=\frac{x}{(z-2)^2}(z-2)_y$$

$$=\frac{x}{(z-2)^2}\frac{\partial z}{\partial y}=\frac{x}{(z-2)^2}\left(-\frac{y}{z-2}\right)=-\frac{xy}{(z-2)^3}.$$

6.5 多元函数的极值

6.5.1 多元函数的极值

1. 极值的定义及求法

在一元函数中,可以用导数来求极值.现在以二元函数为例,讨论如何利用偏导数来求多元函数的极值.

定义 6.6 设函数 $z=f(x,y)$ 在 $P_0(x_0,y_0)$ 的某一邻域内有定义,如果对于该邻域内异于 P_0 的任意点 $P(x,y)$,都有 $f(x,y)<f(x_0,y_0)$,那么称函数 $z=f(x,y)$ 在点 $P_0(x_0,y_0)$ 处有**极大值** $f(x_0,y_0)$;如果都有 $f(x,y)>f(x_0,y_0)$,那么称函数 $z=f(x,y)$ 在点 $P_0(x_0,y_0)$ 处有**极小值** $f(x_0,y_0)$.极大值和极小值统称为**极值**,使函数取得极值的点称为**极值点**.

例 1 函数 $z=3x^2+4y^2$ 在点 $(0,0)$ 处有极小值 $f(0,0)=0$,因为对于点 $(0,0)$ 的任一邻域内异于 $(0,0)$ 的点 (x,y),都有 $f(x,y)>0=f(0,0)$.

例 2 函数 $z=\sqrt{1-x^2-y^2}$ 在点 $(0,0)$ 处有极大值 $f(0,0)=1$,因为对于点 $(0,0)$ 附近的任意点 (x,y),都有 $f(x,y)<1=f(0,0)$.

与一元函数类似,有如下定理.

定理 6.8(极值存在的必要条件) 如果函数 $z=f(x,y)$ 在点 $P_0(x_0,y_0)$ 处取得极值,且在 $P_0(x_0,y_0)$ 处的两个偏导数都存在,那么
$$f_x(x_0,y_0)=0, f_y(x_0,y_0)=0.$$

使 $f_x(x,y)=0, f_y(x,y)=0$ 同时成立的点 (x_0,y_0) 称为 $f(x,y)$ 的**驻点**.但驻点不一

定是极值点.

定理 6.9(极值存在的充分条件) 设函数 $z=f(x,y)$ 在点 $P_0(x_0,y_0)$ 的某个邻域内连续,且有一阶及二阶连续偏导数,且 $f_x(x_0,y_0)=0, f_y(x_0,y_0)=0$. 令 $A=f_{xx}(x_0,y_0)$, $B=f_{xy}(x_0,y_0), C=f_{yy}(x_0,y_0)$, 则

(1) 当 $B^2-AC<0$ 时, 函数 $z=f(x,y)$ 在点 $P_0(x_0,y_0)$ 处有极值, 且当 $A<0$ 时, $f(x_0,y_0)$ 是极大值, $A>0$ 时, $f(x_0,y_0)$ 是极小值;

(2) 当 $B^2-AC>0$ 时, $f(x_0,y_0)$ 不是极值;

(3) 当 $B^2-AC=0$ 时, 函数 $z=f(x,y)$ 在点 $P_0(x_0,y_0)$ 可能有极值, 也可能没有极值. (证明从略)

由上面讨论结果, 可得出具有二阶连续偏导数的函数 $z=f(x,y)$ 的求极值方法如下:

(1) 由 $\begin{cases} f_y(x,y)=0, \\ f_x(x,y)=0, \end{cases}$ 求出一切驻点;

(2) 由 B^2-AC 的符号判断驻点是否为极值点;

(3) 求极值点的函数值.

例 3 求函数 $z=x^3-4x^2+2xy-y^2$ 的极值.

解 由方程组 $\begin{cases} f_x(x,y)=3x^2-8x+2y=0, \\ f_y(x,y)=2x-2y=0, \end{cases}$ 求得驻点为 $(0,0)$ 及 $(2,2)$.

而 $z=f(x,y)$ 的二阶偏导数为

$$f_{xx}(x,y)=6x-8, \quad f_{xy}(x,y)=2, \quad f_{yy}(x,y)=-2.$$

在点 $(0,0)$ 处有

$$B=2, A=-8, C=-2, B^2-AC=-12<0,$$

所以 $f(0,0)=0$ 为函数的极大值.

在点 $(2,2)$ 处有

$$B=2, A=4, C=-2, B^2-AC=12>0,$$

所以点 $(2,2)$ 不是极值点.

2. 最大值和最小值

由连续函数的性质, 如果函数 $z=f(x,y)$ 在有界闭区域上连续, 则 $f(x,y)$ 在 D 上一定有最大值和最小值. 在此种情况下, 欲求函数 $z=f(x,y)$ 在 D 上的最大值和最小值, 只需求 $f(x,y)$ 在 D 内所有驻点的函数值及 D 的边界上的最大值和最小值, 取这些函数值中的最大者和最小者就是所求的最大值和最小值. 在解决实际问题时, 如果根据问题的性质, 知道函数 $f(x,y)$ 在 D 内一定有最大值(或最小值), 而函数在 D 内只有一个驻点, 则可以肯定该驻点处的函数值就是函数 $f(x,y)$ 在 D 上的最大值(或最小值).

例 4 设有断面面积为 S(常数)的等腰梯形渠道, 当两岸倾角 x, 高 y, 底边长 z 为多少时, 才能使湿周最小(如图 6-13).

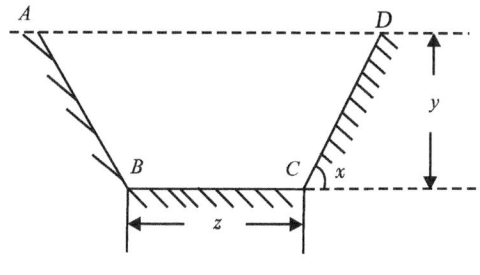

图 6-13

解 "湿周"就是渠道断面与水接触的周界的长度,湿周记为 u.
$$u=AB+BC+CD,$$
即
$$u=z+\frac{2y}{\sin x}. \tag{6.5.1}$$

又 $S=(z+y\cot x)y$,解出 $z=\frac{S}{y}-y\cot x$,代入式(6.5.1)得

$$u=\frac{S}{y}+\frac{2-\cos x}{\sin x}y. \quad \left(0<x<\frac{\pi}{2},0<y<+\infty\right)$$

可见湿周 u 是 x 和 y 的二元函数.

令

$$\begin{cases} \dfrac{\partial u}{\partial x}=\dfrac{1-2\cos x}{\sin^2 x}y=0, \\ \dfrac{\partial u}{\partial y}=-\dfrac{S}{y^2}+\dfrac{2-\cos x}{\sin x}=0, \end{cases}$$

解方程组得唯一驻点 $\left(\dfrac{\pi}{3},\dfrac{\sqrt{S}}{\sqrt[4]{3}}\right)$.

根据实际问题的性质,湿周一定有最小值,因此在驻点 $\left(\dfrac{\pi}{3},\dfrac{\sqrt{S}}{\sqrt[4]{3}}\right)$ 处,u 取最小值. 所以,当选择倾斜角 $x=\dfrac{\pi}{3}$,高 $y=\dfrac{\sqrt{S}}{\sqrt[4]{3}}$,底边长 $z=\dfrac{2\sqrt{S}}{\sqrt[4]{3}\sqrt{3}}$ 时,就使湿周最小,这样能保证流量一定条件下,所用材料最省.

解题时,一定要确认驻点是否唯一,实际问题中最小(大)值是否存在,若驻点不唯一,需另加判断.

6.5.2 条件极值

在许多实际问题中,求极值时,其自变量常常受一些条件的限制,如例 4 中,自变量 x,y 要受条件 $S=(z+y\cot x)y$ 的约束,这类问题称为**条件极值问题**,而自变量在定义域

内未受任何限制的极限问题称为**无条件极值问题**,如例3就是无条件极值问题.

当约束条件比较简单时,条件极值可以化为无条件极值问题来处理. 如例4,从约束条件 $S=(z+y\cot x)y$ 中解出 $z=\dfrac{S}{y}-y\cot x$,代入三元函数 $u=z+\dfrac{2y}{\sin x}$ 中,便化为二元函数 $u=\dfrac{S}{y}+\dfrac{2-\cos x}{\sin x}y$ 的无条件极值问题. 但是,将一般的条件极值问题直接转化为无条件极值往往是比较困难的,下面介绍一种直接求条件极值的方法——**拉格朗日乘数法**.

为方便起见,仅就二元函数而言,求 $z=f(x,y)$ 在约束条件 $\varphi(x,y)=0$ 下的极值,其步骤如下:

(1)构造辅助函数
$$F(x,y)=f(x,y)+\lambda\varphi(x,y)(其中 \lambda 为待定常数).$$

(2)解方程组
$$\begin{cases}F_x=0,\\ F_y=0,\\ \varphi(x,y)=0,\end{cases}$$

即解
$$\begin{cases}f_x(x,y)+\lambda\varphi_x(x,y)=0,\\ f_y(x,y)+\lambda\varphi_y(x,y)=0,\\ \varphi(x,y)=0.\end{cases}$$

求出可能的极值点 (x_0,y_0),在实际问题中往往就是所求的极值点.

上述方法可以推广到自变量多于两个或附加条件多于一个的情形.

例5 求表面积为 a^2 而体积为最大的长方体的体积.

解 设长方体的体积为 V,三棱长分别为 x,y,z,则问题就是求函数 $V=xyz(x>0,y>0,z>0)$ 在约束条件 $\varphi(x,y,z)=2xy+2yz+2xz-a^2=0$ 下的最大值.

构造辅助函数 $F(x,y,z)=xyz+\lambda\varphi(x,y,z)$,解方程组

$$\begin{cases}F_x=0,\\ F_y=0,\\ F_z=0,\\ \varphi(x,y,z)=0,\end{cases} 即 \begin{cases}yz+2\lambda(y+z)=0,\\ xz+2\lambda(x+z)=0,\\ xy+2\lambda(y+x)=0,\\ 2xy+2yz+2xz-a^2=0.\end{cases}$$

因 $x>0,y>0,z>0$,由前三个方程得到下列关系式
$$\dfrac{y}{x}=\dfrac{y+z}{x+z},\dfrac{y}{z}=\dfrac{x+y}{x+z},$$

由此解得 $x=y=z$,代入最后一个方程解得
$$x=y=z=\dfrac{\sqrt{6}}{6}a,$$

这是唯一的驻点,因为问题本身有最大值,所以这一驻点就是本问题的解,即表面积为 a^2

的长方体中,以棱长为 $\frac{\sqrt{6}}{6}a$ 的正方体的体积为最大,且最大体积为 $V=\frac{\sqrt{6}}{36}a^3$.

本章小节

一、本章主要内容

空间直角坐标系的概念,二元函数的偏导数、全微分的概念,求二元函数极值和条件极值问题.

二、基本知识

1. 空间直角坐标系

空间直角坐标系的引入,使空间中的点与有序实数组 (x,y,z)、空间中的曲面与方程 $F(x,y,z)=0$ 建立了相应的对应关系,这为研究二元函数性质提供了直观的几何解释.

2. 二元函数的极限和连续

二元函数的定义与一元函数的定义类似,但更应注意它们之间的差异. 一元函数的定义域是数轴上的点集,二元函数的定义域一般是平面上的点集. 在讨论一元函数在 x_0 处的极限和连续性时,点 x 趋于 x_0 的方式仅有从点 x_0 的左、右两个方向沿数轴趋于 x_0;但在讨论二元函数在点 (x_0,y_0) 处的极限和连续性时,点 (x,y) 趋于 (x_0,y_0),则可以有无穷多种方式和路径在平面上趋于 (x_0,y_0). 因此,对二元函数极限和连续问题的讨论要比一元函数复杂得多.

3. 偏导数和全微分

求二元函数偏导数时,只需将一个自变量看做常数,对另一自变量运用一元函数求导公式和四则运算法则即可. 但是,二元函数偏导数的存在不能保证二元函数连续. 这与一元函数可导必连续是完全不同的.

二元函数的全微分概念类似于一元函数. 在一元函数微分学中,可导即可微. 但是,在二元函数中,两个偏导数 $f_x(x,y)$,$f_y(x,y)$ 即使存在,也不能保证函数 $f(x,y)$ 在点 (x,y) 处可微. 而 $f(x,y)$ 在点 (x,y) 处可微时,则偏导数存在,并且全微分

$$\mathrm{d}f(x,y)=f_x(x,y)\mathrm{d}x+f_y(x,y)\mathrm{d}y.$$

二元函数的高阶偏导数是相应的低一阶偏导数的偏导数,由此定义可求 $\frac{\partial^2 z}{\partial x^2}$,$\frac{\partial^2 z}{\partial x \partial y}$,$\frac{\partial^2 z}{\partial y \partial x}$,$\frac{\partial^2 z}{\partial y^2}$. 但应注意:二阶混合偏导数不一定相等,只有在某些条件下它们才是相等的. 可以证明:设函数 $z=f(x,y)$ 在区域 D 内连续,并且存在一阶偏导数和二阶混合偏导数 $\frac{\partial^2 z}{\partial x \partial y}$,$\frac{\partial^2 z}{\partial y \partial x}$,如果在点 (x_0,y_0) 处 $\frac{\partial^2 z}{\partial x \partial y}$,$\frac{\partial^2 z}{\partial y \partial x}$ 连续,则 $\frac{\partial^2 z}{\partial x \partial y}=\frac{\partial^2 z}{\partial y \partial x}$.

在本教材的例题和习题中,函数 $z=f(x,y)$ 均满足这一结论的条件.

4. 复合函数和隐函数的微分法

在利用复合函数微分法时,应先分清变量间的关系:哪些是中间变量,哪些是自变量?一般的,可画出变量关系图,明确复合关系,然后运用公式得到正确结果.

利用公式法求隐函数的偏导数时,则应先把方程化为 $F(x,y,z)=0$(或 $F(x,y)=0$)的形式,再计算 $\frac{\partial F}{\partial x}, \frac{\partial F}{\partial y}, \frac{\partial F}{\partial z}$,要把 x,y,z 看做独立的自变量,就可得到

$$\frac{\partial z}{\partial x}=-\frac{\frac{\partial F}{\partial x}}{\frac{\partial F}{\partial z}}, \quad \frac{\partial z}{\partial y}=-\frac{\frac{\partial F}{\partial y}}{\frac{\partial F}{\partial z}}.$$

5. 二元函数的极值

在求二元函数 $z=f(x,y)$ 的极值时,应按下述步骤进行:

(1) 由函数极值存在的必要条件,求解 $\begin{cases} f_x(x,y)=0, \\ f_y(x,y)=0, \end{cases}$ 得到所有的驻点.

(2) 对于每一驻点 (x_0, y_0),计算 $z=f(x,y)$ 的二阶偏导数在该点的值:
$$A=f_{xx}(x_0,y_0), B=f_{xy}(x_0,y_0), C=f_{yy}(x_0,y_0).$$

(3) 判断 (x_0, y_0) 是否为极值点(利用极值的充分条件):

当 $B^2-AC<0$ 时,(x_0,y_0) 是极值点. $A<0$ 时,函数有极大值 $f(x_0,y_0)$;当 $A>0$ 时,函数有极小值 $f(x_0,y_0)$.

当 $B^2-AC>0$ 时,(x_0,y_0) 不是极值点.

当 $B^2-AC=0$ 时,不能确定 (x_0,y_0) 是否为极值点.

习 题 6

1. 求满足下列条件的点的坐标:

(1) 点 $(2,-1,1)$ 关于 xOy 平面的对称点;

(2) 点 $(2,-1,1)$ 关于 xOz 平面的对称点;

(3) 点 $(2,-1,1)$ 关于原点 O 的对称点.

2. 求满足下列条件的点的坐标:

(1) 在 x 轴上且与点 $(3,2,1)$ 的距离等于 3 的点;

(2) 在 x 轴上且与 z 轴上的点 $(0,0,1)$ 的距离等于 3 的点.

3. 判断下列各点是否在球面 $(x+1)^2+(y-2)^2+(z-1)^2=9$ 上:

(1) $(1,1,-1)$;   (2) $(\sqrt{2},2,\sqrt{2})$;   (3) $(3,2,3)$.

4. 求下列函数的定义域:

(1) $z=\dfrac{\sqrt{1-x^2-y^2}}{\sqrt{x^2+y^2}}$;   (2) $z=\dfrac{1}{\ln(x+y)}$;

(3) $z=\sqrt{1-x^2}+\sqrt{1-y^2}$;   (4) $z=\sqrt{y-x^2}+\arccos(x^2+y^2)$.

5.求下列函数的一阶偏导数：

(1) $z = x^2 y + \dfrac{x}{y}$；   (2) $z = xy\ln(x+y)$；

(3) $z = x^2 \ln(x^2 + y^2)$；   (4) $z = e^{xy} + \sin(xy)$.

6.求下列函数的全微分：

(1) $z = e^{xy}$；   (2) $z = \dfrac{1}{2}\ln(1 + x^2 + y^2)$；

(3) $z = \arctan \dfrac{y}{x}$；   (4) $z = \sin(x-y)$；

(5) $z = \arctan \dfrac{x+y}{x-y}$；   (6) $z = \sqrt{\dfrac{y}{x}}$.

7.求下列函数在已给条件下全微分的值：

(1) $z = \sqrt{\dfrac{x}{y}}, x=1, y=1, \Delta x=0.2, \Delta y=0.1$；

(2) $z = \ln\left(1+\dfrac{x}{y}\right), x=1, y=1, \Delta x=0.15, \Delta y=-0.25$.

8.求下列函数的偏导数或给定点处的偏导数：

(1) $z = x\ln(xy)$，求 $\dfrac{\partial^2 z}{\partial x^2}, \dfrac{\partial^2 z}{\partial x \partial y}, \dfrac{\partial^2 z}{\partial y^2}$；

(2) $z = e^{xy} + x$，求 z_{xx}, z_{xy}, z_{yy}；

(3) $z = x^3 y + \ln(x^2 + y^2)$，求 $\dfrac{\partial^2 z}{\partial x \partial y}\bigg|_{\substack{x=1 \\ y=1}}$.

9.求下列函数的偏导数：

(1) $z = (x+2y)^x$，求 $\dfrac{\partial z}{\partial x}, \dfrac{\partial z}{\partial y}$；

(2) $z = f(u,v)$，且 $f(u,v)$ 可微，$u = xy, v = \dfrac{x}{y}$，求 $\dfrac{\partial z}{\partial x}, \dfrac{\partial z}{\partial y}$.

10.求由下列各方程确定的隐函数的导数或偏导数：

(1) $x^2 + y^2 + 2x - 2yz = e^z$，求 z_x, z_y；

(2) $z^3 = a^3 + 3xyz$，求 $\dfrac{\partial z}{\partial x}, \dfrac{\partial z}{\partial y}$；

(3) $e^z = xyz$，求 $\dfrac{\partial z}{\partial x}, \dfrac{\partial z}{\partial y}$；

(4) $\ln \sqrt{x^2 + y^2} = \arctan \dfrac{y}{x}$，求 $\dfrac{dy}{dx}$.

11.设 $z = \ln(\sqrt{x} + \sqrt{y})$，试证：$x\dfrac{\partial z}{\partial x} + y\dfrac{\partial z}{\partial y} = \dfrac{1}{2}$.

12.求下列函数的极值：

(1) $z = x^3 - 4x^2 + 2xy - y^2$；

(2) $z=(x+y^2)e^{\frac{x}{2}}$;

(3) $z=xy+\dfrac{a}{xy}(x+y)$,其中 $a>0$.

13. 求下列函数在约束条件下的极值:

(1) 求 $z=x^2+y^2$ 在约束条件 $x+y=1$ 下的极值;

(2) 求 $z=xy$ 在约束条件 $x+y=2$ 下的极值;

(3) 求 $z=x^2+y^2$ 在约束条件 $\dfrac{x}{a}+\dfrac{y}{b}=1$ 下的极值;

(4) 求 $z=\ln x+3\ln y$ 在约束条件 $x^2+y^2=25$ 下的极值.

14. 某厂家生产的某种产品同时在两个市场上销售,售价分别为 p_1 和 p_2,销量分别为 q_1 和 q_2,且需求函数为 $q_1=24-0.2p_1$,$q_2=10-0.05p_2$,总成本函数 $C=35+40(q_1+q_2)$. 试问厂家如何确定两个市场产品的售价,使其获总利润最大? 最大利润是多少?

15. 要制造一个容积为 V_0 的有盖长方体容器,当长、宽、高为多少时,可使长方体容器用料最省?

16. 设某种产品的产量 Q 与所使用的两种原料甲、乙的投入量 x,y(单位:kg)有如下关系

$$Q(x,y)=0.0005x^2y.$$

如果这两种原料的价格分别为 10 元/ kg 和 20 元/ kg,现用 1.5 万元购买原料进行生产,试问购进甲、乙两种原料各多少,可使该产品产量最大?

疑难解析和典型例题分析

例 1 设 $f(x,y)=x+(y-1)\arcsin\sqrt{\dfrac{x}{y}}$,求 $f_x(1,2)$.

解法一 先求 $f_x(x,y)$.

因为 $x=1,y=2$,所以不妨设 $x>0,y>0$,由

$$f_x(x,y)=1+(y-1)\cdot\dfrac{1}{\sqrt{1-\left(\sqrt{\dfrac{x}{y}}\right)^2}}\cdot\dfrac{1}{\sqrt{y}}(\sqrt{x})'$$

$$=1+(y-1)\dfrac{1}{\sqrt{y-x}}\cdot\dfrac{1}{2\sqrt{x}},$$

故

$$f_x(1,2)=1+(2-1)\dfrac{1}{\sqrt{2-1}}\cdot\dfrac{1}{2\sqrt{1}}=\dfrac{3}{2}.$$

解法二 先求 $f_x(x,2)$,即求一元函数 $f(x,2)$ 的导数.

因为

$$f(x,2)=x+\arcsin\sqrt{\frac{x}{2}},$$

所以

$$f_x(x,2)=1+\frac{1}{\sqrt{1-\frac{x}{2}}}\cdot\frac{1}{\sqrt{2}}\cdot\frac{1}{2\sqrt{x}}=1+\frac{1}{2\sqrt{x}\cdot\sqrt{2-x}},$$

从而

$$f_x(1,2)=\frac{3}{2}.$$

例 2 在一元函数的微分学中,如果连续函数 $f(x)$ 在某区间内有唯一的可能极值点 x_0,且 x_0 是函数 $f(x)$ 的极大(小)值点,则 x_0 也是 $f(x)$ 的最大(小)值点. 但这一命题对二元函数是不成立的. 讨论 $f(x,y)=x^3-4x^2+2xy-y^2$ ($|x|\leqslant 6,|y|\leqslant 1$) 在原点 $(0,0)$ 的情形.

解 由 $\begin{cases} f_x(x,y)=3x^2-8x+2y=0, \\ f_y(x,y)=2x-2y=0, \end{cases}$ 得 D 中有唯一驻点 $(0,0)$.

$$f_{xx}=6x-8, \quad f_{xy}=2, \quad f_{yy}=-2,$$

在点 $(0,0)$ 处,$AC-B^2=12>0$ 且 $A<0$,所以 $f(0,0)$ 为函数的极大值.

函数 $f(x,y)$ 在 D 内连续,只有一个极值点,且为极大值点,但该极大值 $f(0,0)=0$ 并不是 $f(x,y)$ 在 D 中的最大值,例如点 $(5,0)$ 属于 D,$f(5,0)=25>f(0,0)$.

此例表明了二元函数的最值比一元函数最值要复杂得多.

例 3 求二元函数 $f(x,y)=e^y(\cos x-y)$ 的极值.

解 解方程组

$$\begin{cases} f_x(x,y)=-e^y\sin x=0, \\ f_y(x,y)=e^y(\cos x-y-1)=0, \end{cases}$$

得

$$\begin{cases} x=k\pi, \\ y=(-1)^k-1. \end{cases} (k\in \mathbf{Z})$$

从而驻点为 $(k\pi,(-1)^k-1)(k\in \mathbf{Z})$.

$$f_{xx}=-e^y\cos x, \quad f_{xy}=-e^y\sin x, \quad f_{yy}=e^y(\cos x-y-2).$$

对应驻点 $(2m\pi,0)(m\in \mathbf{Z})$,$A=-1,B=0,C=-1,AC-B^2=1>0$ 且 $A<0$,所以函数有无穷多个极大值点 $(2m\pi,0)$,极大值为 1;

对应驻点 $((2m-1)\pi,-2)(m\in \mathbf{Z})$,$A=e^{-2},B=0,C=-e^{-2}$,所以驻点 $((2m-1)\pi,-2)$ 不是函数的极值点.

可见函数 $f(x,y)=e^y(\cos x-y)$ 有无穷多个极大值点,极大值为 1,但没有极小值.

例 4 某工厂生产 A、B 两种产品,需求函数分别由 $q_A^2=30-p_A$,$q_B^2=45-p_B$ 确定,联合成本函数为 $C=4.5q_A^2+3q_B^2$,其中 p_A,p_B,q_A,q_B 分别是 A、B 两种产品的价格和需求

量.问两种产品生产多少时利润最大?

解 设利润为 L,则
$$L = p_A q_A + p_B q_B - C$$
$$= (30-q_A^2)q_A - (4.5q_A^2 + 3q_B^2) + (45-q_B^2)q_B$$
$$= 30q_A - 4.5q_A^2 - q_A^3 + 45q_B - 3q_B^2 - q_B^3.$$

由
$$\begin{cases} \dfrac{\partial L}{\partial q_A} = 30 - 9q_A - 3q_A^2 = 0, \\ \dfrac{\partial L}{\partial q_B} = 45 - 6q_B - 3q_B^2 = 0, \end{cases}$$

解得
$$\begin{cases} q_A = 2, \\ q_B = 3. \end{cases}$$

根据题意,生产的最大利润一定存在,且利润函数只有唯一驻点,所以当生产 A 种产品 2 个单位、B 种产品 3 个单位时,获利最大.

附 录

(习题参考答案)

习 题 1

1. $f(0)=7$, $f(4)=27$, $f\left(-\frac{1}{2}\right)=9$, $f(a)=2a^2-3a+7$, $f(x+1)=2x^2+x+6$.

2. $f(-2)=-1$, $f(-1)=0$, $f(0)=1$, $f(1)=2$, $f(2)=4$.

3. $a=\frac{7}{3}$, $b=-2$.

4. $(1)(-\infty,+\infty)$; $(2)[-1,0)\cup(0,1]$; $(3)[-2,1]$; $(4)(1,+\infty)$; $(5)[-1,3]$; $(6)(-\infty,-1)\cup(1,3)$.

5. (1)奇函数；(2)偶函数；(3)偶函数；(4)奇函数；(5)偶函数；(6)非奇非偶函数；(7)非奇非偶函数；(8)奇函数.

6. $f[f(x)]=\dfrac{x}{1-2x}$.

7. (1) $u=3x-1, y=u^{\frac{1}{2}}$; (2) $u=1+\lg x, y=u^5$;
   (3) $v=\sqrt{x}, u=\lg v, y=u^{\frac{1}{2}}$; (4) $v=x^3, u=\arccos v, y=\lg u$;
   (5) $v=x+1, u=v^{\frac{1}{2}}, y=e^u$; (6) $v=2x^2+3, u=\sin v, y=u^3$.

8. $y=(\log_3 x)^2$.

9. $y=\sqrt{2+\cos^2 x}$.

10. (1) $y=2\dfrac{(x+1)}{x-1}$; (2) $y=\sqrt[3]{x-2}$; (3) $y=\dfrac{10^{x-1}+3}{2}$.

11. 略.

12. (1) 24; (2) 0; (3) $\dfrac{5}{3}$; (4) ∞; (5) $\dfrac{2}{3}$; (6) $\dfrac{1}{2}$; (7) $\dfrac{1}{3}$; (8) 0; (9) ∞; (10) $\dfrac{2^{30}\cdot 3^{20}}{5^{50}}$; (11) $-\dfrac{1}{2}$; (12) ∞; (13) 0; (14) $-\dfrac{9}{125}$; (15) $\dfrac{5\sqrt{2}+9}{24}$; (16) 0.

13. (1) $\frac{5}{3}$; (2) 1; (3) 4; (4) 2; (5) 2; (6) 0; (7) $\frac{2}{3}$; (8) $\frac{1}{2}$.

14. (1) e^8; (2) e^{-1}; (3) $e^{-\frac{2}{3}}$; (4) e^{-2}; (5) e^5; (6) e.

15. (1) $x=-3$,无穷间断.   (2) $x=0$,可去间断.
 (3) $x=1$,可去间断.   (4) $x=0$,可去间断.
 (5) $x=1$,可去间断;$x=2$,无穷间断.
 (6) $x=0$,可去间断;$x=k\pi$(k 为整数),无穷间断.

16. (1) 1;   (2) $\frac{1}{\sin 1}$;   (3) $\sqrt{2}$;   (4) $\frac{\pi}{4}$;   (5) $-\frac{2}{\pi}$;   (6) $\frac{1}{2}\ln 3$.

17. $x=1$ 处不连续;$x=\frac{1}{2}$,$x=2$ 处连续. 图像略.

18. 连续区间$(-\infty,+\infty)$. 图像略.

19. $k=2$.

20. (1) 不连续,左、右极限不等; (2) 连续; (3) 连续.

21. $R=-\frac{1}{2}q^2+4q$.

22. $R=\begin{cases} 130q, & 0<q\leqslant 700; \\ 91000+117(q-700), & 700<q\leqslant 1000. \end{cases}$

23. 400.

24. $q=-8p+6000$.

25. $p_0=5$.

26. $C=2q+180$, 180, 2.

习 题 2

1. (1) $y'=-\frac{2}{x^3}$; (2) $f'(x)=-\frac{1}{2\sqrt{4-x}}$; (3) $f'(0)=0$, $f'(-1)=-10$; (4) -1.

2. (1) $f'(x)=10^x\ln 10$, $f'(-2)=\frac{\ln 10}{100}$, $f'(0)=\ln 10$;

 (2) $(x^5)'=5x^4$, $\left(\frac{1}{\sqrt{x}}\right)'=-\frac{1}{2\sqrt{x^3}}$, $(\sqrt[4]{x^3})'=\frac{3}{4\sqrt[4]{x}}$, $\left(\frac{x^3}{x^{\frac{3}{2}}}\right)'=\frac{3}{2}x^{\frac{1}{2}}$,

   $(x^{0.7})'=0.7x^{-0.3}$, $(x^a \cdot x^b)'=(a+b)x^{a+b-1}$, $[(\sqrt[n]{x})^m]'=\frac{m}{n}x^{\frac{m}{n}-1}$;

 (3) $(\lg x)'=\frac{1}{x}\lg e$, $(\log_{\frac{1}{3}}x)'=\frac{1}{x}\log_{\frac{1}{3}}e$, $(\log_7 x)'=\frac{1}{x}\log_7 e$;

 (4) $(2^x)'=2^x\ln 2$, $(10^{-x})'=-10^{-x}\ln 10$, $(a^x \cdot e^x)'=a^x e^x(1+\ln a)$.

3. (1) $y'=6x-1$;   (2) $y'=4x+\frac{5}{2}x^{\frac{3}{2}}$;

(3) $y' = 2x - \dfrac{5}{2}x^{-\frac{7}{2}} - 3x^{-4}$;

(4) $y' = \dfrac{1}{\sqrt{x}} + \dfrac{1}{x^2}$;

(5) $y' = 3\sqrt{x} - \dfrac{3}{2\sqrt{x}} - \dfrac{2}{\sqrt{x^3}}$;

(6) $y' = -\dfrac{1}{2\sqrt{x^3}} - \dfrac{1}{2\sqrt{x}}$;

(7) $y' = \dfrac{1}{2x}\log_5 e$;

(8) $y' = x - \dfrac{4}{x^3}$.

4. (1) $y' = \dfrac{2}{(1-x)^2}$;

(2) $y' = 20x + 65$;

(3) $y' = xe^x(2+x)$;

(4) $y' = \dfrac{3^x(x^3\ln 3 + \ln 3 - 3x^2) + 3x^2}{(x^3+1)^2}$;

(5) $y' = 6x^5 - 15x^4 + 12x^3 - 9x^2 + 2x + 3$;

(6) $y' = \dfrac{\sin x - x\ln x \cdot \cos x}{x\sin^2 x}$;

(7) $y' = \dfrac{x(1+x^2)\cos x + (1-x^2)\sin x}{(1+x^2)^2}$;

(8) $y' = e^x(\cos x + x\cos x - x\sin x)$.

5. $(0,1)$.

6. $y - 6x + 9 = 0$.

7. (1) $y' = (1+x^2)(5x^2+12x+1)$; (2) $y' = (3x-5)^3(5x+4)^2(105x-27)$;

(3) $y' = \dfrac{2+x-4x^2}{\sqrt{1-x^2}}$;

(4) $y' = \dfrac{45x^3+16x}{\sqrt{1+5x^2}}$;

(5) $y' = \dfrac{(2x+5)(6x+1)}{(3x+4)^2}$;

(6) $y' = \dfrac{x-1}{\sqrt{x^2-2x+5}}$;

(7) $y' = \dfrac{3+x}{(1-x^2)^{\frac{3}{2}}}$;

(8) $y' = \dfrac{4x}{3+2x^2}\log_3 e$;

(9) $y' = \dfrac{1}{\sqrt{x}(1-x)}$;

(10) $y' = 2\sin x \cos 3x$;

(11) $y' = -\dfrac{3}{4}\cos\dfrac{x}{2}\sin x$;

(12) $y' = 2x\sin\dfrac{1}{x} - \cos\dfrac{1}{x}$;

(13) $y' = \dfrac{1}{\sin x}$;

(14) $y' = \dfrac{n\sin x}{\cos^{n+1} x}$;

(15) $y' = \dfrac{1}{\sqrt{x^2-a^2}}$;

(16) $y' = xe^{-2x}(2\sin 3x - 2x\sin 3x + 3x\cos 3x)$;

(17) $y' = \dfrac{x\arccos x - \sqrt{1-x^2}}{(1-x^2)^{\frac{3}{2}}}$;

(18) $y' = \dfrac{5(\arcsin\dfrac{x}{3})^4}{\sqrt{9-x^2}}$;

(19) $y' = 2\sqrt{1-x^2}$;

(20) $y' = -e^{-x}(\cos 3x + \sin 3x)$;

(21) $y' = \dfrac{2 \cdot 3^{\cos\frac{1}{x^2}}\ln 3 \cdot \sin\dfrac{1}{x^2}}{x^3}$;

(22) $y' = 5^{x\ln x}\ln 5(\ln x + 1)$.

8. (1) $y' = (\cos x)^{\sin x}\left[\cos x \cdot \ln(\cos)x - \dfrac{\sin^2 x}{\cos x}\right]$; (2) $y' = \sqrt{\dfrac{1-x}{1+x}} \cdot \dfrac{1-x-x^2}{1-x^2}$;

(3) $y' = \dfrac{\sqrt{x+2}(3-x)}{(2x+1)^5}\left[\dfrac{1}{2(x+2)} - \dfrac{1}{3-x} - \dfrac{10}{2x+1}\right]$;

(4) $y' = \dfrac{x^2}{1-x}\sqrt[3]{\dfrac{5-x}{(3+x)^2}}\left[\dfrac{2}{x} + \dfrac{1}{1-x} - \dfrac{1}{3(5-x)} - \dfrac{1}{3(3+x)}\right]$;

(5) $y' = 2x^{\sqrt{x}}\left(\dfrac{\ln x}{2\sqrt{x}} + \dfrac{1}{\sqrt{x}}\right)$; (6) $y' = (\sin x)^{\ln x}\left(\dfrac{1}{x}\ln\sin x + \cot x \ln x\right)$.

9. (1) $y' = \dfrac{-e^y}{xe^y + 2y}$; (2) $y' = \dfrac{-2x\sin 2x - y - xye^{xy}}{x^2 e^{xy} + x\ln x}$;

(3) $y' = \dfrac{xy\ln y - y^2}{xy\ln x - x^2}$; (4) $y' = \dfrac{x+y}{x-y}$;

(5) $y' = \dfrac{-e^y - ye^x}{xe^y + e^x}$; (6) $y' = \dfrac{2xy - x^2}{y^2 - x^2}$;

(7) $y' = \dfrac{x^2 + y\cos\dfrac{y}{x}}{x\cos\dfrac{y}{x}}$; (8) -1.

10. (1) $y'' = \dfrac{-2(1+x^2)}{(1-x^2)^2}$; (2) $y'' = 2\arctan x + \dfrac{2x}{1+x^2}$;

(3) $y''\left(\dfrac{\pi}{2}\right) = -2$; (4) $y^{(4)} = \dfrac{6}{x}$;

(5) $y^{(n)} = e^x(x+n)$; (6) $y^{(n)} = \dfrac{(-1)^{n-1}(n-1)!}{(1+x)^n}$.

11. $y^{(n)} = \dfrac{2-\ln x}{x\ln^3 x}$.

12. (1) $dy = \dfrac{-5x}{\sqrt{2-5x^2}}dx$; (2) $dy = \dfrac{1-x^2}{(1+x^2)^2}dx$;

(3) $dy = e^{2x}\left(2\sin\dfrac{x}{3} + \dfrac{1}{3}\cos\dfrac{x}{3}\right)dx$; (4) $dy = \dfrac{1}{2\sqrt{x(1-x)}}dx$;

(5) $dy = \dfrac{-3x^2}{2(1-x^3)}dx$; (6) $dy = -e^{\cot x} \cdot \dfrac{1}{\sin^2 x}dx$;

(7) $dy = \dfrac{2x\cos x - \sin x(1-x^2)}{(1-x^2)^2}dx$; (8) $dy = -2\sin 2(2x-5)dx$.

13. (1) 0.998; (2) 1.02; (3) 0.485; (4) 0.01.

14. 精确值 1.0025π，近似值 π.

习 题 3

1. (1) $\dfrac{1}{2}$; (2) 2.

2. (1) $\xi=\dfrac{\sqrt{3}}{3}a$; (2) $\xi=\dfrac{1}{\ln 2}$; (3) $\xi=\dfrac{5-\sqrt{43}}{3}$.

3. 略.

4. 略.

5. (1) 2; (2) $-\dfrac{2}{3}$; (3) $-\dfrac{5}{3}$; (4) $\dfrac{1}{3}$; (5) $\dfrac{1}{6}$; (6) $-\dfrac{1}{2}$; (7) 1; (8) 0;
(9) 2; (10) $+\infty$.

6. (1) 0; (2) $\dfrac{1}{2}$; (3) 0; (4) 1; (5) 0; (6) 1; (7) -1; (8) e^{-1}.

7. (1) 单调减小 $(-\infty,-1)$, 单调增加 $(-1,+\infty)$;
(2) 单调增加 $(-\infty,+\infty)$; (3) 单调减小 $(-\infty,-1)\cup(0,1)$, 单调增加 $(-1,0)\cup(1,+\infty)$;
(4) 单调减小 $(0,+\infty)$, 单调增加 $(-\infty,0)$;
(5) 单调减小 $(-2,-1)\cup(-1,0)$, 单调增加 $(-\infty,-2)\cup(0,+\infty)$;
(6) 单调减小 $\left(0,\dfrac{1}{2}\right)$, 单调增加 $\left(\dfrac{1}{2},+\infty\right)$.

8. 略.

9. 略.

10. (1) $f(0)=-27$ 极大值, $f(6)=-135$ 极小值;
(2) $f(0)=0$ 极大值, $f(1)=-\dfrac{1}{2}$ 极小值;
(3) $f(1)=2-4\ln 2$ 极小值;
(4) $f(3)=108$ 极大值, $f(5)=0$ 极小值.

11. (1) 最小值 $y|_{x=\pm 1}=4$, 最大值 $y|_{x=\pm 2}=13$;
(2) 最小值 $y|_{x=0}=0$, 最大值 $y|_{x=2}=\ln 5$;
(3) 最小值 $y|_{x=0}=0$, 最大值 $y|_{x=-\frac{1}{2}}=y|_{x=1}=13$;
(4) 最小值 $y|_{x=0}=0$, 最大值 $y|_{x=4}=6$.

12. 长 1.5m, 宽 1m, 面积 $\dfrac{3}{2}$ m².

13. (1) 在 $\left(-\infty,\dfrac{1}{3}\right)$ 内凹, 在 $\left(\dfrac{1}{3},+\infty\right)$ 内凸; 拐点 $\left(\dfrac{1}{3},\dfrac{2}{27}\right)$.
(2) 在 $\left(-\infty,-\dfrac{\sqrt{2}}{2}\right)\cup\left(\dfrac{\sqrt{2}}{2},+\infty\right)$ 内凹, 在 $\left(-\dfrac{\sqrt{2}}{2},0\right)\cup\left(0,\dfrac{\sqrt{2}}{2}\right)$ 内凸; 拐点 $\left(-\dfrac{\sqrt{2}}{2},\dfrac{7}{8}\sqrt{2}\right),\left(\dfrac{\sqrt{2}}{2},-\dfrac{7}{8}\sqrt{2}\right)$.
(3) 在 $(-1,1)$ 内凹, $(-\infty,-1)\cup(1,+\infty)$ 内凸; 拐点 $(-1,\ln 2)\cup(1,\ln 2)$.
(4) 在 $(-\sqrt{3},0)\cup(\sqrt{3},+\infty)$ 内凹, 在 $(-\infty,-\sqrt{3})\cup(0,\sqrt{3})$ 内凸; 拐点

$\left(-\sqrt{3},-\dfrac{\sqrt{3}}{2}\right),\left(\sqrt{3},\dfrac{\sqrt{3}}{2}\right).$

(5) 在 $(-2,+\infty)$ 内凹,在 $(-\infty,-2)$ 内凸;拐点 $(-2,-2e^{-2})$.

(6) 在 $(-\infty,+\infty)$ 内凹,无拐点.

14. $a=-\dfrac{3}{2}, b=\dfrac{9}{2}.$

15. $a=1, b=-3, c=-24, d=16.$

16. $Q=Ce^{-k\ln p}.$

17. $C'=\dfrac{1}{\sqrt{q}}$, $R'=\dfrac{5}{(1+q^2)}$, $L'=\dfrac{5}{(1+q^2)}-\dfrac{1}{\sqrt{q}}.$

18. $L'=-0.2q+60$, $L'(150)=30$, $L'(400)=-20.$

19. $q=10.$

20. $q=140.$

21. $p=25.$

22. $q=4.$

23. $R(50)=9975$, $\bar{R}=199.5$, $R'(50)=199.$

24. $-6\ln 2.$

习 题 4

1. $y=1+\ln x.$

2. 略.

3. (1) $\dfrac{1}{2}x^2-\dfrac{4}{3}x^{\frac{3}{2}}+\dfrac{9}{4}x^{\frac{4}{3}}+C;$ \qquad (2) $\dfrac{1}{4}x^4+\dfrac{1}{\ln 3}3^x+C;$

(3) $\dfrac{1}{2}x^2-\dfrac{4}{3}x^{\frac{3}{2}}+x+C;$ \qquad (4) $\dfrac{3}{4}x^{\frac{4}{3}}-\dfrac{3}{2}x^{\frac{2}{3}}+C;$

(5) $\dfrac{4}{3}x^{\frac{3}{2}}-\dfrac{2}{5}x^{\frac{5}{2}}+C;$ \qquad (6) $\dfrac{4}{5}x^{\frac{5}{4}}+C;$

(7) $x-\arctan x+C;$ \qquad (8) $\dfrac{1}{2}x^2-x+2\sqrt{x}-\ln|x|+C;$

(9) $x-e^x+C;$ \qquad (10) $-\dfrac{1}{x}-\arctan x+C;$

(11) $\tan x-x+C;$ \qquad (12) $\dfrac{1}{2}x+\dfrac{\sin x}{2}+C;$

(13) $\sin x+\cos x+C;$ \qquad (14) $\dfrac{1}{2}x-\dfrac{1}{4}\sin 2x+C.$

4. (1) $-\dfrac{2}{15}(2-3x)^{\frac{5}{2}}+C;$ \qquad (2) $-\dfrac{2}{3}\sqrt{2-3x}+C;$

(3) $-e^{-x}+C$;

(4) $2e^{\sqrt{x}}+C$;

(5) $\dfrac{1}{3\ln a}a^{3x}+C$;

(6) $\dfrac{1}{2}\ln(1+x^2)+C$;

(7) $-\dfrac{1}{3}(4-x^2)^{\frac{3}{2}}+C$;

(8) $-e^{\frac{1}{x}}+C$;

(9) $\dfrac{1}{2}\ln^2|x|+C$;

(10) $\ln|x|+\dfrac{1}{2}\ln^2|x|+\dfrac{1}{3}\ln^3|x|+C$;

(11) $\dfrac{1}{2}\ln|3+2x|+C$;

(12) $\ln(e^x+1)+C$;

(13) $x-\sqrt{3}\arctan\dfrac{x}{\sqrt{3}}+C$;

(14) $\arcsin\dfrac{x}{2}+C$;

(15) $\dfrac{1}{4}\ln\left|\dfrac{2+x}{2-x}\right|+C$;

(16) $-\dfrac{1}{5}\ln\left|\dfrac{x+2}{x-3}\right|+C$;

(17) $\dfrac{1}{2}\ln\left|\dfrac{x+1}{x+3}\right|+C$;

(18) $\dfrac{2}{\pi}\sin\dfrac{\pi x}{2}+C$;

(19) $-3\cos\dfrac{x}{3}+C$;

(20) $\tan\dfrac{x}{2}+C$;

(21) $\sin x-\dfrac{1}{3}\sin^3 x+C$;

(22) $\dfrac{1}{4}\sin^4 x+C$;

(23) $-2\cos\sqrt{x}+C$;

(24) $e^{\sin x}+C$;

(25) $\dfrac{1}{2}(\arctan x)^2+C$;

(26) $-\dfrac{1}{2}\arctan\left(\dfrac{\cos x}{2}\right)+C$.

5. (1) $\dfrac{2}{3}(x-1)^{\frac{3}{2}}+\dfrac{2}{5}(x-1)^{\frac{5}{2}}+C$;

(2) $2\sqrt{x}-2\ln(1+\sqrt{x})+C$;

(3) $\dfrac{2}{3}\sqrt{x-3}(x+6)+C$;

(4) $2\sqrt{x}-3\sqrt[3]{x}+6\sqrt[6]{x}-6\ln|1+\sqrt[6]{x}|+C$;

(5) $-\dfrac{1}{a^2 x}\sqrt{a^2-x^2}+C$;

(6) $-\dfrac{\sqrt{1+x^2}}{x}+C$;

(7) $\sqrt{1-x^2}-\ln x+\ln|1-\sqrt{1-x^2}|+C$;

(8) $\sqrt{x^2-1}-\arctan\sqrt{x^2-1}+C$;

(9) $\dfrac{1}{2}e^{x^2-2x}+C\;(t=x^2-2x)$;

(10) $\ln\left|\dfrac{x}{x+\sqrt{1+x^2}}\right|+C$;

(11) $2\arctan\sqrt{x}+C$;

(12) $\ln|x|-2\ln(1+\sqrt{x})+C$.

6. (1) $\dfrac{1}{2}x^2\ln|x|-\dfrac{1}{4}x^2+C$;

(2) $x\ln(1+x^2)-2x+2\arctan x+C$;

(3) $-x^2\cos x+2x\sin x+2\cos x+C$;

(4) $\dfrac{1}{2}x\sin 2x+\dfrac{1}{4}\cos 2x+C$;

(5) $-e^{-x}(1+x)+C$;

(6) $-e^{-x}(x^2+2x+2)+C$;

(7) $-\dfrac{1}{x}(1+\ln x)+C$;

(8) $x\arccos x-\sqrt{1-x^2}+C$;

(9) $(\sqrt{2x-1}-1)e^{\sqrt{2x-1}}+C$; (10) $\frac{1}{2}e^{-x}(\sin x - \cos x)+C$;

(11) $-2(\sqrt{1-x}\sin\sqrt{1-x}+\cos\sqrt{1-x})+C$; (12) $\frac{1}{2}x[\sin(\ln x)-\cos(\ln x)]+C$;

(13) $\ln\frac{|x|}{\sqrt{1+x^2}}-\frac{1}{x}\arctan x+C$; (14) $\frac{1}{1+x}e^x+C$;

(15) $x\ln(x+\sqrt{1+x^2})-\sqrt{1+x^2}+C$; (16) $\ln(\ln x)-\ln x+C$.

7. $y=cx^3$.

习 题 5

1. (1) $\frac{1}{2}$; (2) 4π.

2. (1) $\int_0^1 x\,dx > \int_0^1 x^2\,dx$; (2) $\int_0^1 e^x\,dx < \int_0^1 e^{2x}\,dx$;

(3) $\int_1^e \ln x\,dx > \int_1^e \ln^2 x\,dx$; (4) $\int_0^{\frac{\pi}{2}} \sin x\,dx > \int_0^{\frac{\pi}{2}} \sin^3 x\,dx$.

3. (1) $\frac{1}{\sqrt{1+x}}$; (2) $-x^2\sin x$; (3) $2x^3 e^{x^2}$; (4) $\sin^3 x+\cos^3 x$.

4. (1) $\frac{1}{2}$; (2) 1; (3) $\frac{1}{2}$; (4) $\frac{2}{3}$.

5. (1) $\frac{1}{\ln 2}+\frac{1}{3}$; (2) $\frac{21}{8}$; (3) 12; (4) $\frac{a^2}{6}$; (5) $1-\arctan 2+\frac{\pi}{4}$; (6) $\frac{\pi}{2}$; (7) 2;

(8) $\frac{22}{3}$.

6. (1) $3(e-1)$; (2) $\frac{1}{2}(e^{16}-1)$; (3) $\frac{2}{7}$; (4) $\frac{3}{2}$; (5) $2(\sqrt{2}-1)$;

(6) $\arctan 2-\frac{\pi}{4}$; (7) $\frac{1}{2}(25-\ln 26)$; (8) $1+\ln\frac{2}{1+e}$; (9) $e-\sqrt{e}$;

(10) $\arctan e-\frac{\pi}{4}$; (11) $\frac{\pi}{6}$; (12) $\ln 2$.

7. (1) $\frac{1}{3}+e^{-1}-e^{-\frac{3}{2}}$; (2) $\frac{40}{3}$.

8. (1) $4-2\ln 3$; (2) $3\ln 3$; (3) $2\left(1-\frac{\pi}{4}\right)$; (4) π; (5) π; (6) $2(e^2+1)$; (7) $\frac{2}{3}\pi$;

(8) $\sqrt{3}-\frac{\pi}{3}$; (9) $-\frac{1}{8}(\ln 2)^2$; (10) -6π.

9. (1) 1; (2) $1-\frac{2}{e}$; (3) 1; (4) $\pi^3-6\pi$; (5) $\frac{1}{9}(2e^3+1)$; (6) 1;

(7) $\frac{\sqrt{3}}{12}\pi + \frac{1}{2}$；　(8) $\frac{1}{4}(\pi-2)$；　(9) $\frac{1}{2}(1+e^{\frac{\pi}{2}})$；　(10) $2-\frac{2}{e}$；

(11) $-\frac{\sqrt{3}}{2}+\ln(2+\sqrt{3})$；　(12) $\frac{1}{3}\ln 2$.

10. $2e^2$.

11. (1) $\frac{1}{2e}$；　(2) 2；　(3) 1；　(4) 1；　(5) 发散；　(6) 2；　(7) 发散；

(8) $\frac{1}{(\alpha-1)a^{\alpha-1}}$.

12. 260.8(单位).

13. $R(x) = 200x - \frac{x^2}{100}$；$\bar{R}(x) = 200 - \frac{x}{100}$；$R(2000) = 360000$(元)；$\bar{R}(2000) = 180$(元).

14. $C(x) = 0.2x^2 + 2x + 20$；$L(x) = -0.2x^2 + 16x - 20$；每天生产40单位时能获最大利润.

15. (1) $-\frac{5}{8}$(万元). 即在4万台的基础上再生产1万台, 利润不但未增加, 反而减少.

(2) 当产量为4万台时利润最大.

(3) $C(q) = \frac{1}{8}q^2 + 4q + 1$；$L(q) = -\frac{5}{8}q^2 + 5q - 1$.

16. 224.8(百元)；112.4(百元/t).

17. 利润将减少16元.

18. (1) $\frac{7}{6}$；　(2) 1；　(3) $\frac{4}{3}$；　(4) 18；　(5) $\frac{e}{2} - 1$；　(6) $e + e^{-1} - 2$；　(7) 6π(平方单位)；　(8) $\frac{1}{2}\left(1 - \frac{1}{e}\right)$.

习 题 6

1. (1) $(2, -1, -1)$；　(2) $(2, 1, 1)$；　(3) $(-2, 1, -1)$.

2. (1) $(1, 0, 0)$ 或 $(5, 0, 0)$；　(2) $(2\sqrt{2}, 0, 0)$ 或 $(-2\sqrt{2}, 0, 0)$.

3. (1) 在球面上；　(2) 在球内；　(3) 在球外.

4. (1) $D = \{(x, y) \mid 0 < x^2 + y^2 \le 1\}$；

(2) $D = \{(x, y) \mid x + y > 0, x + y \ne 1\}$；

(3) $D = \{(x, y) \mid -1 \le x \le 1, -1 \le y \le 1\}$；

(4) $D = \{(x, y) \mid y \ge x^2, x^2 + y^2 \le 1\}$.

5. (1) $z_x = 2xy + \dfrac{1}{y}$, $z_y = x^2 + \dfrac{x}{y^2}$；

   (2) $z_x = y\ln(x+y) + \dfrac{xy}{x+y}$, $z_y = x\ln(x+y) + \dfrac{xy}{x+y}$；

   (3) $z_x = 2x\ln(x^2+y^2) + \dfrac{2x^3}{x^2+y^2}$, $z_y = \dfrac{2x^2 y}{x^2+y^2}$；

   (4) $z_x = ye^{xy} + y\cos(xy)$, $z_y = xe^{xy} + \cos(xy)$.

6. (1) $\mathrm{d}z = e^{xy}(y\mathrm{d}x + x\mathrm{d}y)$；　　(2) $\mathrm{d}z = \dfrac{1}{1+x^2+y^2}(x\mathrm{d}x + y\mathrm{d}y)$；

   (3) $\mathrm{d}z = \dfrac{1}{x^2+y^2}(-y\mathrm{d}x + x\mathrm{d}y)$；　(4) $\mathrm{d}z = \cos(x-y)(\mathrm{d}x - \mathrm{d}y)$；

   (5) $\dfrac{1}{x^2+y^2}(-y\mathrm{d}x + x\mathrm{d}y)$；　　(6) $\dfrac{1}{2}\sqrt{\dfrac{y}{x}}\left(-\dfrac{1}{x}\mathrm{d}x + \dfrac{1}{y}\mathrm{d}y\right)$.

7. (1) 0.05；(2) 0.2.

8. (1) $z_{xx} = \dfrac{1}{x}$, $z_{xy} = \dfrac{1}{y}$, $z_{yy} = -\dfrac{x}{y^2}$；

   (2) $z_{xx} = y^2 e^{xy}$, $z_{xy} = ye^{xy}(1+xy)$, $z_{yy} = x^2 e^{xy}$；

   (3) $\left.\dfrac{\partial^2 z}{\partial x \partial y}\right|_{\substack{x=1 \\ y=1}} = 2$.

9. (1) $\dfrac{\partial z}{\partial x} = (x+2y)^x \left[\ln(x+2y) + \dfrac{x}{x+2y}\right]$, $\dfrac{\partial z}{\partial y} = 2x(x+2y)^{x-1}$；

   (2) $\dfrac{\partial z}{\partial x} = yf_u + \dfrac{1}{y}f_v$, $\dfrac{\partial z}{\partial y} = xf_u - \dfrac{x}{y^2}f_v$.

10. (1) $\dfrac{\partial z}{\partial x} = \dfrac{2(x+1)}{2y+e^z}$, $\dfrac{\partial z}{\partial y} = \dfrac{2(y-z)}{2y+e^z}$；　(2) $\dfrac{\partial z}{\partial x} = \dfrac{yz}{z^2-xy}$, $\dfrac{\partial z}{\partial y} = \dfrac{xz}{z^2-xy}$；

    (3) $\dfrac{\partial z}{\partial x} = \dfrac{yz}{e^z - xy}$, $\dfrac{\partial z}{\partial y} = \dfrac{xz}{e^z - xy}$；　(4) $\dfrac{\mathrm{d}y}{\mathrm{d}x} = \dfrac{x+y}{x-y}$.

11. 提示：先计算 $\dfrac{\partial z}{\partial x}, \dfrac{\partial z}{\partial y}$.

12. (1) 极大值点为 $(0,0)$，极大值为 0；

    (2) 极小值点为 $(-2,0)$，极小值为 $\left(-\dfrac{2}{\mathrm{e}}\right)$；

    (3) 极小值点为 $(\sqrt[3]{a}, \sqrt[3]{a})$，极小值为 $3\sqrt[3]{a}$.

13. (1) 在 $\left(\dfrac{1}{2}, \dfrac{1}{2}\right)$ 处有极小值 $\dfrac{1}{2}$；

    (2) 在 $(1,1)$ 处有极大值 1；

    (3) 在 $\left(\dfrac{ab^2}{a^2+b^2}, \dfrac{a^2 b}{a^2+b^2}\right)$ 处有极小值 $\dfrac{a^2 b^2}{a^2+b^2}$；

    (4) 在 $\left(\dfrac{5}{2}, \dfrac{\sqrt[5]{3}}{2}\right)$ 处有极大值 $\left(4\ln 5 - 4\ln 2 + \dfrac{3}{2}\ln 3\right)$.

14. $p_1=80, p_2=120$ 时,有最大利润 605.

15. 长、宽、高均为 $\sqrt[3]{V_0}$.

16. $x=1000\text{kg}, y=250\text{kg}$.

参 考 书 目

1. 庞进生,韩可众.应用数学.郑州:大象出版社,2006

2. 顾静相.经济数学基础.北京:高等教育出版社,2002

3. 宣立新.高等数学.北京:高等教育出版社,2001

4. 阎章杭.高等数学与应用数学基础.北京:中国人民公安大学出版社,2004

5. 宣立新.高等数学学习指导书.北京:高等教育出版社,2001

6. 高文君,孙帆.经济数学.郑州:郑州大学出版社,2006

打造学术精品　服务教育事业
河南大学出版社
读者信息反馈表

尊敬的读者：

　　感谢您购买、阅读和使用河南大学出版社的_____一书，我们希望通过这张小小的反馈表来获得您更多的建议和意见，以改进我们的工作，加强我们双方的沟通和联系。我们期待着能为您和更多的读者提供更多的好书。

　　请您填妥下表后，寄回或发 E－mail 给我们，对您的支持我们不胜感激！

1. 您是从何种途径得知本书的：
　　□书店　□网上　□报刊　□图书馆　□朋友推荐
2. 您为什么决定购买本书：
　　□工作需要　□学习参考　□对本书感兴趣　□随便翻翻
3. 您对本书内容的评价是：
　　□很好　□好　□一般　□差　□很差
4. 您在阅读本书的过程中有没有发现明显的专业及编校错误？如果有，它们是：
　　_____
　　_____
　　_____
5. 您对哪一类的图书信息比较感兴趣：_____
　　_____
6. 如果方便，请提供您的个人信息，以便于我们和您联系（您的个人资料我们将严格保密）：
　　您供职的单位：_____
　　您教授的课程（老师填写）：_____
　　您的通信地址：_____
　　您的电子邮箱：_____

请联系我们：

电话：0371－86059712　0371－86059713　0371－86059715　0371－86059721

传真：0371－86059713

E－mail：hdgdjyfs@163.com

通信地址：河南省郑州市郑东新区 CBD 商务外环路商务西七街中华大厦 2304 室

河南大学出版社高等教育出版分社